四川外国语大学2018年度学术专著后期资助项目（编号：sisu2018083）

经济管理学术文库·经济类

社会资本对
农户科技创业的影响研究

Research on the Influence of Social Capital on
Farmers' Technological Entrepreneurship

翟浩淼／著

经济管理出版社
ECONOMY & MANAGEMENT PUBLISHING HOUSE

图书在版编目（CIP）数据

社会资本对农户科技创业的影响研究/翟浩淼著. —北京：经济管理出版社，2019.9
ISBN 978 - 7 - 5096 - 6821 - 4

Ⅰ. ①社…　Ⅱ. ①翟…　Ⅲ. ①社会资本—影响—农业技术—研究—中国　Ⅳ. ①S - 12

中国版本图书馆 CIP 数据核字（2019）第 165952 号

组稿编辑：曹　靖
责任编辑：曹　靖　郭　飞
责任印制：黄章平
责任校对：董杉珊

出版发行：经济管理出版社
　　　　　（北京市海淀区北蜂窝 8 号中雅大厦 A 座 11 层　100038）
网　　址：www. E - mp. com. cn
电　　话：（010）51915602
印　　刷：北京晨旭印刷厂
经　　销：新华书店
开　　本：720mm × 1000mm/16
印　　张：15. 25
字　　数：297 千字
版　　次：2019 年 9 月第 1 版　　2019 年 9 月第 1 次印刷
书　　号：ISBN 978 - 7 - 5096 - 6821 - 4
定　　价：78. 00 元

前　言

　　转型时期，导入式的经济造成资源与环境的双重压力，这就迫切要求中国发展以科技创业为主导的内生型经济发展方式。而农村经济作为中国经济的重要组成部分，农户积极的科技创业行为才能实现中国创业型经济的发展与创新型国家的建设。在我国农村地区，推动农户以改革与创新为动力的科技创业行为能够实现农民增收、农村科技应用以及区域经济发展，对突破资源与环境约束、破除城乡二元经济结构、促进农业经营转型升级以及培育新型农业经营体系具有重要的现实意义。农户的科技创业活动与传统的农业生产和创业形式相比要复杂得多，科技、资本、劳动力和项目都是不可或缺的创业要素。现代经济理论重点强调了创业资源及其获取能力是整个创业过程中极为重要的环节，并指出创业资源的异质性对创业活动的影响极为重要。对于物质资本与人力资本较为匮乏的农户而言，以关系网络为载体的社会资本对于缓解资源约束和资源配置替代机制的作用趋渐明显。基于此，本书引入社会资本这一概念来研究农户科技创业问题。

　　本书在社会资本理论、创业资源理论、科技金融理论与要素集聚理论的基础上，将社会资本与农户科技创业意愿、融资能力以及创业绩效纳入一个统一的分析架构，探究社会资本的结构维度、网络投入与关系维度三个方面对农户科技创业意愿、融资能力以及创业绩效的影响路径与机制，进而对比不同维度的社会资本对农户科技创业行为的作用机理，并通过数理模型推导提出本书的相关命题。在此基础上，本书利用国家软科学重大研究计划项目"农村科技创业金融政策研究"的调查数据，综合运用线性方程模型、分位数回归、替代变量法、中介效应分析模型等方法，从创业意愿、融资能力以及创业绩效等多个角度实证检验社会资本对农户科技创业行为的影响，并由此提出促进农户科技创业活动持续发展的政策建议。

研究的主要结论

　　第一，农户的科技创业活动具有特殊性与复杂性，需要正式制度和非正式制度的协同支持。农户科技创业是集科技、资源、机会与创业者有机结合的一种系统性行为,具有高风险性、投资周期长、市场波动性大和消息不确定性等特点,造成了金融机构的大量"惜贷"现象。这就需要有足够的市场空间和政府提供必要的政策和资金援助,更需要社会服务部门提供技术、市场信息、管理咨询以及投融资等社会化服务,促进科技与创业的有效结合,推进农户科技创业进程,实现农村产业结构的优化升级。

第二,社会资本从多维度影响农户的科技创业行为,对农户科技创业具有综合效应。本书拓展了社会资本理论对农户创业领域的研究,通过比较社会资本结构维度、网络投入以及关系维度的作用差异,来揭示不同维度的社会资本对农户科技创业意愿、融资能力以及创业绩效的影响方向和力度。综合考察农户科技创业发展对资金和技术需求的变化以及社会资本不同维度为科技创业农户带来资金和技术供给的变化。在研究创业绩效时引入"融资能力"这一中介变量,进而从社会资本的不同维度来分析其对农户科技创业绩效产生的内在影响机制。

第三,社会资本通过其资本属性的资源获取功能以及制度属性的行为约束功能来影响农户的科技创业意愿,且影响作用十分显著。理论研究发现,社会资本可以通过其资本属性与制度属性两个途径来影响农户的科技创业意愿:一是资本属性的资源获取功能,资本属性能够通过自身所具有的资源传递功能来获取那些极具价值的稀缺资源,以此来提高农户科技创业的积极性;二是制度属性的行为约束功能,制度属性能够通过该属性自身的激励诱导和监督奖惩功能来规范农户的创业环境,增强农户的努力程度,进而提高农户科技创业成功的概率。通过构建有序多分类回归模型(Ordered Logit Model)、分位数回归模型以及分区域回归模型,分析了社会资本对农户科技创业意愿的影响,研究发现,社会资本的不同维度对农户科技创业意愿均存在显著影响;社会资本总体上对不同科技创业意愿水平上的农户具有显著的正向影响;不同区域农户的社会资本对其科技创业意愿的影响存在显著差异,其中对西部地区的影响显著高于中东部地区。

第四,社会资本的资本属性具有抵押替代功能,并能够通过该功能提高科技创业农户的融资能力,尤其是非正规渠道的融资能力。通过采用普通最小二乘法(OLS)、分位数回归以及分区域回归来实证检验社会资本对融资能力的作用机制,研究结果显示:社会资本对科技创业农户不同渠道的融资能力影响程度各异,其中对非正规渠道的融资能力影响更为显著;社会资本对不同渠道融资能力水平的科技创业农户存在显著差异,对正规渠道融资能力较强的农户影响更显著,对非正规渠道融资能力较弱的科技创业农户影响更显著;不同区域科技创业农户的社会资本对其融资能力也存在显著差异,其中对中、东部地区的影响显著高于西部地区。

第五，网络资源和网络关系的充分利用能够显著提高农户科技创业绩效，使科技创业农户向高绩效的创业区间迈进，政治资源和组织资源不但能够改善和提高科技创业农户的融资能力和创业绩效，而且不同渠道的融资能力对创业绩效产生的作用也不尽相同。通过采用有序多分类（Ordered Probit Model）和 Bootstrap 检验，分析社会资本对创业绩效的影响，以及融资能力是否在两者之间产生中介作用。实证分析结果显示：从结构维度来看，社会地位和信息获取能力显著影响农户科技创业绩效，而亲朋好友数量对创业绩效并无显著影响；从网络投入维度来看，资金投入显著影响农户科技创业绩效，而时间投入对创业绩效的影响并不显著；从关系维度来看，非正规金融机构的信任和组织信任显著影响农户科技创业绩效。在基准回归的基础上通过 Bootstrap 检验来验证融资能力是否在社会资本和创业绩效之间产生中介作用，实证结果显示，正规渠道融资能力、非正规渠道融资能力与总的融资能力在两者之间均存在部分中介效应。

研究可能的创新

第一，基于社会资本理论对农户的科技创业活动进行研究，丰富了创业领域的研究内容，拓展了农户创业研究的理论视角。以往的研究多关注社会资本对企业创业、农民创业的影响，然而从社会资本这一角度出发来研究农户科技创业这一行为实属空白。本书以社会资本理论为切入点，考察其对科技创业农户可能产生的影响，详细阐述了影响机制。将社会资本的研究融入农户科技创业活动的过程中已经成为创业研究领域里必然的发展趋势，尤其是科技创业农户应该如何利用和发展自身的社会资本来提高自己科技创业活动的效率和方式已然成为本书研究的重点，但目前有关此类的研究文献并不多见。本书从我国特殊的国情出发，结合科技创业农户所处的特殊文化背景和社会环境，将社会资本与科技创业两者结合起来，并纳入一个分析框架内进行系统的研究。

第二，分析社会资本对农户科技创业行为的影响机理与路径，构建并验证科技创业农户"社会资本—融资能力—创业绩效"的分析模型。根据以往学者主要针对社会资本—组织绩效、融资能力—创业绩效双变量关系研究的局限性，本书以科技创业农户为考察样本，在分析"社会资本对创业绩效的影响"时，考虑到融资能力可能是一个中介变量，并对融资能力的中介效应进行分析，以剖析其通过社会资本对创业绩效的传导机制，提出了"社会资本—融资能力—创业绩效"的协同作用模式，将"社会资本—融资能力—创业绩效"三个变量进行整合研究，利用中介效应模型来探讨三组变量之间的作用关系，形成了较为全面系统的科技创业农户"社会资本—融资能力—创业绩效"的研究体系，同时也对社会资本理论研究和创业理论研究进行补充和完善。

第三，探索社会资本异质性对农户科技创业行为的影响差异。我国科技创业农户社会资本存量的区域差异十分显著，不同区域科技创业农户社会资本存量极不平衡。既往的研究多数为对某一区域的微观调查或者对全国层面创业农户的整体研究，由此得出的结论其适用性值得商榷。本书利用"农村科技创业金融政策研究"课题组的微观调查数据，通过采用分位数回归与区域差异分析的方法，探讨不同创业层次和不同区域农户的社会资本对其创业行为的影响方向与作用力度，从而有效地把握社会资本作用功能的发挥路径，提高政策建议的适用性。

关键词： 社会资本；农户科技创业；创业意愿；融资能力；创业绩效

目　　录

第1章 导 论

1.1 研究背景及问题的提出

1.1.1 研究背景

"农业、农民、农村"问题一直以来是我国工业化、城镇化进程中面临的严峻问题，农业增产、农民增收、农村地区健康稳定的发展是解决"三农"问题的最终目标。因此，自中华人民共和国成立以来，尤其是改革开放之后，党中央、国务院始终把"三农"问题作为党和政府工作的重中之重，将发展农业、促进农民增收、繁荣农村经济放在国民经济发展全局的战略高度。1978年以来，我国经济体制改革首先在农村工作中推行，家庭联产承包责任制的实施极大地激发了农民的生产积极性，解放和发展农村生产力，为确保我国粮食安全与社会稳定做出巨大贡献。然而，20世纪90年代中期以来，随着我国工业化与城镇化步伐的加快，截止到2016年底，经国务院办公室初步核算，我国GDP总量已经超过了10.8万亿美元，占世界经济总量的比例达16.28%，农村农业要素向城市不断转移，"三农"问题变得日益严峻，农业发展迟缓、农民增收乏力、农村经济增长困难、城乡差距持续扩大，导致我国传统农业部门与工业部门"二元经济结构"现象的产生。自1994年以来，尽管党中央一号文件持续锁定"三农"问题，并出台了多项"强农""惠农""支农"政策，取得了显著的发展成效，但这些成果基本都是在国家政策的影响下外生推动的，中国农村内生性可持续发展机制仍远未形成。并且随着农村劳动力和资金要素的大量转移，在带来工业的发展和城镇的繁荣的同时，也造成了农村土地的大量荒芜与村庄的不断衰落。这不仅给我国留下一个亟待破解的"谁来种地"的问题，而且也逼迫我国农业发展必须从传统农户经营向现代农业经营转型。相对于其他国家而言，我国农村地区的经济发展面临着更为严重的资源约束。数据显示，2016 年，我国耕地面积继续维持在 20.25 亿亩，占我国国土面积的 14.1% 左右，人均耕地面积为 1.48 亩，人均耕地面积仅为世界人均耕地面积的 1/3 左右，这一数据与美国相比仅为美国的 1/8。要突破资源制约"瓶颈"、应对农村劳动力加快转移等一系列的新挑战，根本出路还在于依靠科技创新和提高其应用水平来加快农业现代化的步伐。换句话说，我国农业农村经济已经到了必须依靠科技实现创新驱动、内生增长的关键阶段。

当前，我国经济发展正处于转型期，农村经济作为我国国民经济的重要组成部分，对于实现经济转型具有十分重要的作用。农户的科技创业行为是激发农村地区经济发展新活力的必然选择，同时也是提高农户收入水平的重要途径。近年来，党和政府多次出台了支持农村创新创业发展的政策措施。例如，党的十八大提出鼓励并支持农民自主创业，这是党和政府首次把创业作为就业的方针政策。中共中央于 2014 年召开农村工作会议时又指出，要不断提高农民的创新创业意愿，进而实现"大众创业、万众创新"的格局。2015 年的中央一号文件明确指出"引导和支持有技能、有资金以及有管理经验的农民工进行返乡创业"。2015 年 5 月，国务院办公厅下发了《关于深入推行科技特派员制度的若干意见》，《意见》指出要把创新、协调、共享的理念逐步落实，不断深化与践行创新创业的方针政策，培养和发展一批高素质的科技特派员队伍，培育具有创新创业精神的新型农业经营和服务主体，不断完善农村社会化的科技服务体系和科技特派员制度，为弥补农业农村的发展缺陷、促进城乡一体化发展做出贡献①。2016 年中央一号文件提出用发展新理念来破解"三农"新难题，厚植农村发展优势，加大创新驱动力度，不断转变发展方式，促进农业供给侧结构性改革，进而促进农村地区的稳定发展以及农民持续增收。2017 年中央一号文件提出，以不断推动农业供给侧结构性改革为主线，农业现代化与新型城镇化协调发展，进而实现农村增绿、农民增收，且不断加快结构调整的脚步，加强引领科技创新和农村改革的力度，最终实现农业综合竞争力和效益的提升以及取得新农村建设的进展，从而实现全面小康社会的新局面②。一系列政策的颁布不但表明党中央对我国农村地区发展问题的高度重视，通过出台支持农村创新创业的政策来推动新时期农村科技工作的新思路以及完善相关政策体系。同时改革开放为我国农村科技工作积累了丰富的经验和提供了新的发展契机，在此基础上形成了较为完善的工作机制

---

① 《国务院办公厅关于深入推进科技特派员制度的若干意见》，2016 年。

② 中共中央国务院《关于深入推进农业供给侧结构性改革加快培育农业农村发展新动能的若干意见》，2017 年。

与政策框架，并成为新时期农村科技政策的发展基础和创新依据。

在农村地区经济发展转型的进程中，农户的科技创业行为一方面可以促进农村地区劳动力资源的优化和升级，另一方面还可以实现产业结构的转型和升级，进而转变农民的就业方式，拓展农民增收的途径和渠道，最终实现农村经济的内生性增长。概括起来分为以下三个方面：第一，农户科技创业具有就业效应。农户科技创业能够促使本地区劳动力需求的增加，这样一来不但可以解决自身的就业问题，而且能够带动周边地区的农民就业，进而促进地区劳动力的就地转移。第二，农户科技创业具有创收效应。农户科技创业有助于转变经济发展方式，增加创业者以及其他从业人员的收入，是破解"城乡二元经济结构"，解决"农民增收难"问题的重要方式。第三，农户科技创业具有产业效应。随着农户创业形式的日益多元化，尤其是对那些具有非农工作经历的创业者而言，他们能够充分利用非农务工经历积累的工作经验与技能，增加农产品的附加值，拓展以及优化地区产业结构（张应良，2015）。

随着劳动力成本的日益增长以及市场需求的不断变化，我国农业的生产方式已从以人力、畜力为主的历史阶段转化为以机械化大生产为主的历史阶段。虽然小农经济仍然存在，但新时期我国农民的创业活动出现了一些新特点：例如，由之前的"劳动密集型"过渡到现在的以"资金、技术密集型"为主导的创业形式，新时期发展高效农业、设施农业，以及经营工商业项目等都要依靠科技的研发与推广。由此可见，农户的科技创业活动对于资本要素以及科技要素提出了更高的要求，自有资金以及经验积累已经不能满足他们创业发展的需求。然而，有限的责任约束使农民陷入"因为穷所以穷"的恶性循环，直接表现为科技创业农户整体创业水平并不高，建立、维护和发展社会资本的意识也很薄弱，且利用农户自身的社会资本来获取资金、新技术、新知识以及开拓新市场的能力还比较低。因此，如何缓解科技创业农户有限的责任约束？进而破解创业发展困境，激发农户的科技创业意愿，提高科技创业农户的融资能力，提升科技创业农户的创业绩效？

以社会网络为载体的社会资本在缓解科技创业农户的有限责任约束、优化农户的科技创业活动中起着越来越重要的作用。尽管有关社会资本功能和作用的研究已经引起学术界的广泛关注，但是社会资本本身以及社会资本对农户科技创业影响的研究并不充分。一方面，有关社会资本对农户科技创业的作用机制依然是现有研究的"黑洞"，目前的研究对社会资本影响农户科技创业的内在机制尚没有做出明确的回答。另一方面，尽管部分学者多从社会资本的结构维度这一视角来分析社会资本对农户创业行为的影响，但学者们鲜有从社会资本多个维度来研究其对农户科技创业行为的影响，分析社会资本的动员与维护对农户科技创业行为的影响和作用，更少有学者研究科技创业农户的融资能力这一中介变量在社会资本与创业绩效之间的中介传导作用。

1.1.2 问题的提出

农户的创业热情与政府政策的支持带动了我国农户科技创业的不断发展。对于科技创业的农户而言，资金、人力、技术都是不可缺少的创业要素。创业者的竞争优势与创业绩效一方面受到创业者自身所具有的资源与获取能力的影响，另一方面还受到那些嵌入在社会网络中异质性资源的影响（Dyer & Singh，1998）。创业者与外部组织之间各种不同形式的联系的确能给企业带来竞争优势（Dyer，1996）。由此可见，建立、维系和发展与外部组织之间的联系显得日趋重要。社会网络已逐渐成为不同创业者所从事创业活动具有不同效果的原因所在（Koka & Prescott，2002；Adler & Kwon，2002；Lewis & Chamlee - Wright，2008）。与一般创业相比，科技创业对资金的需求量更大，对农户的文化水平以及新知识新技术的获取能力要求更高。由于农户自身条件的限制，单纯依靠自有积累已经无法满足农户科技创业的需求，农户的科技创业意愿受资金和技术的影响十分明显，资金匮乏和技术能力落后在很大程度上遏制了农户扩大生产经营规模，最终导致创业绩效难以提高。

如何提高农户的科技创业意愿？如何破解科技创业农户的资金与技术难题？如何提升科技创业农户的融资能力与创业绩效，实现农户科技创业由"规模不经济、模式不合理以及实际绩效低"迈向"规模经济、产业结构合理以及创业绩效高"的目标？这一问题显然已成为现阶段农村经济建设以及实现农户科技创业可持续发展的重要任务。对于人力资本与物质资本都较为匮乏的农民来说，社会资本作为一种重要的资源配置辅助方式（甄峰，2012），是创业者获取有利资源条件的重要凭证，这一社会学理论越来越受到经济学和管理学研究领域的重视和青睐，用以解决跨学科研究的复杂问题（张斌，2011）。目前，信任、互利、互惠等特点是农村地区关系型社会的典型特征（严奉宪，2015）。在"血缘、地缘、亲缘"的基础上而形成的原始社会关系，随着劳动力的不断变迁具备了一些新特征，例如弥补资金不足、提高人力资本回报率、降低交易成本等、提高创业绩效等。由此可以看出，社会资本在农户科技创业活动中的重要作用日趋凸显。

基于现有研究的不足以及农户的科技创业行为整体层次还比较低、科技成果使用率并不高且创业绩效仍然有很大的提升空间等现实问题，本书从社会资本这一视角来探讨如何提高农户的科技创业意愿、提升科技创业农户的创业层次与创业绩效、缓解科技创业农户的融资约束等问题。具体来讲，主要包含以下几个问题：社会资本影响农户科技创业的内在机制是什么？社会资本是通过哪些因素来影响农户的科技创业意愿？社会资本的不同维度对科技创业农户不同渠道的融资能力又有怎样的影响？社会资本的不同维度是否对农户科技创业绩效具有直接影响？反映不同维度的社会资本因子是否都能通过融资能力的中介传导作用间接影响创业绩效？通过对上述问题的分析与解答能够准确把握社会资本在农户科技创业过程中的作用与运行规律，最终为提高和优化农户的科技创业活动积极性提供理论和实证支持。

1.2 研究目的及意义

1.2.1 研究目的

从现实国情来看，我国农户创业已经由少数人能创业进入激发全民创业以及科技创业的阶段，而且农户的科技创业意愿越来越强烈。然而从社会资本的视角来研究农户科技创业的文献尚少，远不能满足农户科技创业的实践需要。本书把社会资本与农户的科技创业行为结合起来，在社会资本理论、创业资源理论、科技金融理论以及要素集聚理论的基础上，综合运用定性分析与定量分析相结合的方法，构建了社会资本影响农户科技创业行为的理论框架，拟从社会资本这一视角出发来解决和优化农户的科技创业意愿、融资能力以及创业绩效的问题。本书的整体目标是：探讨社会资本与农户科技创业行为的基本作用机理，从而为从社会资本的角度来提高农户的科技创业意愿、提高科技创业农户的融资能力以及创业绩效提供理论与实证支持。具体目标如下：①社会资本对农户的科技创业意愿有何影响，社会资本对科技创业农户的融资能力有何影响。②社会资本不同维度是否直接影响农户科技创业绩效、反映不同维度的社会资本因子是否都能通过融资能力的中介传导作用间接影响创业绩效。③构建以融资能力为中介变量的科技创业农户社会资本对其创业绩效影响的理论模型，并根据调研数据对理论模型进行检验。尝试采用有序多分类回归模型和 Bootstrap 检验法为主要研究工具，探索出更令人信服的研究结论。

1.2.2 研究意义

新时期，中共中央不断强调农村地区的经济发展，为解决我国经济发展的深层次矛盾、促进农户科技创业的健康推进对于发展农村创业型经济具有十分重要的意义。在推进统筹城乡发展的现实背景下，通过厘清社会资本对农户科技创业行为的作用机理，考察社会资本影响农户科技创业意愿与融资能力的主要因素，分析社会资本是否通过融资能力的中介传导作用间接影响创业绩效，为进一步深化农村经济体制改革，大力推进经济结构调整和城乡一体化发展，消除二元经济结构提供理论与实证支持，具有重要的理论价值与实践意义：

本书的理论价值在于：①检验并提高社会资本理论的适用性。发达国家有关社会资本和社会网络在创业领域应用的研究起步较早，但是这一理论是否能解决发展中国家的问题却无法预知（Jongman，Külvik & Kristiansen，2004；张玉利，2008）。转型期，我国创业环境的一大特点就是关系色彩浓厚，本书通过研究我国不同区域农户的科技创业意愿、融资能力和创业绩效以及社会资本对不同农户创业水平上的影响来验证西方国家理论的适用性。②通过探讨社会资本不同维度的因子是否通过融资能力间接影响创业绩效，丰富和拓展了有关科技创业农户社会资本研究内容。现有学者大多研究社会资本与创业绩效的关系，而对融资能力在社会资本与创业绩效的中介效应的研究还比较少。本书在分析社会资本对创业绩效的作用机制时，试图把融资能力作为科技创业农户社会资本与创业绩效的中介变量，尝试构建并检验"社会资本—融资能力—创业绩效"的理论模型，初步形成了运用社会资本理论来研究农户科技创业绩效的分析框架，拓展了有关农户创业领域研究的理论基础。同时，本书把农户的社会资本作为创业意愿、融资能力和创业绩效的前因变量进行研究，对社会资本影响农户科技创业意愿、融资能力以及创业绩效的问题进行系统探讨。

本书的实践意义在于：①我国是一个创业活动比较活跃的国家，尤其是近年来越来越多的农户开始从事科技创业活动，但是受自身条件与创业资源的限制，农户所从事的创业活动失败率极高。造成这一现象的主要原因是由于我国创业环境的"非良好状态"。社会资本资本属性的资源传递机制是创业者获取资源的重要途径（Fuller – Love，2009），通过测量科技创业农户的社会资本以及分析其作用机制，能够帮助科技创业农户识别自身社会资本的缺陷与不足，使他们更加明确知晓外部网络中哪些因素影响自身的融资能力与创业绩效，对于建立、积累和维护科技创业农户的社会资本，提高创业绩效的意义深远。②通过构建"社会资本—融资能力—创业绩效"的协同作用模式，为科技创业农户获取和利用外部创业资源、提高自身以及走内外结合的道路提供新的发展方式。随着市场化程度的不断提高，竞争形势也越来越激烈，传统的创业模式已经无法在激烈的市场中取得竞争优势。社会资本与科技创业的有效结合意味着科技创业农户对外界的创业环境具有更深刻的认识和反应能力，能够更好地选择适宜的创业模式，并不断地从社会资本中获取创业所需资源和激发创新精神。研究社会资本对科技创业农户的协同整合影响，对科技创业农户如何提升社会资本、融资能力以及创业绩效的有效结合具有重要的实践指导作用。

1.3 研究思路与方法

1.3.1 研究思路和技术路线

本书从社会资本的角度出发，研究其对我国农户科技创业行为的影响，首先针对社会资本理论、创业资源理论、科技金融理论、要素集聚理论的文献进行梳理总结，在厘清社会资本与农户科技创业关系的基础上构建社会资本对农户科技创业影响机制的分析框架；根据所构建的理论分析框架，采用课题组实地调研数据，对影响农户科技创业意愿、融资能力以及创业绩效的因素进行实证分析；通过实证分析结果来回答前文中提出的研究问题；最后在实证研究的基础上得出整个研究结论和启示。

技术路线遵循"立论—理论—实证—政策"的研究逻辑，即首先从研究背景中提出研究问题，讨论问题的研究动态与研究价值；其次对研究对象进行理论研究，接着对研究对象进行实证研究；最后提出政策建议。本书的技术路线如图1.1所示。

1.3.2 研究方法

进行科学研究的主要目的是在前人的研究成果上将其推向新的研究高度，即我们所说的"站在巨人的肩膀上看问题"，从而做到登高望远以及边际创新。通过对现有理论和文献的总结与梳理，本书以社会资本理论为研究起点，对农户的科技创业行为进行了探索性研究，研究范围涉及管理学、社会学、经济学等多个领域。依据国内外已有的研究和实地调研数据为基础，坚持定性分析与定量分析相结合、规范分析与实证分析相结合的原则，采用文献分析法、实地调研法、计量经济学的多元统计分析等研究方法，对社会资本、农户科技创业、创业意愿、融资能力、创业绩效等方面进行全面的分析与研究，具体如下：

（1）文献分析法。目前，国内外学者对社会资本在创业领域的研究已存在不少的研究成果，本书针对社会资本、农户科技创业、创业意愿、融资能力、创业绩效等内容查阅了国内外大量的理论文献。通过对现有研究文献的综合分析不仅可以为本书提供了丰富的理论基础，还可以对本书研究方法的选择进行强有

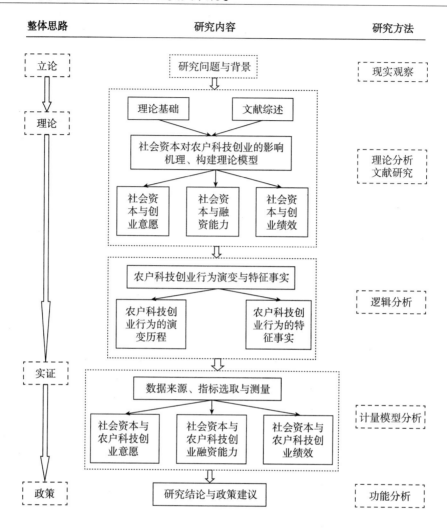

图1.1 本书技术路线

力的指导。由于我国科技创业农户所处的环境及其社会资本所存在的特殊性，对于我国科技创业农户的社会资本以及农户科技创业行为的研究要根据我国的现实国情以及这一群体的实际情况，最终提出符合我国创业农户的社会资本对其科技创业行为影响的理论框架，剖析不同变量之间的相互关系，进一步为广大农户的科技创业活动提供理论支持和实践经验。

（2）问卷调查法。在文献与理论分析的基础上，本书所在课题组制定科学的调研问卷，收集农户科技创业的基本资料、科技创业农户的社会资本、融资能力与创业绩效的数据，问题项的设置主要来源于国内外相关研究文献，主要变量的测量题项采用李克特（Likert）5 点量表的形式进行测度。本书所在课题组从 2013 年 7 月到 8 月对全国 15 个省份发放调查问卷共 2000 份，问卷回收 1807 份，有效问卷 1524 份，其中从事普通创业农户的样本有 883 份，科技创业农户的样本有 641 份。问卷调查主要了解农户的基本情况、创业资金需求、资金获取方式、获取渠道等，并进行统计分析。

（3）计量模型分析。尽管社会科学还不能和自然科学的精确性相比，但是近年来社会科学的研究也越来越重视采用数据和模型的分析来揭示数据及其背后隐藏的规律性，并对某一现象和理论进行证实或证伪。本书在实证部分，主要采用以下分析方法来验证假设检验的正确性。第一，多元有序选择概率模型（Ordered Logit Model）和分位数回归模型，本书第 5 章"社会资本对农户科技创业意愿影响的实证分析"将采用该方法。以创业意愿作为因变量，社会资本作为自变量，探究社会资本对农户从事科技创业意愿的影响。第二，最小二乘法和替代变量法，本书第 6 章"社会资本对农户科技创业融资能力影响的实证分析"运用了此方法。以科技创业农户不同渠道的融资能力作为因变量，将社会资本作为自变量引入，考察其对科技创业农户不同渠道融资能力的影响。第三，有序响应回归模型（Ordered Probit Model）和中介效应模型，第 7 章"社会资本对农户科技创业绩效影响的实证分析"将采用该方法。首先以创业绩效作为因变量，把社会资本作为自变量引入，考察社会资本对创业绩效的直接影响，然后阐述并引入中介效应模型，实证分析社会资本是否通过融资能力来间接影响科技创业农户的创业绩效。

1.4 数据来源与介绍

1.4.1 数据来源

本书所采用的资料主要包含文献资料、相关政策法规资料和数据资料三种类型。其中，大部分参考文献来自 SCI、SSCI、CSSCI 收录的论文、专著，相关部门和研究人员提供的研究报告、调查报告以及工作总结等；本书引用的政策法规主要来自国家历年的中央一号文件和关于农业经济工作的会议决议；文中使用的宏观数据来自国家统计年鉴、农业部、国土部等官方网站，后续章节实证分析部分所采用的微观数据均来自笔者参与的国家软科学重大研究计划项目"农村科技创业金融政策研究"的课题组于 2013 年 7 月至 8 月组织开展的问卷调查所得。

数据来源如表 1.1 所示。

表 1.1　数据来源

序号	数据名称	年份	资料简介
1	农村科技创业金融政策研究	2013	本书后续章节实证分析部分所采用的数据均来自笔者参与的国家软科学重大研究计划项目"农村科技创业金融政策研究"课题组于 2013 年 7 月至 8 月组织开展的问卷调查所得。课题组于 2013 年对辽宁、河北、江苏、浙江、安徽、河南、湖北、江西、山西、贵州、内蒙古、陕西、四川、云南、重庆 15 个省份的 113 个乡镇 1524 家创业农户进行了判别调查
2	中国统计年鉴	2008 ~ 2016	《中国统计年鉴》是由国家统计局编印的能够全面反映我国经济和经济社会发展情况的资料性年刊
3	中国农村统计年鉴	1985 ~ 2016	《中国农村统计年鉴》主要包括我国农村基本情况、农业生产条件、全国乡村人口和人员就业情况、农业生产发展概述、农村经济主要指标、农村经济在国民经济中的地位、各地区农村经济在国民经济中的地位、各地区农村经济在国民经济中的地位等情况
4	农民工监测调查报告	2008 ~ 2016	监测我国农民工分布、流向、规模、就业、收支、生活和社会保障等情况，采用入户访问调查的形式，按季度进行调查
5	中国人口普查数据	2000、2010	2000 年为全国第五次人口普查，2010 年为第六次人口普查，数据均来自国家统计局官网。人口普查主要统计居住在中华人民共和国境内的（不包括香港、澳门和台湾）自然人口的基本情况，具体包括：性别、年龄、民族、受教育程度、结婚生育、住房情况、社会保障等

1.4.2　调查说明

由于本书旨在揭示社会资本对农户科技创业行为的影响，解释农村地区进行科技创业实践活动的形成原因，因此，在考察社会资本对农户科技创业意愿的影响时选取的是 1524 家创业农户，而在研究社会资本对农户科技创业融资能力与创业绩效的影响时，仅选取了从事科技创业农户的微观数据。这里所说的科技创业农户主要是指在电子商务、创意、高技术服务业以及利用高新技术改造传统产业等领域的农户，例如运用转化科技成果进行区域优势特色农产品种养、加工、仓储、流通、经营，"互联网 + 农业"、电商平台、物联网等。此外，由于研究时间和经费的限制，本书对创业农户基本情况的调查大部分是回顾性数据，有可能会带来记忆退化和后视偏差的不利影响，因此在实地调查中采取了一些方法来应对这一缺陷。调查采取分层判断抽样方法，首先在全国东部、中部、西部三个地区分别抽取相应的样本省，其次在各样本省中抽取相应的样本市（县），再次在各样本市（县）中抽取相应的样本乡镇，最后在各样本乡镇中通过甄别问题进行判断并抽取符合条件的被访创业农户。本次调查采用入户问卷调查的形式，在2013年1月至2月寒假回家的机会在所在家乡进行预调研，针对预调研结果对正式调研问卷进行反复的修改，确定最终调研问卷，正式调研时间为2013年7~8月。在整个调研过程中，由经过严格培训的调研人员亲自询问并填写问卷，并对被调研者提出的问题进行逐一进行解释。回收的问卷由课题组成员逐一核实甚至重访，确保数据的准确性和有效性。本次调研共发放问卷2000份，回收问卷1807份，并根据研究需要对问卷进行筛选，剔除不符合本书研究对象界定的、存在明显雷同的、大面积遗漏和空白的以及与本书相关但关键数据缺失的无效问卷283份，剩下有效问卷1524份，问卷回收率为90.35%，问卷有效率为76.2%，其中从事普通创业农户的样本有883份，科技创业农户的样本有641份。从本次调研的样本分布范围来看，覆盖了我国15个省份的113个乡镇，其中包括东部地区的辽宁、河北、江苏、浙江，中部地区的安徽、河南、湖北、江西、山西，以及西部地区的贵州、内蒙古、陕西、四川、云南、重庆。调查内容包括创业者的个人属性、经济情况、创业意愿、融资情况和创业者对金融服务的主观感受情况等。微观样本数据在各地区的分布情况如表1.2所示。

表1.2 微观数据样本分布

	省份数（个）	市（县）（个）	乡（镇）（个）	创业农户数（户）	普通创业农户数（户）	科技创业农户数（户）
东部	4	7	16	210	33	177
中部	5	24	26	322	109	213
西部	6	32	71	992	741	251
合计	15	63	113	1524	883	641

资料来源：课题组整理而得。

1.5 内容结构安排

本书以社会资本对农户科技创业行为的影响为基础，剖析社会资本对农户科技创业意愿、融资能力以及创业绩效的作用机制，并利用实地调研资料对其进行实证分析检验，通过8章来完成以上研究目标，各章节的具体内容安排如下：

第1章为导论。提出研究的科学问题，分析研究的背景、研究目的及意义、研究思路与方法，对数据来源进行简要介绍并对调查情况进行具体说明，最后对本书的主要内容和框架结构做出具体安排，并归纳出可能的创新之处。

第2章为理论基础与文献综述。具体包括两个部分：第一部分为理论基础，详细说明本书依据的主要理论及涉及的某些理论观点，包括社会资本理论、创业资源理论、科技金融理论和要素集聚理论等，为本书后续的研究提供理论基础与依据。第二部分为文献综述，主要从社会资本的提出、界定以及维度划分的相关研究、社会资本与创业行为的相关研究这几个方面进行总结和概括，为该领域现有研究的不足和有待改进之处指明方向，并为本书后续章节的实证研究提供理论支撑。

第3章为社会资本对农户科技创业的影响机理。本章试图建立一个社会资本对农户科技创业行为影响的逻辑框架。首先对本书涉及的五个基本概念进行界定（社会资本、农户科技创业、创业意愿、融资能力、创业绩效）；其次从理论上阐述了农户科技创业的行为特征与驱动因素；接着提出了社会资本对农户科技创业行为影响的理论分析框架，具体分析"社会资本对农户科技创业意愿的作用机制""社会资本对农户科技创业融资能力的作用机制"以及"社会资本对农户科技创业绩效的作用机制"；最后推导出社会资本影响农户科技创业行为的数理模型。

第4章为农户科技创业行为的演变历程与特征事实。本章主要对我国农户科技创业行为的演变历程、农村科技政策以及农户社会资本变迁进行梳理，归纳和总结了我国农户科技创业行为转变的科技政策动因，回顾和展望了未来农村科技政策的发展趋势，通过对比普通创业农户与科技创业农户的行为特征，得出创业农户更倾向于选择高绩效的科技创业活动，从而为分析社会资本对农户科技创业的影响提供现实依据。

第5章为社会资本对农户科技创业意愿影响的实证分析。在理论分析的基础上，本章基于课题组有关创业农户的调查数据，通过采用Ordered Logit模型考察并检验社会资本对农户科技创业意愿的影响。同时还采用了分位数回归和分区域回归的方法来进一步了解农户科技创业意愿在不同分布区间上各个影响因素所产生的不同作用以及不同区域农户的社会资本对其创业意愿产生的影响，最后通过采用Ordered Probit方法来验证实证结果的稳健性。

第6章为社会资本对农户科技创业融资能力影响的实证分析。与第5章相类似，本章在第3章机理分析的基础上，把社会资本存量作为科技创业农户流动性约束的代理变量，阐述了社会资本对于科技创业农户不同渠道融资能力产生的直接影响，然后利用课题组有关科技创业农户的调研数据进行实证验证。此外，本章还使用了分位数回归和分区域回归的方法来了解社会资本对不同融资能力水平上和不同区域的科技创业农户所产生的影响。最后通过替代变量来检验实证结果的稳健性。

第 7 章为社会资本对农户科技创业绩效影响的实证研究。基于第 3 章的机理分析，本章拓展和丰富了前人的研究，考虑到社会资本不但能够直接影响创业绩效，还能通过融资能力来间接影响创业绩效，首先采用课题组有关科技创业农户的调研数据对社会资本与创业绩效进行了实证分析，为了验证融资能力是否具有中介传导作用，采用中介效应方程逐一检验不同渠道的融资能力对社会资本不同维度与创业绩效的中介作用。

第 8 章为研究结论与政策建议。本章节主要是对上述各个章节进行概括和梳理，并根据前述章节的研究结论和发现提出针对性的政策建议。最后，笔者归纳和总结了本书的不足之处，并对该领域未来的研究提出展望。

1.6　可能的创新之处

本书通过对以往研究进行总结和梳理的基础上，提出从社会资本的角度来研究农户科技创业行为这样一种全新的视野，有关这一领域的研究已经引起国内学者的广泛关注。在归纳和继承现有研究成果的基础上，本书预期在以下三个方面存在可能的创新性：

第一，基于社会资本理论对农户的科技创业活动进行研究，丰富了创业领域的研究内容，拓展了农户创业研究的理论视角。以往的研究多关注社会资本对企业创业、农民创业的影响，然而从社会资本这一角度出发来研究农户科技创业这一行为实属空白。本书以社会资本理论为切入点，考察其对科技创业农户可能产生的影响，详细阐述了影响机制。将社会资本的研究融入农户科技创业活动的过程中已经成为创业研究领域里必然的发展趋势，尤其是科技创业农户应该如何利用和发展自身的社会资本来提高自己科技创业活动的效率和方式已然成为本书研究的重点，但目前有关此类的研究文献并不多见。本书从我国特殊的国情出发，结合科技创业农户所处的特殊文化背景和社会环境，将社会资本与科技创业两者结合起来，并纳入一个分析框架内进行系统的研究。

第二，分析社会资本对农户科技创业行为的影响机理与路径，构建并验证科技创业农户"社会资本—融资能力—创业绩效"的分析模型。根据以往学者主要针对社会资本—组织绩效、融资能力—创业绩效双变量关系研究的局限性，本书以科技创业农户为考察样本，在分析"社会资本对创业绩效的影响"时，考虑到融资能力可能是一个中介变量，并对融资能力的中介效应进行分析，以剖析其通过社会资本对创业绩效的传导机制，提出了"社会资本—融资能力—创业绩效"的协同作用模式，将"社会资本—融资能力—创业绩效"三个变量进行整合研究，利用中介效应模型来探讨三组变量之间的作用关系，形成了较为全面系统的科技创业农户"社会资本—融资能力—创业绩效"的研究体系，同时也对社会资本理论研究和创业理论研究进行补充和完善。

第三，探索社会资本异质性对农户科技创业行为的影响差异。我国科技创业农户社会资本存量的区域差异十分显著，不同区域科技创业农户社会资本存量极不平衡。既往的研究多数为对某一区域的微观调查或者对全国层面创业农户的整体研究，由此得出的结论其适用性值得商榷。本书利用"农村科技创业金融政策研究"课题组的微观调查数据，通过采用分位数回归与区域差异分析的方法，探讨不同创业层次和不同区域农户的社会资本对其创业行为的影响方向与作用力度，从而有效地把握社会资本作用功能的发挥路径，提高政策建议的适用性。

第 2 章　理论基础与文献综述

社会资本在创业领域的应用一直是当今学术界关注的重点，很多国内外学者对这一领域进行了大量研究，成果斐然。本章对当前的研究动态进行梳理，同时指出该领域的剩余研究空间，为后续章节建立理论和计量模型提供依据。本章内容分为两个部分：第一部分为理论借鉴，主要介绍与本书相关的理论基础，包括社会资本理论、创业资源理论、科技金融理论以及要素集聚理论等，为本书后续章节的研究提供理论支撑；第二部分是相关文献综述，以"社会资本理论"为突破口，主要对社会资本的概念、作用与维度划分以及社会资本与创业行为的相关研究进行总结和评价。

2.1　理论基础

2.1.1　社会资本理论

（1）社会资本的研究历史。在分析社会资本这一理论之前，本部分首先对资本范畴与农民群体的研究范式进行简要评述。概括来看，资本范畴大致经历了三个发展阶段，即物质资本阶段、人力资本阶段以及社会资本阶段。

1）物质资本阶段：20 世纪 50 年代是发展经济学的繁荣年代，这一时期的发展经济学主要强调工业化和资本的积累。"社会资本"这一概念是由经济学领域中"资本"这一概念演变而来的。严格来说，经济学领域中的"资本"是指那些在追求利润为目标的行为过程中被利用和投资的资源。它不但是生产过程的一种必要要素，同时也是生产过程的一种结果。

2）人力资本阶段：到了 20 世纪 60 年代，Schultz 和 Becker 将"人力资本"的概念引入经济学中，开创性地把"资本"这一具体概念转化为抽象表征形式。

但从现有的有关西方人力资本研究的成果来看，学者们虽然已经把关注的焦点转移到"人"身上，但这里所指的"人"并不是社会关系中的"人"，仍然是传统的"独立人"。处于社会关系中的人不仅是一种资源要素，也是一种运用资源的主体，当"人"在使用资源要素时，他们就不单纯是所谓的"独立人"，通常是作为社会群体出现的。因此，人力资本理论最大的缺陷就在于：人在使用资源要素时往往忽视了"社会关系"这一主题存在状态，进而忽略了社会关系对经济产生的影响。

3）社会资本阶段：20 世纪 90 年代，学者们发现，仅有物质资本和人力资本仍无法满足自身的利益，合作所产生的收益远比不合作产生的收益大得多，人与人之间的合作关系对经济发展产生重要影响，这也是经典的"囚徒博弈"的基本思想。社会资本（Social Capital）这一概念的提出把经济学领域的学者们忽略的社会结构以及社会关系纳入资本分析这一过程中，弥补了人力资本理论的缺陷[①]，并试图描绘出社会资源对经济学领域的意义（桂勇，2003）。社会资本这一概念的产生正是"资本概念不断泛化"的结果。

基于扩展的资本的概念，有关农户这一特殊群体的研究主要经过了物质资本范式、人力资本范式以及社会资本范式三个阶段，具体内容如下。

1）物质资本范式阶段：该范式假设我国农户这一群体贫困的主要原因是缺乏物质资本。钱再见（2002）提出，贫困农户表现在经济上的低收入性决定其物质生活的贫困性，生活质量和水平的层次性较低是这一现象的主要表现。为了摆脱这一贫困性，改善农户的生活状况，往往需要加大对农村地区的资金投入和基础设施建设，促进农村地区的经济发展，改善农户的经济状况。

2）人力资本范式阶段：该范式假设我国农户这一群体贫困的主要原因是缺乏人力资本。人力资本范式的研究是对物质资本范式的发展和补充，该范式认为，在考虑物质资本的同时，还要考虑具有资本属性的人力资本。大量研究事实显示，对于人力资本的投资收益远远超过物质资本投资的收益。提高农户自身的人力资本是改善农户生活状况的一种重要方式，例如加大教育投入和提供农民职业培训等。

3）社会资本范式阶段：该范式假设合作收益远远超过不合作所获收益。基于信任为基础的社会资本能够减轻农户的贫困性。自 20 世纪 90 年代以来，社会资本的概念不断拓展和演变，已成为当今社会学、经济学以及管理学等领域的重要研究工具。

---

① 20 世纪 20 年代，学者 Hanifan 在其著作 *The Community Center* 中首次提出"社会资本"一词，并用其阐释社区有参与在当地教育成果中的作用，他认为，社会资本是小区成员之间的信任、合作以及进行集体活动的基础，能够促进小区中人际关系网络的发展——转引自汪轶。

（2）社会资本理论的发展。

1）社会资本理论研究的初期阶段："社会资本"这一概念是由经济学领域中"资本"这一概念演变而来的，于20世纪80年代初，由著名的法国社会学家皮埃尔·布迪厄（Pierre Bourdieu）首先提出并进行系统性研究的。"社会资本"随着 Bourdieu 在1985年公开发表的学术论文而引起学术界的广泛关注。这一概念的提出给经济学和管理学提供了新的研究视角，是社会学领域理论研究和研究方法的重大突破。

Bourdieu 提出，社会资本是有关潜在的和现实的资源集合体，这一资源集合体与关系网络中成员的身份以及制度化的认可和熟识的社会网络有关。Bourdieu 关于社会资本的观点主要包括以下三个方面：一是社会资本具有资源传递功能，其资源传递程度和获取程度与拥有者自身实践能力有关；二是社会资本与社会网络的关系十分密切，当某一个体被某个团队认可时，这一个体就有权利利用和调动这一网络中的资源；三是社会资本的主要目的是稳固社会关系，通过对经济资本与文化资本的长期积累与不断投入而形成一种稳固的产物。Bourdieu 认为，个体之所以对社会关系进行投资，其主要目的是把私有的特殊利益转化为集体的合法利益。但是，他在最终分析时把每种类型的资本都约等于经济资本，这就忽视了其他类型资本的特殊功能，这也是 Bourdieu 所提出的社会资本观点的主要缺陷。

2）发展完善的社会资本理论阶段：美国学者詹姆斯·科尔曼（James Coleman）于20世纪90年代发表的《人力资本发展的产物——社会资本》一文中，首次提出了社会资本这一基本研究概念框架，为社会资本理论的研究奠定了基础。接下来，《社会资本理论基础》一文中对社会结构进行具体分析和全面界定。Coleman 认为，社会结构资源作为一种社会资本，是个人拥有的资本财产，从社会资本功能性的角度对其进行定义。社会资本具有一定的生产性，在某种程度上决定了人们实现既定目标的可能性。他把资本分为三种形态，即物质资本、人力资本和社会资本，其中，社会资本是区别于个人资本和物质资本单独存在的一种形态。从此，社会资本已成为经济学、管理学以及社会学研究的焦点和热点。尽管 Coleman 构建了社会资本的概念研究框架，但是其研究也存在一定的局限性，例如他仅把社会资本理论用于解决社会学领域的问题，具有一定的局限性。

社会网络基于波茨网络成员关系的观点、格兰诺维特（Granovetter，1995）网络结构的观点以及林南（1999）网络资源的观点，从不同的角度深化了 Bourdieu 与 Coleman 有关社会资本理论的研究。波茨认为，社会资本是"在网络中的个体依靠自己的成员身份，获取广阔的社会结构中潜在的稀缺资源的能力。这种获取能力并非个人所有，而是个人与社会结构关系中的他人所包含的一种资产，是社会资本的嵌入性产物"。Granovetter 基于书的观点，进一步将嵌入性分为理性嵌入和结构嵌入。理性嵌入以双方互惠的预期为基础，结构性嵌入表现为互惠的双方社会网络扩大时，信任就随着互惠双方的期望增加而增加。区别于社会网络结构的视角，美籍华裔社会学者林南（1999）把社会资本理论定义为"嵌入在社会结构中，能够有目的地在行为活动中动员或摄取的资源"。

3）社会资本理论向各学科领域扩张的阶段：哈佛大学教授罗伯特·帕特南（Robert Putnam）基于社会资本理论的角度对意大利的经济发展进行分析，深入研究了意大利南北地区区域经济发展差异产生的原因，开创性地将社会资本引领到经济学、管理学以及社会学等学科领域，至此，社会资本理论已成为交叉学科研究的纽带，引起了多学科的共同关注。美国著名发展经济学家迈耶（Meier）在他的著作《新老两代发展经济学家》一书中也指出：一些学者在强调知识资本、人力资本以及物质资本以后，发现了"社会资本"对经济增长的贡献。当社会交往产生外部效应以及为获取除市场之外的利益而采取集体行动时，社会资本的经济效益就会产生。合作、协调、信任、互惠以及人际网络被认为是调节人际交往以及产生外部性的民间社会资本。除了学术界之外，近年来，世界银行也对社会资本理论产生了浓厚的兴趣。世界银行于 1997 年举办的一次国际学术专题研讨会中，广泛邀请经济学、政治学以及社会学领域的专家学者就社会资本理论进行了跨学科的研讨，并出版了《社会资本：一个多角度的观点》的论文集。并于 2001 年的《世界发展报告》中对社会资本在经济领域中的作用进行了详细的分析（世界银行，2001）。

（3）社会资本的特征。

1）社会属性。

第一，社会性互动是社会资本产生的根本原因。社会资本嵌入于社会网络之中，无论是社会网络、社会联系抑或是信任，都需要嵌入于网络中的个体之间相互传递和影响，不能脱离网络单独完成。通常情况下，人与人之间的互动与联系很少直接带有经济性目的。例如，基于血缘关系为基础的家庭成员间的交往，以地缘关系为纽带的老乡之间的交往，以业缘关系为依托的同事之间的交往，其目的均旨在维护感情、培养友谊，而非出于经济利益，从而满足自身的社交需求。在社会交往中形成信任、诚实等社会规范，从而让处于这一网络中的人们相互遵守、互相影响。

第二，社会资本在产生经济效应这一过程中具有社会属性。信任与联系影响社会网络中行为主体的利益，由于这一信任和联系对其行为主体的经济利益并不产生直接影响，更多的是从间接改变行为方式与期望来改变主体行为，从而影响行为主体的收益。这一方式正好验证了社会资本经济效应的外部性特征。此外，还值得一提的是，社会联系并没有在物质生产过程中存在，而存在于人与人之间的关系中。因此，部分学者指出，社会资本并不具备潜在的生产能力。社会资本并不依附独立的个体，而是嵌入在关系网络之中，涉及多个个体。当嵌入在网络中个体的一方不愿意合作或者消失，社会资本就会减少或消失，由此可以看出，社会资本具有难形成和易破坏的特点。

2）经济属性。

第一，社会资本具有投资性。资本具有可垫付性，生产者为了取得剩余价值，通常会预先垫支部分货币来购买生产要素。在追求自身利益的基础上，个体通常会筛选和培养"偶然"产生的社会关系，稳固能够长久维系的社会资本。作为资本形式之一的社会资本具有这种类似的垫付性，也叫社会资本的投资性。与物质资本和人力资本分别是物力投入与人力投入的产物相似，社会资本是个人投资的产物，并不是与生俱来的（赵瑞，2012；Bourdieu，1985），正如程昆等（2006）所言，社会资本即便不需要资金的投入，也需要时间精力的投入，也就是说，社会资本的生产是不需要花费成本的，无论是资金还是时间。社会网络的维护和经营是需要付出时间和精力的，甚至是资金的投入，信任的培养更是直接需要时间、情感以及金钱的投入，参与也是如此。因此，社会资本具有投资性。

第二，社会资本具有收益性。资本的增值性决定了资金的资本属性。社会资本作为资本的一种表现形式也具有相似的增值性，也叫社会资本的收益性，社会资本主要从关系网络、信任和参与的角度给个体带来收益。一方面，处于较为封闭的社会网络中的个体应挖掘其关系网络中潜在的网络资源，当个体自身的资源满足不了其发展需求时，就要寻求与网络成员的互助合作，挖掘社会网络中蕴含的丰富资源，以满足自身发展的需要。另一方面，信任能够帮助网络成员摆脱个体交往之间的"囚徒困境"，从而使网络中的个体向互利共赢的方向发展，进而减少失信产生的运行成本。此外，社会资本是建立在共同价值观基础上的社会规范，是个体之间反复博弈的结果。社会资本通过奖励信守承诺的个体以及惩罚违约欺诈的个体来降低网络成员之间信息的不对称程度，从而提高经济效益。

第三，社会资本具有逐利性，能够为投资人带来持续的增值。从不同层面来看，关系网络良好和社会声誉较高的人其社会资本较丰富，能够从中获取更多的资源和机会；基于长期合作形成规范的社会群体，更容易采取统一的行动，从而使经济收益最大化；社会氛围较好的国家，例如法律规范良好、信任程度较高等，会因为低运行成本而得到持续的发展。然而，我们也应该意识到，社会资本与自然资本、人力资本、物质资本一样，也会受到客观条件的影响和制约，对行为主体产生负向效应，一方面社会资本能够促进和规范团体合作行为，另一方面也能够阻碍内部更大范围的合作。

第四，社会资本具有时空性，会随着时间和空间的转移而发生不断的变化，如果网络中的个体不经常主动地去维护网络资源中的社会资本，则关系网络中的联系就会弱化和疏远，这就意味着随着时间的流逝，社会资本会产生折旧，且这种折旧无法掌控和预计。社会资本不同于物质资本，但与人力资本相类似，会因使用而增值，因不使用而贬值（程昆等，2006）。此外，社会资本的经济效应还具有持续性，一方面以血缘为基础的家庭内部联系具有持续性，另一方面不具有持续性的社会资本还能通过投资这一方式产生持续的影响。

2.1.2 创业资源理论

有关创业领域的研究一直是过去几十年学者们关注的焦点，且研究成果十分丰富，基于本书的研究目的，本书从创业资源获取的角度对创业理论进行梳理，探索社会资本引入创业领域研究的理论基础。基于资源获取视角的创业理论，其发展大致经历了四个阶段，即资源基础理论阶段、资源依赖理论阶段、扩展的资源理论阶段以及资源拼凑理论阶段。而后两个阶段除了强调企业自身拥有的资源以外，还提出嵌入在企业中的网络也能够为创业活动提供资源，这就为后续研究把社会资本引入创业领域打下了坚实的基础。

（1）资源基础理论。梳理现有文献，笔者发现，有关创业领域的研究主要包括以下四个视角，即种群生态理论、战略适应理论、社会认知理论以及资源自给理论，具体如图2.1所示。种群生态理论又叫作"自然选择理论"，该理论认为客观环境及其变化规律对企业的生存和发展具有决定作用，重点关注环境对创业绩效产生的影响（Lerner & Brush，1997）。战略适应理论认为，创业成功的关键在于利用战略性商业机会来创造价值，主要强调创业机会的作用与利用。不同于种群生态理论，战略适应理论提出企业在影响环境的同时，自身也能够进行变革（Dollinger，2003；Janczak，2005）。社会认知理论主要强调团队的创业动机及其行为对企业发展有着重要影响，该理论强调了创业团队的影响和作用（Lerner & Brush，1997）。资源基础理论认为，企业能够调动的内部及外部资源的数量和质量对企业的生存和发展起着决定作用，该理论关注的重点是创业资源的作用。本书重点探讨和分析了创业行为与创业资源的依附关系。

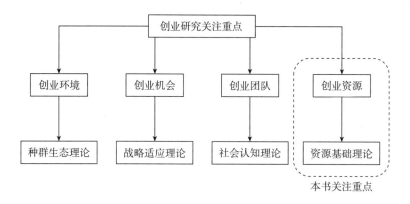

图 2.1 创业研究以及本书关注重点

从资源基础论的视角出发来研究的创业活动，重点关注其资源属性以及租金产生机制对企业成长绩效和竞争优势的影响。资源的组合和获取是创业行为最本质的两个过程（彭新敏等，2011）。虽然早期的研究已经表明组织资源的重要性，但直到 20 世纪 80 年代，完善的资源基础观才得以形成。资源基础观的出现也把学者们关注的焦点从组织的外部要素转向内部。巴尼（Barney，1991）在前人研究的基础上，对资源基础观从以下两方面构建了分析框架：一方面对资源的内涵进行界定，把资源界定为企业所能控制的资产、信息、知识以及企业属性和组织过程，这些资源不但能有助于企业的生存和发展，还能够帮助企业提高运行效率；另一方面，构建资源基础观 VRIN 的概念框架，提出价值性、稀缺性、难以模仿性以及不可替代性这四个特征能够为企业的持续发展带来优势资源（Barney et al.，2011）。企业的竞争优势主要取决于其所拥有资源的异质性，企业必须占有和识别区别于其他竞争对手的稀缺资源，才能在竞争中占据优势。Mosakowski 于 1998 年提出创业资源这一概念，他认为直觉、远见、机敏以及创造力是创业者所特有的资源，并为企业增加竞争优势。

资源基础理论的主要观点是强调创业资源整合能力对创业绩效产生的影响，认为企业是集资源与能力为一体的集合体，企业的异质性资源是企业绩效差异产生的主要原因，企业自身所具备的独特资源是竞争优势产生的根源（Barney，1991；Romanelli，1989；张玉利等，2004）。与此同时，该理论还重点关注企业自身资源对环境的适应性，从环境中获取资源的种类和数量也在一定程度上受到资源与公司战略的影响（Romanelli，1989），如何学会利用自身的能力和异质性资源来提高创业绩效就显得尤为重要。资源基础理论高度重视创业者自身的异质性资源，并把其归结为企业取得超额利润的重要原因。然而，从实际情况来看，随着全球化进程的加快，市场的竞争也越来越激烈，企业自身所拥有的异质性资源已无法满足自身的竞争优势，必须打破传统边界的束缚，挖掘和利用外部资源，因此，资源依赖理论呼之欲出。

（2）资源依赖理论。资源依赖理论强调，企业获取与维持资源的能力决定了其生存和发展。处于不同组织与参与者构成开放性系统中的企业，并不能够获取自身发展的全部资源，企业需要通过并购、联盟与合资等行为逐步控制和获取外部的有效资源。企业对掌握关键资源的外部利益相关者存在较强的依赖性，保持与掌握关键资源利益相关者的良好关系已经成为企业生存和发展的重要途径。然而，我们也应该意识到，每个资源所有者都有自己的追求和目标，只有满足掌握关键资源利益相关者的诉求才可能控制和获取有助于企业生存和发展的外部资源。这就意味着企业需要对关键资源提供者的权利进行合理配置，当某一资源对企业产生关键性价值时，企业则对这一资源提供者产生依赖性，这就需要关注这一资源提供者的主要诉求，并赋予其影响或控制企业的权利。企业与市场最大的区别就是企业是在关键资源基础上所建立的投资组合，掌控着企业租金生产投资的人就获得了控制企业的权利，企业对投资者所投资源的依赖程度决定了权力的大小。

虽然资源依赖理论主要关注企业控制和获取外部资源的能力，但却忽略了对外部资源的获取激励进行深入剖析，没有考虑到嵌入在关系网络中结构关系的异质性资源给企业带来的超额利润与竞争优势，从而使企业难以适应经济全球化的大背景下生存与发展的需要，不能从根本上提高企业的资源整合能力。

（3）扩展的资源理论。基于资源依赖理论以及资源基础理论，扩展的资源理论努力挣脱自身的局限性，为企业生存和发展的需要，积极适应经济全球化的发展趋势，具体表现在以下三个方面：首先，扩展的资源理论继承和发展了资源依赖理论的精华，并且拓展了企业的边界资源，把获取资源的范围延伸到企业外部，重点关注外部资源的获取，突破了企业法定资源的范畴；其次，借鉴资源基础理论的内部资源观，扩展的资源理论发现企业与政府、消费者、供应商、开发商以及债权人等利益相关者保持良好的关系是企业一种极为重要的无形资源，对于提升其竞争力具有十分重要的意义；最后，扩展的资源理论主要关注企业资源的优化组合，提升企业内外部资源的利用率，以产生协同效应，从而实现企业的价值和超额利润。在汲取资源基础理论与资源依赖理论的基础上，扩展的资源理论不断进行改进和完善。一方面从企业的内部资源出发，掌握和控制具有稀缺性、价值性、不可替代性和难以模仿性的异质性资源，保持企业有能力获取持续的竞争优势；另一方面从企业的外部资源出发，在深入剖析企业的关系资源可以带来超额利润和持续的竞争优势基础上，不断提高企业自身获取发展所需要的外部资源的能力，为企业生产实践以及价值创造提供理论指导。

扩展的资源理论认为，随着经济全球化的深入发展，嵌入在企业和利益相关者之间的关系资源为企业获取超额利润与竞争优势提供了重要保障，该理论极为重要的优势在于其深刻剖析并提出关系资源这一概念。企业与外部利益相关者所形成的独特关系结构是关系资源异质性的主要来源，并且这一特质在全球化大背景下为保持企业持续的竞争优势带来了可能性。基于以上分析我们可以发现，企业的竞争优势不能盲目地追求内部资源的积累，要把目光放远到企业外部，把内部资源与外部资源有效地结合起来，以实现企业持续的竞争优势。

（4）资源拼凑理论。许多从事创业活动的创业者都缺乏人力、物力、资金等资源来开发创业活动，因而，资源约束问题是创业者所面临的一种主要限制因素。Baker 和 Aldrich 于 2000 年首次把"资源拼凑"这一概念引入创业研究的领域，他们提出，资源拼凑和资源搜寻是克服创业者资源约束的重要路径，不同路径对创业后期阶段企业的资源配置产生不同的效果。

创业者在创业过程中面临着资源依赖与环境约束这样一种双重挑战的局面，创业者如果想要获取创业的成功，就必须充分发挥既有资源的价值并不断创新性的整合资源。这就意味着创业者所面临的资源约束问题能够通过资源拼凑的方式来解决，创业者不但能够通过现有的资源来解决资源约束问题，还需要在使用的过程中开发新途径，充分调动和挖掘一切有利资源来创造企业价值。高静、张应良（2014）通过分析资源拼凑方式对创业农户价值的实现，基于情景因素的视角分析创业环境特性对资源拼凑方式和创业农户价值的实现具有调节作用，且宽松的创业环境起到正向的调节作用，并提出选择性拼凑策略的采用能够帮助农户更好地实现创业价值，将资源拼凑理论应用到创业农户的实践研究之中。在社会网络基础上的资源拼凑又可被称为"网络拼凑"，主要是通过创业者从社会网络中获取资源并利用的行为，这种方式没有具体的计划和维护目标，也不局限于固定的网络资源，通过拓展现有关系资源的获取渠道来解决创业行为中所遇到的融资问题，它已经超越了传统的社会网络利用方式。现存和潜在的关系网络都是网络拼凑中一种创新性的整合渠道（梁强等，2013）。

2.1.3 科技金融理论

（1）科技金融的定义。尽管"科技金融"一词在实践中早已开始使用，但在理论研究上，这一概念还没有被严格定义，因此尚不具备独立的科学内涵。赵昌文等（2009）在前人研究的基础上，对科技金融进行完整的定义，并指出科技金融是一系列促进科技研发、产业和高新技术企业发展的制度、政策以及金融工具，这一体系与市场、企业、中介机构以及政府等行为主体共同组成，构成了国家的科技创新和金融体系。

具体来看，科技金融的定义主要包含以下四个方面：其一，强调科技与金融的互动关系，即科技与金融的互相促进作用；其二，科技对金融单方面的依赖性，科技的研发、成果的转化及其生产过程都对相关的金融政策、金融工具以及金融服务具有依赖性；其三，认为科技金融从另一种角度来看，可以理解为一种产业的概念，比如说，支持能源产业发展为主的能源金融，支持农业发展的农村金融，以此类推，支持高新技术产业发展的就能够称为科技金融；其四，科技金融是一个开放式的、内容十分丰富的系统，也是一个在特定法律、经济、文化、社会中，以科技与金融的结合为内容，企业、政府、中介机构为主体的复杂体系。它们之间相互影响、相互牵制，其发展受多种因素影响，需要多方面的互动和博弈。

还有一些学者提出，科技与金融相互作用是科技金融研究的重点。一方面，金融水平的不断提高离不开科技的发展，受信息网络发展的影响，金融创新水平也在不断提高，交易方式和交易工具取得突破性创新，交易效率也得到明显提升；另一方面，受科技不断发展的影响，信息的流动速度也在逐步加快，交易工具与交易方式尤为方便快捷，也促进了融资的发展和交易的实时化和全球化（杨刚等，2006）。虽然科技金融在各个领域都取得了突破性进展，但学者们也注意到其研究的重点还是金融如何保障科技健康持续地发展，杨刚（2006）认为，金融在科技投资方面具有发现价格、提供流动性和转移分散风险的功能，要坚持对金融体系的不断创新，结合不同的金融工具以及挖掘各种融资渠道满足科技对资金的需求。

（2）科技金融的结合机制。科技金融从结构上来看主要包括六个部分，即科技资本市场、科技财力资源、科技贷款、创业风险投资、科技保险以及科技金融环境。如图2.2所示，在这一体系里，科技资本市场和创业风险投资属于直接融资，而科技贷款属于间接融资的一种。

①科技财力资源的内容指出，通过国家的财政预算与税收政策为科技活动提供强有力的金融支撑，与其他金融政策相比，科技财力资源关注的重点是科技的研究与发展。政府通过直接调控以及间接介入的方式来影响发展方式、结构与速度、结构与方式等。由于基础性研究的高投资、高风险的特点，市场资金进入的相对较少，这时就需要政府发挥宏观调控作用。②创业风险投资是专业投资机构在承担高风险并积极控制风险的前提下，投入高成长性创业企业特别是高新技术企业并积极追求高额收益的权益性金融资本，包括私人创业风险投资和公共创业风险投资。从企业生命周期来看，创业风险投资是高新技术企业种子期、初创期、扩张期重要的外部融资途径（Ahlstrom & Bruton，2006）。③科技贷款是为保障成果转化和科技的研发提供资金支持的行为。科技贷款又可划分为以下四类，即政策性银行科技贷款、商业银行科技贷款、民间金融科技贷款以及金融租赁。

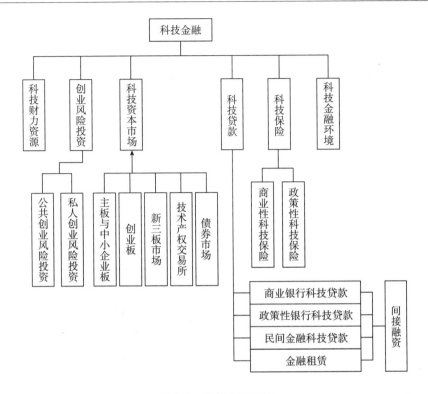

图 2.2　科技金融结构

④科技资本市场是为高技术含量的企业提供金融支持的资本市场。资本市场基于不同的风险性与流动性，又划分为债券市场、新三板市场、技术产权交易所、主板、创业板以及中小企业板。科技资本市场不但具有融资功能，还具有风险分配、风险转移以及激励作用的功能。⑤科技保险是专门针对高科技企业的运营风险、科技活动的风险以及金融工具的风险提供的保险服务，这一行为主要为了降低这些高风险生产活动的系统风险。不同于其他部分，转移和分散风险是科技保险的主要功能。科技风险根据自身性质可划分为以下两类，即政策性科技保险与商业性科技保险。⑥科技金融环境是指金融工具在社会、文化、经济、法律等制度和体制中的运行环境，其运行受到科技金融发展水平与运行效率的影响，是科技金融体系的重要组成部分（黄少安、张岗，2001）。

（3）科技金融的构成体系。从参与者的角度来分析，在科技金融环境的大背景下，科技金融体系是由需求方、供给方、政府、市场、中介机构以及科技金融生态环境等要素组成（如图 2.3 所示）。高新技术企业、科研机构、大专院校以及政府和个人等都是科技金融的需求方，其中科技金融的主要需求方是高新技术企业，科研机构与大专院校也是财政性科技投入主要的需求方，同时也是科技贷款与科技保险的需求方。然而个体对科技金融也存在一定的依赖性，本书所研究的重点是科技金融对农户这一个体的影响。科技金融的供给方主要包括银行等正规金融机构、科技资本市场、科技保险机构以及创业风险投资机构。除此之外，科技金融的供给方也可以是独立的个体，例如民间组织等非正规金融以及高新技术企业自身的内部融资等。科技金融中介机构主要是指信用评级机构、担保机构等，它们在降低由于信息不对称而带来的风险中起了重要作用。除此之外，政府作为科技金融的供给方与需求方，同时也是科技金融市场的调控者与指挥者，因此，政府可以作为科技金融这一体系中的特殊参与主体。

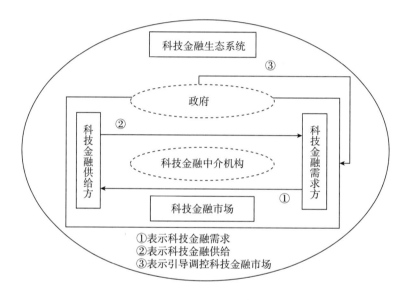

图 2.3　科技金融生态系统

（4）科技金融的发展与政策支持。科技金融体系的发展是在经济体制改革、金融体制改革以及科技体制改革的框架内进行的，从而实现逐步强化、丰富自身体系的一系列过程。自 1978 年改革开放以来，科技金融的发展大致经历了从单线条到多层次、行政制到市场化的六个阶段。

1）1978～1984 年的行政供给制的财政拨款阶段。财政拨款是行政供给制度下科技金融的主要特点，政府把向世界银行申请的第一笔贷款用于科教事业是这一阶段的代表性事件，可见，在当时经济万分困难的情况下，党和政府对科教事业的重视程度。除此之外，党和政府这一阶段另一项重大举措是我国第一个由国家财政专项拨款的"科技攻关计划"于 1982 年正式实施。行政供给财政拨款阶段是经历"文革"之后，我国科技金融体系的恢复和重建阶段，尽管这一阶段的恢复和发展缓慢，但为后续科技金融体系的进步打下了坚实的基础。

2）1985~1987 年的科技贷款介入阶段。我国金融机构改革于 1984 年形成了四大国有专业银行的格局，其中，继 1986 年交通银行的股份制改革开始，商业银行如雨后春笋般相继出现（李利明、曾人雄，2007）。四大国有商业银行出现之后纷纷开展科技贷款业务，改善了以往仅仅依靠政府对科技活动拨款的投入方式，提高了科技成果的转化率。我国第一家风投公司"中国新技术创业投资公司"也成立于该阶段，从此开启了风险投资的方式来支持高科技产业的研发工作（摇姗娜，2011）。另外，本阶段另外两个关键性事件是"863"计划的实施与国家自然科学基金委员会成立与运作。

3）1988~1992 年的市场机制介入阶段。从 1988 年开始，市场经济的试点工作正式开展，我国经济体制改革迈向深入发展阶段，这一时期，发展科技金融的主要思想是通过运行市场化的方式来解决科技发展中的资金问题。北京高新技术产业开发区也成立于本阶段，中国的硅谷——海淀区中关村电子产业的迅猛发展成就了我国电子科技产业的奇迹。政府工作在这一阶段的重点是通过减免税收的政策引导社会资本流入，鼓励和带动社会参与科技研发的行为，从而构建良好的技术创新氛围（周穗明，2010）。

4）1993~1998 年的风险投资介入阶段。1993 年是我国风险投资产业正式出场的关键性一年，当年美国国际数据集团（International Data Group）斥资 2000 万美元与上海科技委员会签订合作关系，成立我国首家合资的技术风险公司，即太平洋技术风险投资中国基金公司（白俊红，2009）。这一阶段，我国的风险投资在外资的介入下开始驶向一个高速发展的"快车道"，科技在发展中的重要作用也逐步凸显。

5）1999~2005 年的资本市场介入阶段。随着我国经济体制改革的逐渐深化与金融体制改革的不断进行，我国资本市场的运作也逐渐趋于市场化，这一时期，许多科研院所不断转制改造，为高新技术企业的发展提供了大力支持，帮助高新技术企业"借壳上市"，在高新区出现了一批新事物，如企业债券、科技型中小企业创新基金等。本阶段最具代表性的事件是 2004 年深交所在扶持高科技企业、成长型企业以及中小企业时所推出的中小企业板。中小企业板的推出不仅为高新技术企业的上市融资提供了一种重要渠道，同时为风险资本的进入提供了一种有效途径，为科技金融的发展提供了强有力的推动作用。

6）2006 年至今的全面深化融合阶段。党的十八大以来，我国市场经济体制、金融体制以及科技体制不断深化与发展，改革的成效也十分显著，党和国家高度重视科技创新，并把其提升到国家发展战略层面，对其进行系统的规划和实施，提供促进科技发展的金融保障措施。从科技保险试点的设立，再到新三板和风险补助基金的实施，无不表现出科技金融全面、系统、深入的发展宗旨，并迈向全面深化融合阶段。

（5）科技金融政策支持的必要性。技术创新是一项具有高风险的技术性活动，这一过程往往伴随着市场风险、财务风险、管理风险以及技术风险（龙勇、常青华，2010）。除此之外，技术创新还具备知识的公益性以及效益的外溢性特点，这就决定了科技金融的普及与发展离不开政府强有力的支持。当今学者们把政府对科技金融的支持归结为以下三点：其一，科技创新知识的公益性以及效益的外溢性特点决定了新技术的社会效益远远大于私人效益，因此，政府出台一系列支持科技发展的金融政策，从而实现理想的社会产出（Arrow，1962）。其二，科技创新的不确定性与高风险性决定了对其进行投资和研发收益风险性远比传统项目的投资要高，科技创新的这一特征往往导致私人部门对新技术研发的投资不足。此外，研发者与投资者之间严重的信息不对称性阻碍了投资者对项目研发的关注与支持。其三，关键性战略技术领域的创新对投资的规模需求较大，由于该领域的高风险性以及高投资规模，一般都会使企业无力承受或是选择回避这一关键性战略技术创新。这时，由政府主导的通过使用财政手段和调动政策性银行的积极性，对其进行扶持的投资模式就显得尤为必要。

2.1.4　要素集聚理论

生产要素是促进经济发展的必要条件，处于不断流动状态的生产要素最终会在某一区域汇集，从而形成要素集聚（Factor-Gathering），也可以说集聚就是生产要素在某一时空的不断推移与集中。要素集聚是开展经济活动以及推动经济增长的重要条件。

（1）要素集聚的概念界定。要素集聚是劳动力、技术、知识、资本、制度以及政策等要素在某一区域社会经济发展中相互促进、相互联系、相互合作的过程。在经济全球化这一背景下，要素集聚就是要素之间的国际交流与流动，例如，一些国家或地区的技术、品牌、专利、资本、跨国经营网络等要素流动到另外一些国家或地区，使其在全球经济体系中占据主导地位。具体来看，要素聚集的概念又有广义和狭义之分。广义的要素聚集主要强调不同经济要素相互作用、相互联系、相互合作的过程，突出要素在空间上的集聚，既包括资本的流动、进出口贸易等交易活动，也包含电子商务、外包服务、跨国咨询等业务。狭义的要素集聚概念主要指的是要素在地理空间上流入和流出，例如国际商品交换、资本的输入与输出、移民等。

（2）要素集聚的特征。

1）过程性。要素之间相互作用与联系的过程就是要素集聚的过程，单个要素通过建立与其他要素的作用和联系来实现要素自身的价值。如果一个孤立的、不与其他要素联系与相互作用的个体，由于其无法参与集聚活动，从而不能被集聚。要素的集聚是参与的各要素相互联系与合作，实现其价值创造的过程。

2）持续性。经济的持续性发展要求要素的集聚也要有持续性特点。假如某一国家或地区故步自封，无法持续性地汇集各方要素，那么这个国家或地区的竞争力极有可能降低。

3）非堆积性。要素集聚不单是占有和聚拢外部要素，还要让各个要素协同、合作，以实现其价值。经济全球化解决了一些国家和企业对单一国家资源的依赖性问题，因此，在国际市场上竞争成败的关键性问题就是竞争参与者能够有效利用本地区的生产要素和其他地区的有利生产资源。"不求所有，但求所用"是要素集聚的核心。

4）非均衡性。无论是在某一国家的内部抑或是国与国之间，要素集聚的结果都具有严重的非均衡性。这非均衡性造成了国际上发达国家与发展中国家、发达地区与欠发达地区局面的形成。这种特性有可能是某一国家和地区的初始资源禀赋所造成的，也有可能是某一国家政策与制度差异而导致要素集聚规模和效率差异而产生的不均衡状态。例如，中国在改革开放以前对外基本封闭，经济发展主要依靠自身的资源与生产要素积累，受到极大的阻碍；在实行改革开放的基本国策以后，国家的制度和政策产生极大的调整与改变，尤其是逐步取消限制生产要素流动的政策，允许资本与劳动力在国家和地区之间相互交流与流通，使内部与外部的生产要素得以集聚，逐步实现经济的腾飞。

5）集聚结构的偏向性。要素流动在地域结构上具有流动偏好的特点，发达国家中那些较为高级的要素容易向发展中国家流动，而发展中国家的要素则很少向发达国家流动，这就是集聚结构偏向性，造成这一现象的产生原因主要是要素的质量所决定的。发达国家一般拥有像资金、技术、管理经验等高质量、流动性强的要素。而发展中国家则主要拥有土地、廉价劳动力等低质量、流动性差的要素，这些要素由于质量较低，很难进行跨国流动，最终造成发达国家和发展中国家在国际市场竞争中分别处于优势和劣势地位。掌握高级生产要素的发达国家主导国际要素流动的方向，支配并主宰拥有低级生产要素的发展中国家。造成这一现象的主要原因主要有两个方面：一是高级生产要素（如资金、技术以及人才等）流动性较强，而低级生产要素（如土地、资源以及普通劳动力等）流动性十分微弱，这就导致拥有高级生产要素国家的要素向低级生产要素国流动；二是集聚结构的偏向性还造成低端加工业和制造业向发展中国家流动。因此，在经济全球化发展的大背景下，呈现在我们面前的主要是发达国家的资金、技术、品牌以及跨国经营网络向发展中国家大量集聚，许多跨国公司纷纷把研发中心和生产基地向发展中国家转移，东南亚尤其是中国已经作为世界生产要素的主要集聚地、重要生产基地以及出口基地。

6）集聚方式的多样性。要素集聚既包括劳动力输入、商品进口、资本流入等境内集聚，也包括劳务外包、跨国公司等境外集聚。近年来随着电子信息技术发展步伐的加快，要素已经能够借助"空间"来进行交换，其中最具代表性的事例就是外包的兴起，要素集聚跨越时间和空间的阻碍，凭借互联网、光纤、电缆进行流通。

（3）要素集聚的表现形式。集中集聚和分散集聚是要素集聚的两种主要表现形式。集中集聚主要是指要素朝着空间中某一点集聚的过程，属于初级阶段的集聚。而分散集聚则强调，判断规模报酬是否会呈现出递减规律，关键在于空间上不断集聚的要素流与其临界值的大小，当集聚的要素大于临界值时，规模报酬递减现象就会发生。即集聚产生的收益远小于过度集聚所产生的成本，使集聚发生裂变，要素裂变后很难集中于原来的集聚点，转而滞停于裂变后所产生与原聚集点很相关的聚集点处。例如，劳动力和资本为了获取更高的收益而不断向大城市集聚，然而，当集聚达到一定程度时，就会出现例如拥挤、污染、物价过高等一系列不经济的现象，从而使一些企业向大城市的边缘迁移，这样隶属于大城市的次级城镇就产生了。由于产业具有关联性的特点，与这些迁移企业同类型的或者相配套的企业也会向次级城镇聚拢，不会再向大城市聚集，而一些服务性行业如银行等金融机构、贸易等服务型企业仍集中在这些大城市。大城市发达的交通以及信息技术和完善的服务型功能使其与周围的次级城镇联系紧密。因此，我们在考虑集聚的同时，不能只考虑要素是否向大城市集聚，还要考虑的要素有大城市向其周围的次级城镇流动。伴随着经济的持续发展，越来越多的类似区域所组成的城市群得以形成，其流动性就能够作为判断是否集聚的标准，这就是前面所说的分散集聚。当经济发展到一定阶段，集聚就表现为分散集聚，在该阶段，由单核心发展为多核心是区域形态的变化趋势。另外，分散集聚具有如下特点：辐射范围广、要素分布面积大、结构更合理，对外围的影响力较大。

（4）经济增长与要素集聚。

1）外部经济理论。在经济发展史上，马歇尔是首位对产业集聚这一现象进行具体研究的经济学家。马歇尔在他的经典著作《经济学原理》一书中第一次阐释了地方性工业区，他认为工业区是那些吸引企业大量集聚的区域。他在书中描述了具有集聚性质的工业集中在特定区域这一原始形态，把地方性工业的形成归因于其自身条件与宫廷的特许，而在工业化阶段，地方性工业区形成的根本原因是为了取得外部规模经济资源与优势。当地方性工业区初具雏形时，通过使用某些技巧形成特殊的优势（如"祖传技能帮助行业发展、专业机械的使用以及专业技能在本地占据一定的市场"等），进一步加快地方工业区的产生与发展，从而形成经济的集聚效应（马歇尔，2005）。同时，对于工业生产的空间集中现象，马歇尔提出外部经济的观点来对其进行阐释，他认为生产厂商追求外部经济催生了工业的空间集中，并进一步把由于生产规模的扩大而产生的经济效应进行分类：第一类是外部经济，其发展取决于一般产业；第二类是内部经济，单个企业组织所拥有的资源与管理效率对其产生决定性作用。因此，外部经济的重点体现在，厂商内部生产成本的降低是由整个产业的发展所致，更直白地说，其对厂商和产业来说分属不同的类型，前者属于外部经济，而后者属于内部经济。如果二者彼此能从中受益，那么一定是受到相互关联与影响的厂商在地域上较为接近，而且其受益程度主要与区域发展政策、相关产业以及生产规模相关。

2）成本节约理论。区位三角形理论①的完善和扩展是韦伯于 1909 年在其《工业区位论》一书中完成的，该理论主要论述了运输成本和企业区位选择之间的关系，由于劳动力成本与要素集聚差异使得企业的选择偏离基本区位。韦伯指出，企业区位选择的重要影响因素是劳动力成本和运输成本，要素的集聚、要素的分散是工业生产的分布与地方性积累会受到集聚的原因。韦伯认为，集聚因子是指一些特定的集团受利益的驱使，在某些低廉化的场所进行生产和贩卖。他把集聚因子的作用分为规模集聚阶段和地域集聚阶段：第一个阶段是由于企业内部的扩张而产生的生产集聚，不但能够节约费用，还可以有效合理配置设备与生产；第二个阶段又能够分为局域集聚与城市集聚，主要通过企业家之间相互交流与联系，从而产生外部节约，最后使集聚在一起的企业从中获益，是一种高级形式的社会集聚。韦伯在该理论中重点阐述节约运输成本，即企业为了追求节约成本，他会选择靠近与自己生产产品相关的企业②，这就是集聚。

3）最佳规模理论。胡佛③的最佳规模理论认为，产业的集聚区也叫规模经济区，并把规模经济区划分为不同的三个层次：一是像工厂、商店这种形式的单个区位的规模经济；二是像联合企业体形式的单个公司的规模经济，三是某一产业在特定区位内集聚而产生的规模经济。胡佛对产业集聚理论最为突出的贡献是提出了最佳集聚规模④，对任一企业来说，在某一区位上集聚的企业过少，则会

---

① 区位三角形理论是由劳恩哈特提出的［参见韦伯（1997）］。劳恩哈特的区位三角形是指企业在原料地、能源地和市场构成的三角形范围内选择生产区位，其标准是总运输成本最小化，韦伯不仅在运输成本的计算中加入指数的含义，而且提出了引起企业区位偏离运输成本最小化的两种因素，即劳动力因素和集聚因素。

② 马克斯·韦伯. 工业区位论［M］. 北京：商务印书馆，1997.

③ 胡佛讨论的是不同经济发展阶段的产业区位结构，而他的讨论最后认为许多产业的区位决策相互影响会形成一种"意外结果"，这种结果实际上就是我们所说的产业集聚。

④ 埃得加·M. 胡佛. 区域经济导论［M］. 上海：上海远东出版社，1992.

因为由于规模小而无法达到最优的集聚效果；相反，若太多企业集聚，也会因为某些异质性原因而使得集聚区域的整体效应降低，这时，最佳集聚规模的作用就显得尤为重要。

4）波特的"钻石体系"理论。基于国家竞争优势视角，波特[①]的"钻石体系"重新构建了产业集聚的理论，也称为新竞争经济理论。波特认为，在某些特定区域内，一些相互关联的企业和机构不断集中，这些不断集聚的企业之间是相互独立并且建立了非正式关系，进而形成产业集聚。独立于科层组织和一体化组织，这种集聚的价值体系较松散，它具有空间组织形式的灵活和效率等优点，这也能够为其生产带来竞争优势。此外，波特还指出，由于产业在地域上的集聚，为其带来了区域上的竞争优势，使产业的发展进一步受影响，并能够保持和提升其经济增长速度。他把产业集聚对区域产业竞争优势的影响归纳为三个途径：首先是基于该领域的公司，以提高生产力来增加竞争优势；其次是加快创新的节奏，为将来的增长奠定基础；最后是鼓励和支持创建新企业，扩大并增加集群企业的竞争优势。由此可见，波特从产业集聚的视角出发来增加微小企业的竞争优势，进而将区域产业的竞争优势提升，从区域竞争优势的视角进一步解析产业集聚。波特的最大贡献在于提出了产业集聚对企业竞争力影响的机理研究。

5）克鲁格曼的中心—外围理论。克鲁格曼[②]所发表的《收益递增与经济地理》《地理与贸易》《发展、地理学与经济地理》《空间经济：城市、区域与国际贸易》等论著奠定了他在新经济地理学、集聚经济学说和新国际贸易理论的地位。他以不完全竞争的市场结构以及规模报酬递增规律的假设为前提，以产业集聚的制造业为中心，提出了外围农业的区域经济增长模型。克鲁格曼把产业集聚这一现象归结为：由市场传导机制相互作用产生企业的运输成本、生产要素移动以及规模报酬递增。他以制造业为例，建立数理模型，证实了中心—外围区域经济格局现象的存在。在该模型中，克鲁格曼着重强调由于产业集聚而引起的经济联系效应，从而使产业与要素形成一种集聚的向心力。中心—外围理论模型在阐述规模收益递增的同时，也分析运输成本的存在，因此存在一些抵御产业集聚的离心力。至此，克鲁格曼从本质上分析了产业集聚与区域经济增长的关系以及内在机理，补充了马歇尔、韦伯等的理论。由于克鲁格曼缺乏对产业集聚而产生的技术外溢效应的分析，他注重由于产业集聚而引起企业之间在市场上的能量化联系，却忽视了由于产业集聚而产生的一些非物质联系，这一缺陷严重阻碍了该模型的推广和使用。

① 波特. 国家竞争优势［M］. 北京：华夏出版社，2002.
② 克鲁格曼. 地理和贸易［M］. 北京：北京大学出版社，2000.

2.2 文献综述

2.2.1 社会资本的相关研究综述

（1）社会资本的维度划分。

1）有关社会资本维度的研究一直是学者关注的焦点，在现有文献研究中，既包括单一维度的划分，也包括多维度的划分。

社会资本单一维度的划分大多以"信任"为指标来衡量社会资本（Leana & Buren，1999；Myroshnychenko，Kodriguez & Pastoriza et al.，2008）。一些学者把信任、沟通以及组织的规范性来衡量组织的社会资本（Smith et al.，2009；杨瑞龙，2002；罗家德，2009）。还有一些学者用联系的强度来衡量社会资本，代表人物有 Granovetter（1973）、Hansen（1995）等。Granovetter（1973）的"弱联系优势"理论认为，个体在有限的精力与时间里，不断大量重复地建立联系，并且只需少量的成本就能建立与维护这种联系，这种弱联系为个体的发展带来了极大的优势。而 Krackhardt 则提出了"强联系优势"理论，该理论认为如果某一个体能够与其他个体建立共同的互动网络则能够促进网络内成员之间的相互合作与沟通。强联系容易形成高质量的网络关系，增加成员之间的信任与认同，从而提高群体的绩效。Hansen（1995）发现，由于强弱联系理论关注的角度不同，从而导致二者相互矛盾的结论，弱联系理论强调的是信息与资源的发现，而强联系理论则强调知识的流动性。Hansen 在总结前人研究的基础上，进行了更为完善的总结：在搜寻阶段，弱联系能够为团队提供非重叠知识以及利用知识的机会；在转移阶段，强联系能够促进隐性知识在团队中的转移。另有一些学者采用网络结构来衡量社会资本，最具代表性的人物是 Burt（1996）、林南（2007）。Burt（1996）的结构洞理论把社会资本的来源归结为人际关系网络结构之中，若某一个体占据人际关系网络中的关键位置，则其能够在网络中联结两个以上的次团体，从而获得更高的社会资本。林南（2007）在巴特的基础上用网络位置、结构位置以及共同的行动目的细化了网络结构的概念。

2）提倡从多维度来研究社会资本的学者通常认为，社会资本的概念是极其复杂的，仅使用一两个指标很难分割清楚，采用多维度指标来衡量社会资本也是当今研究的主流。

第一，结构维度。Moore（1990）通过使用性别、年龄、种族、教育水平、亲属成员数量、交往密度以及网络规模七个方面对社会资本进行衡量并沿用至今。边燕杰（2004）在前人研究的基础上，基于本国国情，在"春节拜年网"的基础上，通过网顶（最高声望）、网络构成（社会差异）、网差（职业个数）以及网络规模（拜年人数）这四个维度对社会资本进行测量，也是最能反映我国文化传统的较为完善的测量方法。除此之外，边燕杰将其与我国传统的饮食文化相结合，并提出三级指标来测量社交餐饮，即被别人请吃饭（个体网络资源的丰富程度）、请别人吃饭（主动建立与维护社会资本）以及陪人吃饭（社会网络的桥连接特征）。周晔馨等（2013）从三个角度来测量在京务工农民的社会资本：一是通过测量在京务工农民在京和在老家的拜年支出与拜年网规模来对比农民工的新型社会网络与传统社会网络；二是通过设计网顶、网差与网络规模来区分网络的流存量；三是明确区分在京务工农民工的工具性与情感性社会资本，进而区分社会资本的投资与利用。蒋剑勇（2013）的研究中用来衡量农民的创业绩效的两个角度是社会网络的规模和强度，并基于"春节拜年网"，以对春节期间和亲朋好友之间相互联系的数量作为测量网络规模的代理变量，从信任、支持以及相互联系频率、三个维度对网络强度进行测量。

第二，认知维度。Norman（1999）认为，认知型的社会资本是属于公民的文化领域，具体表现为信任、规范、信仰和团结。通过以往的研究发现，仅仅从认知维度这个单一的角度对社会资本进行测度的研究为数不多。Knack 和 Keefer（1997）的研究中分别从信任、参与和合作这三个角度来测度社会资本对创业绩效的影响。Whiteley（1999）的研究主要基于社会资本的起源来分析，并认为构成社会资本的唯一要素就是信任，信任主要包括个体层面的信任与国家层面的信任。Guiso（2001）的研究中主要采用意大利居民参与选举及其行业协会的情况来测量南北部居民的社会资本差异以及这一差异性的社会资本对非正规金融产生的影响。曾亚敏（2005）的研究主要基于地区之间的信用程度这个代理变量来衡量社会资本，用于分析地区之间的社会资本与经济发展之间的关系。童馨乐等（2011）、徐璋勇等（2014）的研究主要基于农户社会资本的视角，分析亲戚关系、邻里关系、政治关系、正规金融机构关系以及政治关系等对农户借贷可得性所产生的影响。

第三，综合维度。最早将社会资本分为结构型和认知型两类的是由 Norman（1999）提出的，Putman 在 Norman 研究的基础上分别从结构和认知者两个角度来测度社会资本，学术界的广泛赞同这一提法。Bullen 和 Onyx 的研究也基于结构和认知的视角，并采用探索性因子分析法将社会资本最具代表性的八大因子归纳出来，从此，基于结构型和认知型社会资本的测度方法在实证研究中被广泛使用。在实际研究中，基于研究对象与目的的不同，学者们分别对结构型与认知型指标具有不同的定义。权英（2009）从结构维度与认知维度两个角度出发，采用网顶、网络规模、信任、网差、规范、互惠等要素对农户的社会资本进行了研究。聂富强等（2012）也从以上两个维度对贫困家庭的社会资本进行研究。刘米娜等（2013）提出，结构型社会资本主要从开放型与封闭型两个维度对社会网络进行操作，代表着社会的参与性。而认知型社会资本主要从四个维度来对社会网络进行操作，包括人际信任、陌生人信任、团队信任以及互助，这代表了社会的信任。

第四，其他维度。还有一些学者把社会资本划分为结构维度、认知维度和关系维度三个方面，其中最具代表性的人物就是 Nahapiet（1998），尽管他提出的三维测量法与 Putman 的二维测量方法不同，但从本质上来看并不存在明显差别。房路生（2010）的研究中主要通过社会资本的结构维度、关系维度、认知维度来分析企业家社会资本对其创业绩效所产生的影响。谭云清等（2013）基于接包企业社会资本来分析从以上三个维度的社会资本如何对创业绩效产生影响的，其中，对结构维度的测量主要采用三个指标来衡量，即企业与发包商的密切程度、联系数量以及频率；对关系维度的测量主要采用三个指标来衡量，即企业与发包商之间的信任、互惠与合作；对认知维度的测量主要采用两个指标来衡量，即企业与发包商的沟通效果与价值取向。龙丹（2013）、鲍盛祥等（2014）通过采用 Likert 七级量表法，对新创企业的社会资本用结构、认知、关系维度来测度，同时通过对企业与供应商和客户的交流情况对结构维度进行测度，对结构维度通过企业与供应商与客户在交往中诚实守信的情况来进行测度，对认知维度通过企业与政府、科研机构以及金融机构的交流情况进行测度。

2004 年，世界银行设计出了关于社会资本的综合测量问卷，从信任与交流、信任与团结、组织与网络、集体行动与合作、社会包容与凝聚力、赋权与整治行动这六个方面对社会资本进行测量。马九杰（2014）通过借鉴世界银行的这一问卷，通过采用前五个维度对农户风险分担机制中的社会资本进行测量。严奉宪等（2015）分别从四个角度对农户社会资本进行测度，包括社会信任、社会声望、社会参与以及社会网络，具体来看社会声望主要包括受邀帮助他人的频率、受邀参与决策的频率和受尊重程度等评价指标；社会信任主要包括亲属、家庭成员、村委会、村干部、街坊邻居、对组织的信任等；社会参与的评价指标主要包括民主选举、参与集体活动、公共事务决策等活动的频率；社会网络主要从六个方面进行选取测量，包括家庭成员、街坊邻居、亲属、村干部、村委会、对组织的信任等。

另外，部分学者采用虚拟变量和替代变量来测量社会资本。如 Guiso（2001）、曾亚敏等（2005）、卢燕平（2005）等，通过选取无偿献血的比率来代替社会资本并对其进行衡量。黄春燕等（2007）的研究中选取了三个指标来衡量社会资本，包括对亲朋好友的转移性支出、家庭成员有无村干部以及通信费，以考察社会资本对农户的非农就业行为所产生的影响。钱水土等（2010）的研究中用于衡量认知型社会资本的替代变量选取的是不同地区的社会捐赠量，而将地区的人均社团数量看作是结构型社会资本替代变量对社会资本进行测量。李弼程等（2010）的研究中对农村微型创业企业的社会资本采用强连带和弱连带数量以及关系信任这三个维度来进行测量。其中，对强连带的测度主要通过对商业网络中那些与个体相关的亲朋好友的数量进行衡量，对弱连带的测度主要是通过对那些提供供货信息人的数量以及介绍销售生意人的数量进行衡量，对关系信任的测度主要通过对创业农户的可信赖性进行衡量。张国胜等（2013）通过考察受访者与其他十二类人的交往频率对社会资本进行测量。朱志仙等（2014）通过采用三个指标来衡量新生代农民工的社会资本对其创业型就业产生的影响，主要包括在外务工朋友的数量、亲友担任公务员的数量以及医生和教师与当地人的关系。

基于以上研究，笔者发现，国内学者有关社会资本的实证研究多从结构特征这一角度出发，重点关注社会资本的资源分配流向，从认知的角度对社会网络中的组织、信任和参与进行研究社会资本的学者较少。由于事物自身内在的规定性是与其他事物的根本区别，因此，本书对于社会资本的衡量不仅关注网络结构和规模的数量，而且从内在规定性的视角来分析网络的信任程度。信任不但嵌入在互动的社会关系当中，而且还影响社会关系的互动程度以及网络资源质量，随着社会网络中的信任程度增高，其互动联系的紧密度随之变高，嵌入在关系网络中的个体从而能够获取和利用的信息资源也就越丰富。我国农村的地区普遍存在的非正规金融组织正是建立在亲缘、友缘、地缘基础上的民间互助金融组织，本研究基于认知型角度，从结构特征、网络投入与关系特征三个维度来综合考虑社会资本对农户科技创业行为的影响。

（2）社会资本的作用。社会资本是一把"双刃剑"，其外部性不但能够产生正向的积极影响，也能够产生负向的消极影响，例如受利益驱使，社会资本有可能对交往圈以外的个体（社会网络以外的朋友、社会乃至国家）利益产生损害。因此，在肯定社会资本积极作用的同时，也不能忽视其消极作用，本部分从积极和消极两个方面对社会资本的作用进行归纳总结。

1）社会资本积极作用的表现：首先，社会资本有助于行为者获取信息。对个体来说，社会资本能够拓展其信息来源，从而提高个体获取信息的及时性和质量（Granovetter，1973；Lin，2005）。其次，社会资本能够提高团体或个人的影响力和凝聚力。从社会资本的关系结构来看，具有网络结构优势的个体能够拥有更大的权利和主动性，具有跨结构洞的管理者通常能够控制其他团队的项目，因而表现出更大的权利。嵌入在社会网络中的社会资本，其隐藏的价值能够使社会网络成员之间的凝聚力提高，从而使更多准确有价值的信息在网络成员之间传递。再次，社会资本能够为个体提供物质方面和精神方面的支持。社会网络在人们交往基于个人发展与目标的实现而形成，它不仅能够为社会网络中的个体提供经济资源的支持，同时能够为他们提供其他类型的支持，许多从事创业活动的农户在解决资金短缺方面的问题时通常会利用关系网络。在广大的农村地区，邻里关系对财务问题以及精神生活的帮助和支持发挥了十分重要的作用，张文宏（2003）通过调查天津市城乡居民的社会网络关系，发现亲戚、朋友、同事和邻居对农户财务问题的帮助对农村地区经济的发展产生十分重要的影响；同时，社会资本的积累能够为人们提供情感支持，当农户在创业过程中遭遇意外时，社会资本能够为其提供一个心灵的港湾。最后，社会资本能够降低生产成本。就关系维度的角度而言，社会资本意味着个体或某一组织的可信任程度，而信任程度又在一定层次上代表着个体在社会网络中获取资源的能力。测量关系型社会资本极为重要的一个指标是信任，它不但能够降低交易成本、促进信息有效的沟通与交流，还能够提升经济效率，促进资源的优化配置。

2) 社会资本消极作用的表现：首先，资源的过量投入。为建立与维护社会关系，个体往往需要投入一定的时间和资金资源，在既定目标下，这些资源的投入其边际效率非常低因而不能保证是有效的。其次，创新思维的束缚。创新思维的束缚主要是指由于关系网络盲目地过度嵌入而妨碍了其他外部创新思想的流入。此外，因为集体的盲目性使社会资本会产生"跟风效应"，特别是在涉及决策选择时，社会资本会因为信息开放性受到限制而产生盲目性，从而带来不利的结果。再次，决策自由受到限制。个体在社会网络中所处的不同地位代表其不同的资源获取能力与不同的权利。如果一强一弱两个地位的主体关系存在社会网络中，则弱地位主体在决策过程中容易受到强地位主体的影响，在某种程度上这一现象限制了其弱地位主体的决策。最后，社会资本的负外部性。在整个社会中，社会资本的分布具有非均衡性，由于社会群体在社会网络中所处的结构性位置不同，其对社会资本的获取能力也就不同（Lin，2005）。社会资本对某一组织或个体产生价值时，对其他组织或个体就有可能产生不利的影响。程昆等（2006）认为，社会资本能够为某一组织或个体行为带来便利，但其专属性对其他的组织或个体来说可能并无作用效果，甚至会产生不利的影响。某一个体在社会交往这一活动中给他人提供回报的能力通常由个体资源来决定，这一能力代表了拥有丰富资源的个体具有较强的为他人提供回报的能力，其利用社会网络从他人获取资源的能力就更强（胡荣，2006）。

2.2.2 社会资本与创业行为的文献综述

（1）基于资源获取的观点。嵌入在社会结构中的资源实质上是一种社会资本，从社会资本的视角来进行创业研究能够为创业者获取创业资源提供一种新的解决思路。Granovetter（1985）在古典经济学和新古典经济学中提出"人的行为是理性和自利的，鲜有受到社会关系的影响"这一假设，不难发现该假设忽视了创业者的社会嵌入性对创业过程的影响。随着社会资本理论在经济学领域的发展和应用，学者们也逐渐发现对创业行为的研究需要与当时的社会发展背景结合起来，通过分析创业者的社会嵌入性程度来发现其对创业过程和结果可能产生的影响（Hoang H. et al.，2003）。从社会资本的角度出发对创业领域进行研究大致分为两个视角：一种是结构维度视角，另一种是资源维度视角。前者主要强调创业主体的社会资本所形成的网络结构，而后者则重点关注创业者通过自身的社会资本对创业资源的获取。具体来看，结构维度所依赖的网络结构主要是指网络成员通过直接联系和间接联系作用模式。在这一概念中假设网络成员在网络结构中的具体位置能够对资源的流动性产生重要影响。成员异质性、规模、密度等都是测量网络结构的重要指标。许多学者通过实证分析的方法来研究网络结构对创业活动产生的影响。例如，Renzulli 等（2000）发现，那些创业网络异质性程度较高的创业者越有可能取得创业的成功，这主要是因为网络的异质性水平能够提高创业者信息来源的多样性。另外，作为嵌入在社会结构中隐性资源的社会资本，对其进行开发和利用能够使网络成员获取某种利益。Woolcock（1998）发现，不发达地区的创业资源相对来说较为匮乏，这时，社会资本在一定程度上能够帮助欠发达地区的创业企业获取稀缺资源和提高资源的使用率，进而增加企业财富。在识别创业机会之后，一般的创业者往往不具备创业活动所需的全部资源，这时，他们就需要通过发展和利用自身的社会资本来获取创业所需资源（Shane et al.，2002）。秦剑（2013）通过采用中国创业动态跟踪调查的数据，基于我国新创企业的现实情况，从动态演化的角度分析了社会资本对新创企业创业资源的获取的途径与方式，实证研究结果表明，新创企业社会资本的类型不同，则其获取的创业资源类型也不相同，那些已经处于运营阶段的企业与仍在准备阶段的企业相比，无论是社会资本水平还是对资源的获取能力上都要明显高于后者。总的来说，创业者有形资源和无形资源的获取都能够从社会资本中实现。

第一，无形资源的获取。许多学者把研究的焦点放在创业者如何通过社会资本来实现无形资源的获取。创业者能够通过社会资本来获取知识、信息等无形资源。知识是企业取得竞争优势和实现可持续发展的一种重要的无形资源（Blackler，1995）。而信息则对人们识别创业机会具有决定作用，对某一特定机会的识别是以识别某一特定信息为基础的（Shane，2002）。此外，通过社会资本还能够获取其他无形的创业资源，例如为创业者分担风险的情感支持，这种感情上的支持能够提高和维持创业者创业意愿（Gimeno，2000）。

第二，有形资源的获取。创业者通过社会资本除了能够获取无形资源（知识、信息和情感支持等）以外，还有助于其创业资金等有形资源的获取。由于创业活动的风险性和不确定性、历史财务数据记录不完整等特点，这就为企业的评估带来障碍，此时，社会资本资源获取功能的发挥就显得尤为重要（Shane，2002）。之所以社会资本能够提高创业者的资源获取能力，主要是因为其行为约束功能能够增加资源所有者和创业者之间的隐性契约，在无法避免机会主义的行为下，这种隐性契约能够使资源所有者更偏向选择熟悉的交易合作伙伴（Wernerfelt，1984）。

　　（2）基于创业意愿。黄中伟（2004）认为，逆境中改变是浙江农民创业的动力源泉之一。罗明忠等（2012）通过调查也发现对于生存的渴望在农民创业中所扮演的角色，其中生存需求是首要的，而对于自我发展乃至就业的需要则处于从属地位。在对宁波农村青年的调查也发现，对于创业的初衷，父辈和子女们表现出明显的不同。前者创业是为了消除贫困，而后者创业是为追求生活品质和个人发展需要（周亚越、俞海山，2005）。同样，很多研究也对农民工返乡创业的初衷进行了调查，对创业预期利益的期望以及改善生活、增加经济收入、获得体面生活等激励着农民工返乡创业（林斐，2004；张秀娥等，2010；江立华、陈文超，2011）。此外，很多学者也注意到农民工创业的影响因素。钟王黎、郭红东（2010）等发现，文化程度、生活满意度、家庭劳动力人数等对农民创业意愿有引致效应，而家庭收入以及人口对创业意愿有阻碍作用。以湖北农村为例，石智雷等（2010）就个人信仰、阅历、技能、交际能力影响农民创业意愿的作用进行了分析。使用河南返乡农民的调查数据，汪三贵等（2010）考察了人力资本和社会资本在农民创业意愿中所发挥的作用。除此之外，罗明忠等（2012）在对广东部分农村居民的调查中发现，性别因素也会影响农民的创业意愿。唐远雄、才凤伟（2013）通过对甘肃省创业农民的调查同样表明，农民工的个体特征如年龄、婚姻、管理阅历也会影响农民工创业意愿，年龄越小、未婚及管理阅历会促进农民创业，而生活满意度较高的农民创业意愿较低。在农民工聚焦的苏州地区，段锦云（2012）发现创业知识在农民创业中的积极作用，自尊心理并不利于农民工创业，二者对农民工创业意向的选择方面是通过创业效能的中介作用实现。

　　同样，大量学者也对农民工创业地点的选择进行了深入广泛的研究。在对有创业意愿的农民工调查中，赵浩兴（2012）发现农民工自身的文化程度、对工作所在地的认同感、工作时长收入以及社会网络关系决定了创业地点的选择。朱红根等（2010）以江西返乡农民工为研究对象，认为农民个体和家庭特征、社会资本、政策因素都会影响到返乡创业。郭星华、郑日强（2013）也发现地域性影响到农民创业地的选择。

（3）基于融资行为。近年来，越来越多的学者把研究的焦点转向对社会资本与企业行为上。马宏（2010）通过对嵌入在社会资本内部的关系网络、信任和规范在降低由信息不对称而产生的融资成本时所起的重要作用，发现社会资本对缓解中小企业融资约束问题具有十分重要的影响。与此相似，社会资本对农户创业过程中所遇到的金融约束问题也产生深远影响。本节通过归纳总结社会资本对农户融资行为的影响，从正规与非正规两种渠道来分析社会资本对其产生的不同影响。

1）社会资本与农户融资行为的研究。在广阔的农村金融市场上，以小组或会员身份存在的非正式组织广泛存在。许多运作较为成功的非正式组织通过利用嵌入在组织内部中小组或会员的信息，充分调动其社会资本。Van Bastelaer 通过将社会资本运用于降低微金融中的信息不对称成本，史无前例地把社会资本应用于微金融领域，并引起了学术界的广泛关注。发展中国家在小组的基础上使用微金融也是一种通过社会资本来促进当地经济发展的成功案例。无论是西非的非正规储蓄基金还是孟加拉国的格莱珉银行，都取得了相当丰厚的成果，与银行相比，这种组织的成员能掌握更为充分而有效的信息。格莱珉银行主要的社会资本产生于借款者与贷款者之间的长久联系，这种持续的联系能够降低市场失灵导致的风险。在信贷中，每一成员都和小组具有连带责任，共同为小组成员的信贷行为进行备注，并且同一小组的成员都会因为违约成员的行为失去贷款的权利。由此可见，发展中国家的农村信贷市场中，微金融可使用小组成员共保、同伴监督等社会资本应对借款方的信息不对称，从而降低信贷风险。

我国乡村是以血缘、亲缘、地缘为纽带而结成的集体，这些社会资本影响农村居民的经济活动。尤其是以小农家庭为核心的圈层结构，以友情为基础的借贷活动在农村市场占比非常大（蔡秀等，2009）。基于互惠、互信等为基础的社会资本，为农村非正规金融形成良好的约束机制提供了保障。因此，非正规金融在处理道德风险和逆向选择问题时比正规金融更有效（刘民权等，2003；Gouldner et al.，1960）。社会资本作为农户拥有的关系资源，在很大程度上决定着农户的非正规金融融资的多少（郑世忠等，2007）。大量实践表明，社会资本的多寡影响到居民的融资。较丰富的社会资本可使居民快速获得融资，而稀疏的社会资本则会降低居民信贷的可能性。很多学者也就社会资本与信贷的获得进行了大量的研究。张建杰（2008）以河南省农户为例，考察了社会资本在农户创业信贷中所起到的作用，结果表明农户信贷规模和其所拥有的社会资本变动存在一致性，即社会资本有助于信贷规模的提升，而非正规金融信贷的发生率与社会资本水平呈现反向关系。孙颖等（2013）比较了正规信贷和非正规信贷渠道中融资便利性方面社会资本所起的作用，结果表明，正式与非正式关系网络对于正规金融渠道与非正规金融渠道获取信贷的作用不同。正式关系网络对于正规信贷、非正式关系网络对于非正规信贷作用都是积极的，随着市场的进一步发展，农户更倾向于从正规金融部门获取信贷。褚保金、童馨乐等（2011）通过调查也发现，社会资本在一定程度上确实能够缓解居民金融排斥困境，并且正规金融机构与组织关系对农户信贷机会和额度等具有显著影响。侯英、陈希敏（2014）则使用不同的方法和样本证明了童馨乐等结论正确性。武丽娟等（2014）则从信贷供求视角出发对社会资本和社会渠道之间的关系进行了分析，结果表明，社会资本越多，无论是正规金融，还是非正规金融都倾向于向农户提供金融供给。这表明，以血缘、亲缘、友缘为纽带的社会资本在农村信贷市场上的作用尤为重要（黄勇等，2008）。

2）有关社会资本与正规金融可得性的研究。Chakravarty 等（1999）通过分析社会网络对创业企业融资行为所产生的具体影响，得出了影响深远的"关系融资理论"，Chakravarty 强调企业的社会关系在其资金获取过程中起着关键性作用。Guiso 等（2001）通过对意大利南北部社会资本的调查，分析社会资本对贷款可能性的影响。研究结果发现，信任程度越高的地区，其获取正规金融贷款的可能性越大，在那些贫穷的地区，由于教育水平较低，正式的制度尚不完善，这时，信任在经济发展中的作用就显得尤为重要，这一结论对我国经济发展程度不高的农村地区具有现实意义。卢燕平（2005）通过建立社会资本与教育、法律等变量的金融资产需求模型来研究社会资本与金融资产的关系。结果显示，社会资本对正规贷款具有显著的正向影响，而与非正式信用具有显著的负向影响。也就是说，社会资本对于那些高信任程度的金融合同产生的效率越显著。刘成玉等（2011）提出，农户的社会资本具有经济价值，能够充当抵押物来降低与防空信贷风险。聂富强等（2012）等通过对贫困家庭社会资本水平的研究发现，贫困家庭的金融持有量受社会资本水平的显著影响。马宏（2013）使用我国部分省际数据考察了社会资本对经济和金融发展的关系。结果发现，社会资本和正规金融耦合后，其对经济发展仍然有着积极的促进作用，而社会资本与非正规金融耦合的联合效应则对经济发展产生不利的影响，该研究指出应重视优化社会资本结构，引导和规范非正规金融的发展。吴东武（2014）把农户分为高收入人群和低收入人群，通过对这两种人群的对比发现，社会资本对低收入群体贷款可得性的影响大于高收入群体，主要因为与抵押物相比，正规金融机构更重视低收入群体社会资本的作用。

3）社会资本与非正规金融可得性相关研究。非正规金融特殊性以及有效的信任机制使其在农村信贷市场中解决道德风险与逆向选择问题具有比正规金融更为显著的作用。费孝通（1999）认为，信任与合作能够作为无形的资产抵押品，有效地控制信贷违约这一现象的发生。从经济学的视角出发，Coleman（1990）

分析了社会资本对融资行为产生的影响，社会资本水平越高，社区网络形成的奖罚机制越能促进成员间的信任沟通，更进一步加强彼此之间的信任度，从而提高了资本市场上融资的可能性。Brehm 和 Rahn（1997）发现，居民对社会组织的参与水平和社区成员之间的信任程度成正比，信任程度较高的社区能够促进成员之间的相互融资和融资效率。非正规金融机构的群体惩罚机制使其借贷活动的履约机制明显高于正规金融机构（Aryeetey，2005）。Karlan（2007）认为，小额信贷机构应该有效和充分调动贷款人的社会资本，这样可以提高他们的还款率。Karlan（2009）基于一种非正规合同的执行方式构建了社会网络的信任理论，该理论强调，嵌入在网络中个体之间的信任能够作为社会担保从非正规渠道获取贷款。中小企业在创业初期，由于该阶段创业风险较高，很难从正规渠道获取贷款，该阶段有相当一部分的创业资金是从其社会网络中获得，基于血缘、亲缘、地缘为基础的社会网络有可能不会对这部分资金收取利息，企业在新建初期都会通过社会关系网络降低初期创业风险，因此，非正规金融是中小企业初期融资的重要途径之一（张荣刚等，2006）。

非正规金融机构在农村地区的小额信贷领域具有不可取代的优势，其信任机制能够确保和监督贷款人按时还款（刘民权等，2003）。在缺乏有效的抵押物时，团体贷款的优势就显得尤为重要，由于处于共同团体中的任一成员出现违约行为，整个团体都会受到惩罚，这就对小组成员之间的信任机制提出了更加严格的标准（Hassan，2002）。团体借贷行为具有抵押担保物的功效，这样就能够行之有效地解决信贷约束问题，菲律宾通过借鉴孟加拉国格莱珉银行的案例，使其小额信贷业务在有效使用社会资本要素的方式下运营良好。钱水土等（2009）通过对浙江省居民借贷利率的调查，社会资本作为居民拥有的重要资源在融资中起到重要的作用，它不但能够利用非正规制度为产业的发展提供资金后盾，还能够规范道德导向来促进集群产业的发展。杨汝岱等（2011）通过研究社会网络对农户民间借贷的影响，发现社会网络能够平衡资金流和缓解流动性约束，社会网络越发达的农户其民间借贷活动也越活跃。同时，该研究也发现社会资本随着社会的转型与经济的发展，其功能和作用也逐渐弱化，关于如何保持社会资本的持续性与稳定性是值得学者们进一步深思的问题。任芃兴等（2014）以关系嵌入性来就居民借贷影响因素和机理进行分析，结果表明，农户借贷决策是综合考虑借贷交易与社会交易基础上而产生的收益，当行为双方的社会资本互相匹配时，才会产生借贷交易行为。梁爽等（2014）通过采用中国农户家庭金融调查的数据分析得出社会资本显著影响农户的非正规渠道融资能力。罗建华等（2011）从动态的角度提出社会资本对非正规金融的影响，提出社会资本的动态变化正逐步推进关系型融资向契约型融资的转变。李丹等（2013）研究发现，社会资本能够有效缓解农户的信贷约束，然而，随着农村地区经济的不断发展，其社会资本中的强关系在逐渐减少，而弱关系在不断增加，由于社会资本中弱关系的稳定性不足，这就导致弱关系的维持需要长期的投入与维护，这也使农户的信贷行为从道义型逐步向契约型转变。

（4）基于创业绩效。由于不同学者对社会资本与创业绩效所采用的研究方法、测量指标以及研究对象的不同，因此得出的研究的结果也不尽相同，本书主要从以下三种情况对社会资本与创业绩效的关系进行归纳与总结。

1）社会资本与创业绩效正相关关系。李霞等（2007）通过分析创业导向在社会资本与创业绩效之间所产生的调节作用，发现社会资本对创业绩效具有显著的正向影响。李路路（1995）通过分析私营业主与其亲友的关系，尤其是亲友的职业权力与地位，发现这些亲友的职业权力与地位对私营业主资源获取以及自身发展起着十分重要的作用。Hoang 和 Antonei（2003）发现，创业团队互补性的社会资本对其创业绩效产生的影响远比那些单独从事创业活动的创业者产生的绩效要高。吴文锋等（2009）的研究发现，企业绩效与企业中高管的政治背景显著正相关。巫景飞等（2008）通过对企业高管社会资本的研究，发现网络资源和有效整合对企业战略选择意义深远。也有一些学者发现社会资本与科技企业绩效具有一定的相关关系。Hansen（1995）通过对田纳西州 44 位从事科技创业活动的创业者进行研究，得出企业初创期的网络规模以及联系频率与其中后期的增长率呈显著的正向关系。张青等（2010）基于电子商务高速发展这一大背景下，发现社会资本对于个人网络的创业绩效具有明显的促进作用。李宇等（2013）对大连 355 家高新技术产业孵化园区进行研究，结果发现掌握网络资源的在孵企业，其创业导向对企业绩效的影响存在差异性，并提出了基于不同网络资源的在孵企业对创业绩效影响差异的绩效模型。谭云清等（2013）从社会资本的结构特征、认知特征以及关系特征的角度来分析我国接包企业的社会资本与创业绩效的关系，研究发现，接包企业的动态能力对其社会资本与创业绩效具有正向显著的影响。

2）社会资本与创业绩效之间并不存在相关关系。Baker 等（2000）通过调研美国北卡罗来纳州的创业者，通过选取网络规模以及维持和发展网络所投入的时间作为网络行为的测量指标，选取新创企业两年后能够存活以及所得利润作为衡量创业成功与否的测量指标，通过实证分析发现两者之间并不具有显著的相关性。Poon 等（1997）研究了美国中西部的中小企业的战略态势与其合作倾向性的相互关系，得出了中小企业社会网络的使用与其销售增长以及净利润并不存在显著的关系。Johannisson（1996）通过对使用网络规模以及网络维护的投入来对整体网络进行评估，从关系特征、强度和频率等方面对网络进行多维考察，并借以企业未来发展前景和财务绩效对新建企业的成功性进行测评。结果发现，解释变量和被解释变量之间的相关性并没有通过统计性检验。Littunen（2000）以芬兰企业为例，并以正常运转 4～6 年作为企业能否成活的标准，结果发现，企业及企业家社会资本网络对于企业的成活的影响在统计上并没有获得支持。

3）社会资本对创业绩效存在影响，社会资本维度不同，其对创业绩效的影响也不尽相同。通过对好莱坞新创影视公司企业家的调查，Senjem（1996）认为，企业家拥有的社会资本的多少和密度大小与企业绩效变化的方向显著一致，而企业家网络的限制性则与企业绩效之间呈显著的负相关性。在对澳大利亚多位中小企业主进行的调研中，Watson（2007）发现，社会网络的网络规模、密度和强度等特征和企业存活及增长呈现出倒"U"形的趋势。网络规模的作用主要表现在企业的经济效益方面，网络强度主要表现在企业的存货方面。石军伟等（2007）通过对我国 97 家上市公司进行调查也得出相似的结果，即企业的社会资本与企业的经营收入呈现同方向变化，但是对于企业资产回报率的改善却不存在显著的影响，基于此，该研究提出，企业家要在动态的过程中识别社会资本的不同维度对企业绩效产生的影响。李京（2013）通过对企业进行问卷调查发现，社会资本在企业成长和发展中不仅能够产生积极的正能量，也能够产生消极影响，政府网络、家族网络以及科研网络对企业的成长具有显著的正向促进作用，合理优化这些网络对企业的成长具有十分重要的作用。谢雅萍等（2014）通过对 97 家创新团队的调研，发现创业团队的效能感在其社会资本与创业绩效之间具有中介作用，不同维度的社会资本对其创业绩效之间的相关性也不尽相同。其中，信任、沟通以及共同的目标与创业绩效呈正相关，而关系强度则与创新绩效呈负相关，与财务绩效和市场绩效的相关性不显著。

2.3　文献简要评述

学术界围绕农户科技创业这一主题的研究尚未广泛展开，而围绕中小企业创业行为以及农民创业的文献已有部分研究成果并呈逐渐增多的趋势，现有的关于社会资本理论、创业资源理论、要素集聚理论以及科技金融理论等相关研究为本书和后续的研究提供了重要的参考依据。通过梳理以往的研究文献我们也发现了存在的问题与不足，从而为本书的研究提供了出发点与落脚点：

第一，近年来，国内外学者对社会资本理论的研究已逐渐增多并趋于完善，而且使其成为能够独立解释现实问题的一门理论科学，并在经济学、管理学、政治学以及社会学等领域中广泛使用。但是，有关社会资本概念的界定以及评估方法的测量等问题均未能够统一，并且实证研究也较为零散，不够系统。除此之外，用社会资本理论的分析框架来研究我国农民创业问题的成果并不多见，也没有能够结合我国农户的实际情况来构建测量指标，且大多数关于社会资本的研究都从静态的角度来分析，并没有考虑我国农村社会关系变迁这一实际情况。

第二，基于社会资本理论的分析框架来研究我国农户的科技创业问题还处于空白状态，现有研究大多运用社会资本理论来分析农民的创业问题，从农户的个人特征、外部环境等角度来探讨社会资本对农户创业机会识别所产生的影响，而对农户的科技创业意愿、融资能力以及创业绩效方面的研究实属凤毛麟角。本书试图运用社会资本理论来解释我国农户的科技创业行为，考察社会资本对农户的科技创业意愿、融资能力以及创业绩效的影响。

第三，以往的研究大多把创业机会、创业者的个人特质、创业资源以及创业环境等视为创业行为的关键影响因素，而社会资本对科技创业行为产生的重要影响没有引起足够的重视，而且关于创业绩效影响因素的研究上侧重于单一因素的影响，还没有研究关注结合两类及以上影响因素的组合效应对创业绩效产生的影响，没有考虑在中国这种特殊国情下，融资能力是否对社会资本与创业绩效产生中介效应。本书基于科技创业农户这一特殊研究对象，在第 7 章构建社会资本、融资能力以及创业绩效的理论模型，来验证融资能力对"社会资本—创业绩效"的中介效应，弥补现有研究的不足。

第3章 社会资本对农户科技创业的影响机理

本章对本书涉及的相关概念进行界定，以社会资本理论、创业资源理论、要素集聚理论以及科技金融理论为基础，将社会资本与农户科技创业行为纳入一个统一的分析框架，通过分析农户科技创业活动的行为特征，构建了社会资本对农户科技创业行为影响的理论分析架构，探求社会资本影响农户科技创业行为的作用机理，并通过数理模型对本书的相关命题进行推导。

3.1 基本概念的界定

3.1.1 农户创业与农户科技创业

（1）农户的概念。农户是迄今为止最古老、最基本的集经济和社会功能于一体的单位和组织，是农民生产、生活、交往的基本组织单元。它是以姻缘和血缘关系为纽带的社会生活组织，农民与社会、农民与国家、农民与市场都是以户为单位进行的。农户的内涵是十分丰富的，结合方阳娥、鲁靖（2006）等的研究成果，本书认为我国农户主要有以下几个方面的特征：

第一，对土地有情感依赖。我国是一个农业大国，更是一个农业文明古国，历史悠久的农业文化将农民与土地紧密地连接在一起。在我国，土地对于农民，不仅是衣食之源，同时也是其他文化、尊严、传统和情感的寄托，甚至非农收入的大幅增加也不能改变农民对土地的依赖。非农收入的增加可能会进一步增强农民对土地的依赖，之所以如此，是因为非农收入的增加在很大程度上增强了农户小规模经营的稳定性和持续性。

第二，对人际关系的依赖性非常强。中国农户是典型的以血缘关系为基础而形成的小农家庭，其生存发展又在很大程度上对亲情和人缘关系有所依赖。费孝通分析指出，农村社会是在小农家庭制度的基础上，以个人为中心，以血缘为纽带的家庭扩展，再按人际关系的远近亲疏为导向继续向外延伸的"圈层结构"[1]（如图 3.1 所示）。

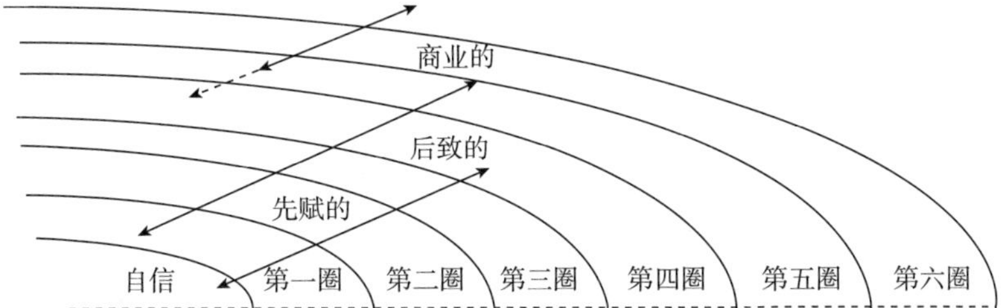

自信	第一圈	第二圈	第三圈	第四圈	第五圈	第六圈
信任	***** ***	***** **	**** *	***	*	
情感	***** ***	***** **	****	**		
非对称义务	***** ****	***** ***	***** *	***	*	
对称义务	*	**	***	****	*****	***** *
算计	*	**	**	****	*****	***** *

商业的

后致的

先赋的

图 3.1 中国人的人际关系以及关系属性模式与类别[2]

第三，收入消费阶段性明显。收入的阶段性主要与农户所从事的生产活动有关，农户从事农业生产活动的收入一般同农业生产一样具有季节性，从事非农业生产活动的收入虽然不受季节性影响，但大部分也是采取逢年过节一次性带回家的方式。消费的阶段性则受多方面因素的影响，一是农业生产支出的季节性，二是农村地区的风俗，如为了庆祝节日而增加开支、遇到婚丧嫁娶时常将多年的积蓄一次性支出等。

第四，收入保障性低且居住分散。农户收入保障性低主要表现在两个方面：一是所从事的农业生产收益低、风险大，导致农民的收入波动较大；二是农民所从事的非农业岗位可持续性较差。此外，与城市居民相比，农民居住分散，人口密度低。

第五，家庭资产数量偏低。与城市居民相比，农民的家庭资产数量明显偏

① 温铁军. 农户信用与民间借贷研究——农户信用与民间借贷课题主报告 [N]. 中国经济信息网，50 人论坛，2001（6）.

② 崔北方，祝大安. 中国人的关系 [M]. 北京：中国社会出版社，2009.

低，这主要由两方面的因素造成：一是农民本身收入较低，除去开支结余较少，没有更多的钱用来储蓄或购置家庭资产；二是由于我国农村地区的产权制度不明晰，致使农民所拥有的房屋、宅基地、耕地等资产的产权不完善。

第六，农户文化水平普遍偏低。农民文化水平偏低已是不争的事实，本书认为导致该现象产生的原因主要在于：一是农村教育发展滞后，农户受教育的条件客观上缺乏。二是我国大多数农户仍然经营传统农业，传统农业对农户的文化程度和专业技能要求不高，导致农户主动获取知识的意愿不强。三是知识无用论在农村一定层面的蔓延导致不少农户仅以能够识字、写字作为文化程度标准，而且对更高水平文化和专业技能在农村的推广造成障碍。

随着经济的发展，农户的内涵和外延发生了巨大变化，由于农户在居住地和职业选择上有了较大的自主权，非农现象逐步呈现，许多农户不再是主要单纯从事农业生产经营活动的农民家庭。部分农村家庭由所有劳动力从事农业生产逐步转变为部分从事农业生产，因此对农户概念的理解，需要结合农业的生产状况和特殊的生产方式等因素进行综合评判。本书所研究的农户主要是指常年居住在农村，通过依靠家庭成员部分或全部从事非农业生产活动，并且非农业生产所带来的收入构成了整个家庭的重要经济来源的农村家庭。

（2）农户创业的概念。在对农户科技创业行为进行系统研究之前，我们首先要了解"农户创业"与"农户科技创业"的概念。西方学者通过对创业者所处地域的不同把创业分为城市创业和农村创业，并直接使用农村创业的概念来研究农户创业的问题。Stathopoulou（2004）指出，尽管农村创业与城市创业在整个创业的进程来看并不存在显著差异，然而农村创业却反映了不同的创业机会与限制条件，最终影响农户的创业过程与结果。Ardichvili、Cardozo 和 Ray（1999）也指出，农村环境对创业过程的影响是区分农村创业与城市创业的重要因素。Paulson 和 Townsend（2006）认为，农户自身就是一种以农业经营为主的就业群体，因此把农户的非农经营活动视为农户创业。McElwee（2006）指出，农民是依附于土地兼业或是全职从事农作物种植和牲畜饲养等一系列农业活动，并以此作为主要收入来源的一类人，当这种身份下的"群体"开展"创业"活动时，就成为"农民创业"。国内学者对农户创业的概念界定内容较为丰富（如表 3.1 所示），从表 3.1 中可以看出，农户创业主要具有以下三个特征：第一，以家庭为依托。农户创业具有人员少、起点低、周期长、风险大的特点，这一系列的现实情况决定了农民可以通过依托家庭来分散创业风险和满足创业分工。第二，整个创业过程是对生产要素的改变和组合。无论是种养殖业的扩大再生产还是对农业生产链条上的细分创业，其本质都是对原有资源的重新组合。第三，以增加财富为主要目的。几乎 80% 以上的创业农户从事创业活动的主要目的是改变家庭生活状况和增加财富（高静等，2014），而不是为了解决基本生活问题。基于以往研究，本书把农户创业的概念界定为以家庭为依托，具有一定创业技术能力、管理经验以及创业资本的农民，通过扩大现有生产规模来实现增加财富并谋求发展的过程。为了取样方便，本书所指的创业农户主要是指传统的生产、加工、销售、运输和服务等类别。

表 3.1　农户创业的概念界定

作者	时间	定义	关键词
郭军盈	2006 年	农民创业是指农民依托家庭或创建新的组织，依托农村通过一定的生产资本投入，扩大现有生产规模或者采用新的生产方式来开展新事业，进而实现增加财富并谋求发展的过程	以家庭为依托； 开展新事业； 以增加财富为目标
吴昌华	2006	那些识别、开发和利用机会能力较强的农民在发现和开拓市场空间的基础上，通过对现有生产要素的重组、开辟新的生产领域以及经营方式的创新，进而实现就业和自身利益的最大化的目的	发现和开拓市场； 开辟新的生产领域； 利益最大化
王　辉	2008 年	返乡农民工或者农户在农村地区大规模发展种养殖业和农产品加工业；积极投身于农村合作中介组织的参与，并不断推广新产品和新技术，开展技术承包；并为大中型企业提供服务或配件的小型企业；兴办服务业等	规模化的种养殖业； 社会化的服务业
韦吉飞	2010	依托家庭，通过对城乡资源的组合来寻求发展机会以及增加财富的经济活动	依托家庭； 寻求发展机会； 增加财富

（3）农户科技创业的概念。"科技创业"作为一项用科学技术来引领经济发展的创新活动诞生于 20 世纪 50 年代的加利福尼亚大学。随着以电子信息技术为代表的高新技术产业的不断发展，科技创业的规模以及涉及的领域也在不断地深入和扩大，并于 20 世纪 80 年代以后掀起了一股科技创业的浪潮，引起全球的广泛关注。在广大发展中国家，农民仍是经济发展的主体，"三农"问题长期以来束缚和困扰着发展中国家社会和经济的发展，再加上农村地区受到资源与环境的束缚，如何转变农村地区的经济发展方式这一问题成为学术界关注的焦点。农户科技创业为"三农"问题提供了一种创新性的解决方式，它不仅能够促进科技成果向农村现实生产力的转化，优化产业结构，还能够缓解农村地区的就业压力，提高劳动生产率，最终促进农村地区的经济发展和农民的减贫增收。我国是一个典型的农业大国，中央一号文件连续十年聚焦"三农"问题，自 2012 年以

来，中央一号文件逐渐凸显了农业科技和农业现代化的重要性，自此，"科技特派员""农户科技创业"等名词逐渐流行起来，并成为广大学者们研究的焦点。近几年，随着高新技术逐渐深入农业领域，一些"科技特派员"在部分农村地区组建专业化的农业科技示范协会，培养并带动一些具有科技意识和创业热情的农户，并将所学生产技能和创业经验运用到创业实践项目中，逐步改变他们传统的思想和落后的生产经营方式，使更多的农户体验到科学技术所带来的经济效益。但是，由于我国农村科技创业项目还处于试点阶段，并没有得到大规模的普及，学术界对其内涵和概念的研究还没有归一化和系统化。基于以上国家对科技创业的政策支持和作者所在课题组调研的基础上，本书将农户科技创业归类为微企创业、非正规创业以及新型经营组织的范畴，把农户科技创业的概念界定为以家庭组织为依托，创业者是农村户口，创业地点在农村或者乡镇，从事具有一定科技含量产品的研发、生产、销售和服务行为的能力，且农户具有较强的创新意识、较高的市场开拓能力以及经营管理水平的系统动态过程。为了取样方便，本书所指的科技创业农户主要是指在电子商务、创意、高技术服务业以及利用高新技术改造传统产业领域等类别。

3.1.2　社会资本

"社会资本"这一概念是由法国著名社会学家皮埃尔·布迪厄（Pierre Bourdieu）首先提出并进行系统性研究的，认为社会资本是有关潜在的和现实的资源集合体，这一资源集合体与关系网络中成员的身份以及制度化的认可和熟识的社会网络有关。Knoke（1999）又把社会资本分别以组织和个人为载体划分为组织社会资本与个体社会资本。其中，个体社会资本是指嵌入在自然人关系网络且可被使用的社会资源的总和，企业社会资本是指嵌入在法人关系网络且可被使用的社会资源的总和。企业社会资本是企业家在其社会网络中长期积累的社会资源，是企业以及企业家所拥有的关系网络，同时也是企业各个组成人员社会资本的加总。黄洁（2012）在对农村微型创业企业进行研究时发现，由于农村微型创业企业规模普遍较小，进而使企业主会扮演多种角色，这样一来，企业的社会资本几乎与企业家完全相似，因此在该研究中也就把农户的社会资本当作农村创业企业的社会资本。张建杰（2008）从社会交往、信任、互惠、规范等方面对农户的社会资本进行界定。童馨乐等（2011）则从社会关系的角度来研究农户的社会资本，他认为农户的社会资本是其凭借自身的社会关系而产生的，并对农户自身获取外部资源的能力具有重要的影响。徐璋勇等（2014）通过对农户自身的关系网络以及信任和规范在互动博弈中相互牵制与协调，从而获取资源的这一过程称为农户的社会资本，它涵盖了所有能够帮助农户提高资源可能性的有形或者无形的资本，如物质资本、人力资本以及关系资源等。张鑫（2015）把农民社会资本定义为创业农民与其他组织或个体之间所形成的关系网络，并能够从这种关系网络中获取创业所需资源的能力。

本书参考了黄洁（2012）和张鑫（2015）的研究思路，由于从事创业活动的农户正是科技创业活动的行为主体，且农户的科技创业活动规模一般较小，这样一来，科技创业农户自身所拥有的社会资本几乎等同于科技创业企业的社会资本。因此，本书用科技创业农户的社会资本来代替科技创业企业的社会资本。农户通过利用嵌入在其关系网络中的信任、合作等社会规则来获取创业所需资源，进而使资源配置效率以及创业成果的可能性得到显著提升。基于前文的文献分析，本书把影响科技创业农户获取资源的能力因素归纳为三个维度，即结构特征、网络投入以及关系特征。本书把社会资本界定为从事科技创业活动的农户在其创业过程中与其他组织或个体所形成的社会关系网络，强调的是农户在这一关系网络中对创业资源的获取能力，从结构特征（网络资源）、网络投入（时间或金钱）以及关系特征（信任）这三个维度来衡量社会资本。

3.1.3　创业意愿

创业意愿是创业行为的驱动因素，同时对创业行为起着指导作用（朱红根等，2013）。Bird 于 1988 年首次提出创业意愿这一概念，主要是指创业主体的精力、行为向某一特殊目标迈进的意识形态。范巍等认为，创业意愿是指创业行为的先决条件，创业意愿越强烈，创业活动越迅速，是创业行为的预测指标。Katz 和 Gartner（1988）将创业意愿解释为能够用来帮助创建新企业的一系列信息收集，这些信息旨在寻找已创建公司中新的价值增长点或利润增长点以及新创企业的有利价值信息。McGrath 和 Bogat（1995）指出，创业者在创业过程中可能会对某一不可预见的后果表示不满或惊讶，但并不影响他们采取行动的意愿。Latham 和 Yukl（1975）认为，创业意愿是一种直觉性和情景性的思维，理性地分析创业行为的心理过程是指导创业行为目标的基础。Krueger（1993）研究发现，创业意愿是指创业个体对未来某一特定目标和行为的承诺程度，并于 2000 年进一步对创业意愿这一概念进行补充，认为创业意愿是反映企业个体事业的发展意愿，是潜在的创业个体是否愿意开展某项创业活动的主观态度。

农户科技创业意愿的高低是基于自身资源要素禀赋，对科技创业生产的预期收益以及可能存在的风险性综合权衡的结果。一方面，农户从事科技创业活动时自身所具备的生产要素状况越好，其从事科技创业活动的收益规模越大、预期收益率越高、风险越小，则农户的科技创业意愿也就越高；反之则创业意愿较低。另一方面，不同创业类型的预期收益和可能存在风险的高低，与创业农户自身的禀赋密切相关，若科技创业项目的收益较高、风险较低，则从事该创业活动的农户意愿较高，反之则创业意愿较低。而农户从事某个创业项目时，其可支配的创业要素情况和可选择的项目的类型，均是以农户自身的创业禀赋为基础。只有农户科技创业的生产要素条件如劳动力、资金、技术等得到一定条件的满足时，农户才会具备科技创业意愿，并且随着这些生产要素可得性水平的提高而增强。本研究把创业意愿界定为农户基于自身的资源禀赋，在对科技创业产生的预期收益以及可能存在的风险进行综合权衡的基础上，决定是否进行科技创业以及科技创业动机的主观强度。

3.1.4　融资能力

国内有关融资能力的研究大多集中于企业这一主体，粟芳等（2014）把企业的融资能力界定为企业基于一定的金融条件下对资金融通的能力。薛冬辉（2012）把企业的融资能力划分为长期和短期两种类型，具体来讲，企业短期的融资能力指的是企业对其内部资金和外部资金以及短期投资所需资金及时有效的调动能力，企业长期的融资能力是其短期融资能力的不断积累，这一结果主要通过其财务指标来衡量。王洪生（2014）则把企业的融资能力定义为在特定情况下，企业根据自身的发展战略、盈亏情况以及流动资金的供求状况来选择最适合企业自身情况的资金筹集方式的能力。张伯伟（2015）则把企业的融资能力通过融资约束来反映，他认为融资约束越低的企业说明其融资能力越强；反之则说明融资能力越低。关于农户融资能力的研究并不多见（方明月，2011；周业安，1999），究其原因主要是因为融资能力是一个不能够直接观测的变量，通过对农户的调查所得到的仅仅是其融资的金额与规模，并不能测量出融资能力这一具体变量，因此如何测度农户的融资能力十分困难。本书借鉴梁爽等和甘宇（2016）的研究思路，将融资能力界定为那些从事科技创业活动的农户在其可以接受的范围内（价格条件和非价格条件）筹集到的最大资金总额。这里所说的价格条件是指农户为了取得融资而支付的实际利率和隐性利率（人情、面子等）；非价格条件指的是贷款方对农户提出的抵押、担保等融资要求。根据本书的研究目的，笔者把融资能力在资金来源渠道的基础上进一步划分为正规渠道融资能力、非正规渠道融资能力以及总的融资能力，后续研究也是通过对这三种渠道的融资规模来衡量科技创业农户的融资能力。

3.1.5　创业绩效

绩效是反映组织或个体运作效果的整体性概念，同时也是衡量组织或个体目标的运作效果和达成情况的重要指标。目前，学术界关于科技创业农户创业绩效的研究尚未形成系统研究，对科技创业农户创业绩效这一概念也没有一个具体的界定。创业绩效之所以不易衡量主要是因为很多研究在衡量创业绩效时倾向于选取容易收集信息的变量，而不是选取哪些变量更为重要（Cooper，1995；Brush & Vanderwerf，1992；Chandler & Jansen，1992）。目前，学术界大多以创业的成果来对创业绩效进行衡量，这主要是因为大多数创业行为是企业的一种创新活动，创业的成果体现为企业的生产成果，衡量创业绩效的指标主要是那些能够反映企业的盈利能力的一系列指标，如收益、利润率、资产报酬率等。Griffin 和 Hauser（1996）采用财务绩效来衡量企业新产品的开发和创新绩效，Bodlaj（2012）通过采用新产品所获取的收益来衡量创新绩效，周亚虹等（2007）通过企业的净利润率作为衡量创业绩效，罗婷等（2009）和石俊国（2014）等通过采用公司的主营业务利润率来衡量创业绩效。

由于农业、农村、农民的特殊性，对科技创业农户创业绩效的界定与普通创业企业的绩效相比，具有其自身的特点和差异。周菁华（2013）、张应良等（2013）通过采用农户对自身创业的评价作为衡量创业绩效的指标。赵浩兴、张巧文（2013）通过对农村微型创业企业的创业者进行问卷调查，从生存绩效和成长绩效两方面来衡量创业者的创业绩效。基于已有关于企业创新创业以及农户创业等绩效评价和相关可操作性指标设计的基础上，本书结合具体的研究对象和情境，将采用对创业绩效的相对指标进行主观评价的方法，从财务指标入手予以衡量，将农户科技创业绩效界定为衡量农户科技创业活动的最终效果以及创业目标达成程度的综合性概念，基于农户科技创业活动的特点，本书选取科技创业农户的家庭收入这一指标来衡量科技创业农户的创业绩效。

3.2　农户科技创业的行为特征及驱动因素

3.2.1　农户科技创业行为的理论分析

（1）创业动机。创业动机是指创业者的一种意愿和自发性行为，主要包括自我效能感、成就需要、控制员以及创业目标等在内的个性特质（Eckhardt，2003）。马斯洛的需求层次理论把人的需求层次从低到高分为"生理需求""安全需求""爱和归属感""尊重"以及"自我实现"五个层次，并认为只有当低层次的需求得到满足时才会追求更高层次的需求。因此，创业者的创业动机从根本上来看主要源于经济方面和社会方面的需求。其中，经济方面的需求又包括生理需求和安全需求，如吃、穿、住、用、行等生存需求，创业活动最原始的动机大多处于个体对经济利益的追逐；社会需求则包括尊重需求和自我实现的需求，如社会地位、声誉、成就等心理上的需求，人们在满足最基本的生理需求之后才会追求社会需求。Robichaud（2001）认为，创业动机是企业家通过对企业所有权的经营而寻求的目标，因此，由创业动机而主导的企业家的创业目标决定了企业家的行为模式，从而间接地决定企业成功的概率。创业动机作为内部动因推动着个体或组织从事创业实践活动，这一内部驱动力是创业主体处于积极的心理状态并保持较强的倾向性、选择性以及主观能动性（韩力争，2005）。

农户进行科技创业的根本动机是追求经济收益，农户是否选择科技创业活动其最重要的驱动因素是其所从事的创业活动能够带来经济收益。农户通过科技创业活动所获得的利益通常包括个体利益、组织利益以及社会利益，当农户的个体利益和组织利益得到满足时才会追求社会利益，因此，个体利益和组织利益是农户进行科技创业活动的根本动机。从根本上来看，谋求生存、摆脱贫困等创业动机都是农户追求创业利益的一种外在表现形式，其本质仍然是一种利益。

（2）科技创业主体及行为模式。从本书对农户科技创业的定义可以发现，科技创业活动是一个过程，追求创业机会是这一活动的核心要素。在农户科技创业的一般模式中，所有科技创业农户都需要经历发现机会、评价机会、开发机会和取得创业成果等一系列创业过程，在这一过程中，农户是核心要素，创业活动同时受到社会或环境因素的影响。由于创业活动是由不同要素组成的，因此，本书用创业过程模型来表示农村科技创业主体的一般行为模式（如图3.2所示）。

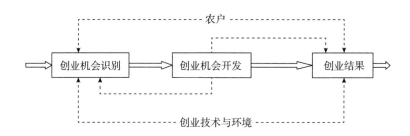

图3.2　农村科技创业主体的一般行为模型

（3）农户科技创业行为特征。农户既是我国农业生产的重要推动力，也是农村剩余劳动力的重要提供者。农户的科技创业活动不但能够推动传统农业以及非农产业的发展和升级，还能够对城镇化、工业化和现代化的发展产生重要的推动作用，而且对缓解农村就业压力、吸纳剩余劳动力以及促进农村地区内生性的发展具有长远的战略意义。因此，推动和鼓励农户进行科技创业已成为新时期我国农业农村发展的战略规划。从理论研究和实践经验可知，农户的科技创业活动受到诸多因素的影响，比如，农户的文化水平、科学技术水平、思想观念、风险偏好、家庭收入以及社会关系背景等。基于以上影响因素，本书认为农户科技创业活动应该具备以下四点特征：

1) 农户科技创业活动的主要目标是追求产出和效益的最大化。随着市场化程度不断发展以及人们生活水平的不断提高，以传统生产方式经营的小农经济已经无法满足人们日益增长的物质文化生活对以往农产品品质的需要，这样就面临着被市场淘汰的风险。鉴于此，农户进行科技创业活动，无论是从事较大规模的生产化经营还是除传统种养殖业以外的农产品加工，其最终目的都是提高经济效益，扩大市场占有率以及增加农户收入水平。

2) 科技创业农户大多不惧风险。创业活动本身容易受到众多因素的影响，如市场、政策等，具有极大的不确定性，而农户的科技创业行为就属于一种高风险性的投资行为。这种特点决定了农户的行为特征具有一定的风险偏好性。创业活动是一个长期的过程，从创业最初阶段的信息收集、项目筛选以及机会识别等，再到后续购买生产要素、生产投入，最后到产品和市场的销售，创业主体在每个阶段都要承受极大的风险压力，保守型的农户不具备这种冒险精神和创业意识。由此可以发现，一般从事科技创业活动的农户大多属于风险偏好型农户。

3) 对科技创业农户的文化水平要求较高。在农户科技创业活动这一行为中，农户作为创业主体，其创业成功与否与创业主体的文化水平和组织管理能力存在显著的正相关关系。教育水平的提高能够激发农户的创业需求（彭艳玲，2013），文化水平较高的农户能够接触到先进的知识和前沿的思想观念，对市场信息的洞察力、判断力和反应能力都比较灵敏，因此能够发现和识别创业商机。与此同时，还能够在创业过程中运用所学的知识进行有效的组织和管理，对成本收益进行科学的预算以及对风险进行及时管控等，最终使创业的成功率和有效性更高。

4) 科技创业农户对外部资金和技术存在较高的依赖性。较高的资金和技术投入是农户科技创业活动的必要条件。一方面，科技创业农户虽然具备一定量的资本，但是与科技创业活动所需要的资金投入相比却差距甚大。然而，农户的收入来源却十分有限，受农业生产的季节性影响，农业生产具有很大的不确定性，这样就导致金融机构对农户的信贷需求不轻易借贷；同时，农户缺乏有效的抵押物，在一定程度上使金融机构增加了审慎经营的顾虑。因此，由于"融资难"而引起的创业资金匮乏问题成为众多科技创业农户面临的突出难题。另一方面，由于农户的技术水平偏低，多数创业技术需要从外部引进与学习，科技创业活动能否取得成功在很大程度上与能否获得急需的技术能力高度相关。

(4) 农户科技创业的要素条件。农户科技创业是一项极为复杂的投入—产出行为，它必须基于一定具备可行的"创业项目"为载体。科技创新成果作为一种潜在的生产力，必须作为生产要素的方式投入创业项目中去，而且必须和资本、劳动力、土地等生产要素结合起来，才能转化为行之有效的现实生产力。在某种科技创业活动中，必要的投入要素主要包含资本要素、劳动力要素、社会资本要素、科技要素、土地要素五个方面。如果以 Output 表示产出，C、L、S、T、G 分别代表资金（Capital）、劳动力（Labor）、社会资本（Social Capital）、科技（Technology）、环境（Environment）①，则反映创业的生产函数能够表示为式（3.1）。

$$Output = F\ (C,\ L,\ S,\ T\,|\,E) \tag{3.1}$$

第一，资本要素（Capital）。任何形式的科技创业活动首先要具备创业启动资本，包括注册资金和先期投入。马克思在研究剩余价值时对"资本"一词进行详细的阐述，认为资本是能够创造剩余价值的"价值"，并且资本的物质形态具有多样性，既包括物质资本，也包括货币资本。萨缪尔森在其著作《经济学》一书中从物质形态的角度对"资本"一词进行界定，认为资本是被生产出来的耐用品，并且在进一步的生产中作为生产性投入继续使用，如厂房、设备、存货等。事实上，整个生产过程中所需的物质资本都需要货币资本在前期的大量投入，只有通过货币资本的购买才能推动物质资本的形成。因此，农户在科技创业活动中，最重要的资本应当是货币资本，即资金投入。资金是农户进行科技创业的第一要素，也是可持续发展的动力源泉，只有保证资金要素稳定与可持续的投入，才能把潜在的技术、生产工具与劳动力等要素在某一创业项目中结合起来，实现创业这一过程。由此可见，资本作为科技创业的核心要素，无论是在人力资本的培训还是科技成果的引进，抑或是机器设备的购买和修建厂房等，都需要大量的资金投入。农户科技创业所需的资金投入有些来自创业主体，还有一些来自政府、社会以及金融机构等外部融资，只有这样才能确保农户科技创业的可持续性。

第二，社会资本。Coleman（1990）首先对社会资本这一概念进行全面的阐释，提出社会资本就是个体所拥有的社会结构资源，是主体在取得资源、权利和决策时所具有的网络、组织与规范。基于重复交往的社会资本不但能够增加主体之间的信任和提高主体经济效率，还能够减少机会主义和降低交易成本。社会资本较为充裕的国家，公民能够接受新事物和利用新技术，也更具有冒险精神，从而推动创业活动的发展。创业绩效的关系主义视角理论强调企业的社会属性，认为其创业行为嵌入在处于动态变化中的具体关系网络之中，企业寻求生存和不断

---

① 这里所说的环境要素主要包括土地要素以及组织要素。

发展的关键是拥有合适的管理网络管理架构。关系网络是组织之间信息获取的一种重要方式，关系主义视角的社会网络能够通过网络纽带、网络结构以及网络资源等要素来影响创业绩效。

第三，人力资本。创业活动是基于创业者资源禀赋演变而来的机会驱动行为过程（杨俊、张玉利，2004）。创业者自身的异质性是其资源禀赋差异的外在表现，创业者的资源禀赋在整个创业过程中起着至关重要的作用，并且在一定程度上对新创企业的资源属性具有决定性作用（Morris，1998）。Pyysiainen 等（2006）把农户的创业技能分为两种：一种是使用物质资料与驾驭社会环境的能力，这里所说的社会环境是指市场、顾客、投资者以及社会关系等，这种能力能够通过学习来培养；另一种是冒险、创新等较高层次的技能。这两种技能相互作用并影响着农户的创业活动。20 世纪 60 年代建立的人力资本理论为包括农村经济在内的经济增长提供了新的发展思路，该理论的主要内容是劳动者通过接受教育、培训以及实践等投资方式而获取知识和技能的积累。人力资本理论认为，知识和学习能力能够促使个体获取良好的识别能力，这也使他们在创业活动中具有更高的生产力和效率（买忆媛等，2010）。

第四，技术要素。农户的科技创业行为建立在一定的技术创新基础之上，所以，科技成果投入是支持农户科技创业的必备要素。人们通过复杂的脑力劳动在科技活动中所取得的成果是被公认的具有学术和经济价值的知识产品。传统的农村经济理论把劳动力、土地和资本三个要素视为促进农村经济增长的基本条件。但是，随着土地资源环境问题不断加剧以及城镇化对农村土地的占据等人地矛盾问题日趋紧张，迫使科技创业行为成为实现科技成果向现实生产力的转化，以及推动农村经济发展和农户增收的重要方式，同时也是使农业要素投入能避免边际报酬递减规律发生作用的有效途径。在企业的创业活动中，科技成果不断投入生产活动中是一种公共投入行为。它可以通过技术指导、服务或者培训让劳动者掌握某种技术，从而提高劳动技能；也能够通过改良生产社会来提高劳动生产率；还可以通过培训的手段来提高创业者的组织管理能力。基于科技创新成果在农户科技创业这一行为中的重要作用，2016 年中央一号文件再次从科技出发，重点强调科技兴农与走农业规模化、产业化和现代化发展道路的重要作用，通过科技创新成果的投入来阻止农业要素边际产量下降已经成为促进农户增收和农村经济发展的重要途径。

第五，土地要素。土地要素是农户进行创业活动的一种必备要素，而且农户的科技创业活动一般都采用规模化经营的方式，是集规模化、科技化和效益化等特点于一身的实践活动。目前，我国农村的土地制度采用集体所有制，并且在改革开放初期把土地的使用权承包给农户家庭经营，从而才有现在的高度分散以及小规模经营的家庭经济。在工业化和城镇化的不断发展以及城乡自由流动改革的作用下，农村大量剩余劳动力向城镇迁移，这就导致农村大量土地闲置，也使以农户为主导的小规模经营模式难以维持，这就为农户进行科技创业和实行集中的规模化经营创造了必要的经济条件。如果土地能够像科技创业农户成功流转，不仅能够增加农户的财产性收入，还可以盘活土地资源，有效利用土地潜在生产力，并向现实生产力转化。由于我国只拥有占世界7%的耕地资源，却要养活世界20%的人口，因此解决人地矛盾的任务十分艰巨，要确保国家的粮食安全就要守住"18亿亩耕地红线"。即使是在农村地区集中土地进行科技创业，也要把土地限定在一定范围内，这是我国农户科技创业活动中土地利用的一个基本原则。

（5）农户科技创业的环境分析。2016年中央一号文件聚焦农村地区的创新创业，提出科技创业一方面为国家的用粮安全奠定基础，另一方面也是突破资源约束的重要方式。因此，加快农户科技创业已成为推动农村经济发展和农业现代化建设的重要途径。然而，农户的科技创业活动是一项系统性工程，农户在创业过程中既要有必要的要素投入，也要有良好的外部环境，这些环境主要包括自然环境、经济环境、技术环境、制度环境以及政策环境等（如图3.3所示）。外部环境因素对农户科技创业活动具有重要作用，这种作用既可以是正向的促进作用，也可以是负向的抑制作用，因此，要努力改善外部环境，使其与农户科技创业活动相适应。

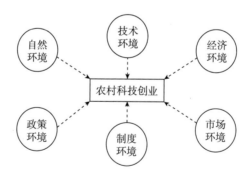

图3.3　农村科技创业的外部环境构成

1）自然环境。自然资源、地理位置等要素条件都会对农户的科技创业行为产生显著的影响。因为地理位置对信息和资源的获取以及消费者和供应商的分布具有决定性作用，影响农户创业活动的投入成本和产出成本，最终影响企业的生存、成长与发展。同时，不同的自然资源能够产生不同的创业机会，进而影响农户的创业类型。很多返乡从事创业活动的农户很大一个原因就是受当地资源条件的驱使，没有良好的自然环境，农户的科技创业行为就无法顺利推进。

2）经济环境。地区产业结构受当地经济发展水平的影响，处于上升阶段的地区产业结构能够创造出更多的创业机会，因此，良好的经济环境能够带动农户科技创业的发展，具体来看，宏观经济持续稳定的发展不但能够保证财政收入的稳定增加，使政府拥有更多的财力来支持农户科技创业，同时能够为城乡居民收入的稳定增长提供保障，对农户的科技创业产出形成更多需求，根据需求来进一步引导农户的科技创业行为。因此，持续稳定的宏观经济环境能够为农户科技创业提供良好的市场动力。

3）社会环境。社会环境主要包括人口结构、生活方式、价值观念以及文化氛围等要素。

人的欲望和行为主要受到处于不同社会背景下的社会环境因素的影响。处于不同社会环境中的人基于不同的观念和信仰，其消费理念和市场规则也会因为行为规范的不同而产生不同的表现形式。创业意识是在个体的成长过程中和所生活的社会环境中形成，稳定和发展是两种不同的价值观。例如，敢于冒险和拼搏的观念意识能够对创业活动产生巨大的推动作用，喜欢冒险、成功的信念以及自信心等创业意识都会对创业活动的进行产生直接影响。

4）制度环境。农户科技创业需要一系列制度环境做支撑，稳定的制度环境能够带动创业活动的顺利开展，而制度上的不确定性则会提高农户的风险感知，进而影响农户的创业意愿。市场化水平的不断发展使各地方政府越来越重视创业者以及创业活动，并努力为他们创造一个良好的外部环境。既包括一系列的直接政策如资金支持、人员培训、技术指导、减免税收和市场准入等，也包括一些间接政策如促进生产要素集聚、创建不同类型的交易市场以及完善科技创业孵化园区的基础设施等。

5）技术环境。技术是农户科技创业活动的基石，良好的技术环境能够对农户科技创业产生巨大的推动作用。技术环境主要包括以下四个方面：第一，技术环境主要包括技术的创新与研发、技术推广以及技术服务三个基本要素。这三个要素有可能存在于一个主体中，形成技术供给方，为创业主体提供技术支持。然而在大多数情况下，这三个要素是分散在不同主体之间的。第二，提供创业技术是技术环境的主要功能。为了确保农户能够迅速获取创业所需的技术要素，不仅要有技术的提供者，还会产生信息收集成本和价格低廉的技术转让市场，同时还需要完善的专利权为研发者提供法律保障。第三，市场需求是技术研发的动力源泉。基于技术创新的角度来分析，技术创新产生于需求，需求是技术创新的出发点和归宿。只有将研发与市场需求结合起来，才能减少研发的盲目性，使科技成果的商品化得以实施，从而为创业农户提供良好的技术环境。第四，科技成果的服务和推广是科技创业的关键环节。在科技成果的转化过程中，促进信息沟通渠道的畅通以及使科技成果供需双方直接交流是国外科技成果成功转化的经验道路。由此可以看出，要想疏通科技成果信息供需双方的沟通渠道，就有必要建立科技成果的信息咨询以及技术服务等中介机构，中介机构掌握及时的科技成果信息以及社会关系网络，组织协调各方关系，以市场为导向提高科技成果的转化率，改善创业农户的技术环境。

3.2.2 创业意愿的驱动因素

根据科技创业的要素条件可知，产出函数可以表示为 $Output = F（C, L, S, T | E）$，其中 $Output$ 表示产出水平，C 表示科技创业投入的资金，L 表示创业活动投入的劳动力，S 表示创业者所拥有的社会资本，T 表示科技创业投入的技术条件，E 表示影响科技创业行为的经济发展水平、政策环境、创业活力等非要素环境。本节从资金、人力资本、社会资本、科技水平和环境要素五个方面分析其对农户科技创业意愿的影响，同时分析不同要素对农户科技创业驱动力的差异。

（1）资金对农户科技创业意愿的影响。资金是创业起步阶段最重要的条件之一。虽然农户通过从事农业和非农活动积累了一定的积蓄，但是对于创建具有一定规模的企业而言是微不足道的。充足的资金和良好的金融环境不但能够解决农户初始创业资金难题，而且可以带给农户心理上的安全感，提升农户在创业机会上的把握和识别上的信心，进而增强创业农户的综合实力，为农户的科技创业行为在起步和成长阶段打下基础。因此，资金要素的支持可以正向激励农户科技创业行为的展开。

（2）人力资本对农户科技创业意愿的影响。人力资本对农户的科技创业行为具有显著的影响，人力资本的质量决定了农户获取和利用创业机会的能力。然而我们也应该认识到农村地区的人力资本水平还比较低，在一定程度上阻碍了农户科技创业活动的开展。因此，那些受教育程度较高的农户更容易把握一些良好的商机，取得创业成功的可能性也越大（Kaushik et al., 2006）。技术培训以及创业教育培训等非正式学习是提高农户的人力资本的一种重要途径，农户往往是从当地的创业活动中获取相关的知识以及特殊的技能，进而提升自身识别机会以及鉴别是非的能力，创造和开发新业务，为科技创业活动的开展提供良好的知识储备。

（3）社会资本对农户科技创业意愿的影响。社会资本作为资源配置的一种替代机制，对于物质资本与人力资本较为匮乏的创业农户来说，是获取有利资源条件的重要渠道，影响着农户的科技创业意愿。以资金为例，在创业的起步阶段需要大量的资金投入，然而农户自身的物质资本较为匮乏，创业农户通过社会网络为创业活动筹集的资金数量将会影响农户的科技创业意愿。社会资本较为丰富的农户更容易识别和把握新的机会，从而更容易辨别和获取稀缺资源。社会资本对农户科技创业意愿的影响主要通过创业榜样和网络支持来体现。具体来看，创业榜样主要是指某一个体由于感知和兴趣而效仿创业成功者的行为（Bosma et al.，2012）；网络支持既包括来自家庭内部的支持也包括来自外部社会网络的支持，可感知的网络支持能够提高创业农户的信心，从而提高创业农户进行科技创业活动的积极性。因此，社会资本对农户的科技创业意愿具有正向影响。

（4）科技投入对农户科技创业意愿的影响。科技与资金是农户科技创业行为的两大核心构成要素，农户进行科技创业的行为是在一定的科技创新基础之上进行的。科技成果作为一种潜在的生产力，只有被农户采用并投入生产领域时，才能发挥其潜在的价值，增加农户科技创业成功的概率，当农户看到科技创业的利润价值以及成功的希望时才会提高他们的创业意愿。对于农户来说，由于自身人力资本条件的限制，技术水平和能力还比较低，对创业新技术和新知识还需要从外部引入和学习。为了确保农户能够及时获取创业所需的知识和技术，不仅要为他们提供技术专门的技术指导，如建立科技特派员制度，同时还要降低信息收集成本以及提供价格低廉的技术转让市场，并建立健全技术专利制度以及法律保障。

（5）环境要素对农户科技创业意愿的影响。创业环境也是影响科技创业活动活跃程度的关键因素。良好的创业环境能够为科技创业行为提供良好的创业环境导向，还能够识别创业过程中的风险，从而降低创业失败的可能性。农村环境是制约农户科技创业行为的主要因素之一，农村地区的周围环境以及背景环境都会对其科技创业活动产生重要影响，因此应该根据不同的约束条件提供不同的环境政策支持。部分学者对影响农户科技创业活动的自然环境、社会文化环境、经济环境以及创业园区孵化器为起点对农户科技创业行为的服务环境进行研究。

3.2.3 融资能力的影响因素

随着学术界对融资能力研究的不断发展与完善，由于创业主体的融资能力是多种因素共同作用的结果，对其衡量已经不能通过单一因素来反映，有关融资能力的多因素影响分析已经成为研究主流，本小节从财富水平、经济发展水平、社会资本、创业技术以及金融环境五个方面来分析其对科技创业农户融资能力的影响，并指出不同因素对科技创业农户融资能力的驱动力差异。

（1）财富水平对农户科技创业融资能力的影响。农户的财富主要包括除耕地以外的房屋、消费品以及家畜等家庭资产，农户的家庭财产对从正规渠道获取贷款具有重要作用（贺莎莎，2008）。Paulson 和 Townsend（2006）的研究指出，如果有限责任约束是农户的主要金融约束，则财富水平越高的农户其融资能力越强；相反，如果道德风险是农户的主要金融约束，则财富水平越高的农户其融资能力可能会越弱。这一方面是当借款人由于有限责任约束而不能完全清偿债务时，他能承担的最大偿还量就是已有的财富，随着财富的增加，他所拥有的抵押物、担保物等就越多，能够获得的资金就越多。另一方面是因为当借款人获取贷款之后还需要付出一定程度的努力来实现按时还款，但是努力也要消耗成本的，而且这一成本全部由科技创业农户来承担，当他们不愿意把自己的努力成果分享给别人时，就会带来道德风险，这就导致他们随着财富水平的提高，则融资能力下降。

（2）经济发展水平对农户科技创业融资能力的影响。处于欠发达地区的科技创业农户其金融行为与发达地区存在显著的差异，欠发达地区的农户参与正规金融信贷市场的程度较低，导致这一现象产生的原因既有供给方面的因素，也有需求方面的因素（黄祖辉、刘西川，2009）。事实上，欠发达地区的科技创业农户不但参与正规金融信贷市场的程度较低，在非正规金融信贷市场的活跃度也不高，造成这一现象的主要原因是欠发达地区本身的创业规模较小而且技术水平不高。对于信贷供给方来说，市场在同等的利率条件下供给的资金较少；而对于信贷需求方来说，欠发达地区农户可以接受的利率水平较低，因此融资能力也较低。由于欠发达地区科技创业农户的融资能力在整体上低于发达地区，这就造成了同等程度的财富变化对发达地区科技创业农户的融资能力产生的影响会小一点，而对发达地区的农户产生的影响会大一些。

（3）社会资本对农户科技创业融资能力的影响。社会资本是行为主体通过与社会的联系来获取稀缺资源的能力。农户个体的社会资本主要包括用来实现个人目标的人际关系以及社会资源，主要反映了农户的社会生活能力。科技创业农户所拥有的社会身份越多、关系网络越广，则其相应的社会资本存量越多。金融资源是农户在科技创业行为中极其依赖但又十分稀缺的资源要素，科技创业农户社会资本的多寡与其融资能力存在十分紧密的联系。科技创业农户关系网络的结构特征对创业资金来源具有显著的影响，若网络规模较大则融资渠道较多，网络资源质量越高，融资能力越强。人际关系实际上就是一种社会资本。"关系"在我国农村地区的信贷市场上发挥着十分重要的作用，当农户与信贷机构存在某种"关系"时，则利率、资产数量等因素就变得不是那么重要了。社会资本对融资能力的影响方式有很多种，例如信任能够降低交易成本，从而有利于契约的建立，提高创业者获取信贷的能力。

（4）技术能力对农户科技创业融资能力的影响。在农户的科技创业过程中，技术能力占有十分突出的地位，创业者所掌握的资源数量以及技术能力影响着企业的生存和发展（Sarason et al.，2006）。农户的技术能力不但影响着整个创业活动的资源配置和能否取得成功的概率，还可以作为抵押物来影响其自身能否从金融机构获取贷款，进而影响其融资能力。技术能力是农户科技创业活动的核心要素之一，现代金融的主要任务就是帮助有真正实力的创业者提供信贷资金，而创业者能否成功取得融资的一个很重要因素就是其自身的综合素质。一些懂技术、懂经营、懂资本运作的科技创业农户能够使自身的技术能力转化为现实生产力，在市场竞争中取得竞争优势，从而获取金融机构的支持与信任，解决生产发展环节的资金难题，并使金融机构愿意为其提供一些能够满足其发展需要的金融服务产品，从而提升其自身的融资能力。

（5）金融环境对农户科技创业融资能力的影响。农户的科技创业活动需要科技创新、科技成果转化以及科技应用三个方面的协调配合，且其中任一方面的操作和实施都需要较大的资金投入。在政府财政支持能力有限的条件下，良好的金融环境能够为刺激农户的科技创业活动提供持续的推动力。一般情况下，财政政策都是为创业主体提供无偿资助，与财政政策不同，金融政策主要通过对金融部门的引导来实现对科技创业农户的金融支持，这一行为是建立在"信用合作、互惠互利、有借有还"的基础之上的，其根本目的是追求利益。金融机构要在保证资金安全的前提下来发放信贷资金。这就使金融机构在为科技创业农户提供资金帮助时，需要严格考察信贷条件，包括抵押和担保条件。良好的金融环境能够保证金融政策有效实施，进而改善科技创业农户的融资环境，为农户实现可持续融资以及提高其融资能力提供可能性，最终确保农户科技创业活动能够有稳定的资金流。

3.2.4　创业绩效的影响因素

随着学术界对创业绩效研究领域的不断深入和发展，关于创业绩效的研究已经从单一的影响因素逐渐过渡到多种影响因素的研究模式。基于以往研究不难发现，创业绩效是由多种因素共同作用的结果，下面就从创业资金、社会资本、人力资本、技术能力以及创业环境这五个方面来分析其对创业绩效产生的影响。

（1）创业资金对农户科技创业绩效的影响。Timmons（1994）指出，资源对企业的存活、发展和绩效能够产生影响并具有决定性作用。其中，创业资金在这些创业资源中具有持续推动的作用，创业资金的有效投入能够充分调动潜在的生产工具以及生产技术（黄志玲，2013；张海宁等，2013），创业者能够支配的创业资金越充裕，则企业的运作能力越大，从而使企业有更高的成长欲望。新创企业的创业资金主要来自个人和亲友借款，如果企业在创业初期受到资金匮乏的影响，则企业的存活、发展和创业绩效将会受到限制（Bosma，2004）。

（2）社会资本对农户科技创业绩效的影响。社会资本不但能够使科技创业农户从更多的渠道获取创业资源，还可以降低企业的交易成本和运营风险，进而提高创业绩效。创业活动的本质就是创业者通过建立、维护和利用社会资本来取得创业绩效的过程。那些嵌入在社会网络中的潜在资源不但能够帮助农户获取一些稀缺资源，还可以降低交易成本与运营风险，进而提高创业绩效。黄洁等（2012）经过研究得出，农村微型企业的社会网络中，强连带关系对初始创业绩效具有显著的影响，创业农户要有效利用创业网络中亲朋好友的资源。相较于结构特征，关系特征更能代表农户可利用资源的情况，从而更为直接有效地影响农户的创业行为。

（3）人力资本对农户科技创业绩效的影响。人力资本主要包括创业者的个人特征以及资源禀赋等要素（Casson & Giusta，2007；Kader，2009；郭红东、周蕙珺，2013；张益丰等，2014），人力资本充裕的创业者能够更为有效地经营企业（Santarelli & Tran，2013；朱红根，2012）。还有一些学者通过对创业团队的研究，发现创业团队的整体水平也能够对创业绩效产生重要影响。其中，团队成员的创业能力以及创业能力的发挥意愿都会对创业绩效产生一定程度的影响。成员之间的人际关系与友情也在一定程度上对创业绩效产生影响。

（4）创新能力与意识对农户科技创业绩效的影响。社会资本能够促进农户与农户之间以及农户与组织之间信息与知识的交流与共享。一般与科技创新能力有关的知识可以分为隐性知识和显性知识，其中，隐性知识难以进行规范和编码，具有默会性的特点，只有通过面对面的交流才得以传播；而显性知识则能通过文字、数字等形式进行传播。丰富的社会资本能够促进科技创业农户对显性知识的获取，更能保证隐性知识面对面地获取。科技创业农户利用社会资本获取与自身创业相关的科技知识与信息，从客户、供应商、技术服务部门以及竞争对手等组织了解市场需求与技术发展方向，以提高自身的创新能力和技术水平。

（5）创业环境对农户科技创业绩效的影响。创业环境是农户进行科技创业活动所要考虑并产生重要作用的客观因素，现有研究很多把创业环境作为衡量创业绩效的影响因素，主要是因为创业环境是创业活动的资源库，包含创业活动所需要的稀缺资源，能够对企业的建立、存活与发展产生重要影响。因此，农户要积极识别创业环境中所隐藏的创业机会以及创业资源，发现并开发利用创业机会，同时还要及时调整发展战略以适应创业环境，从而提高创业绩效。

3.3 社会资本对农户科技创业影响的理论框架

本书以社会资本理论、创业资源理论、科技金融理论以及要素集聚理论为基础，从社会资本的资本属性与制度属性角度出发，构建了社会资本对农户科技创业意愿、融资能力以及创业绩效影响的理论框架，如图3.4所示，试图解释"社会资本对农户科技创业意愿、融资能力与创业绩效的影响，以及融资能力在社会资本与创业绩效中的中介作用"。资本属性和制度属性是社会资本的两个基本属性。资本属性主要是指主体通过社会资本获取资源的一种方式，具有资源传递与抵押替代的功能；制度属性则是指处于同一网络关系的主体应根据网络规则行事，如果违反内在规则将会受到来自网络成员的惩罚（李晓红，2007；李爱喜，2014）。制度属性具有激励诱导机制以及监督奖惩机制。以上方式对农户科技创业的影响既存在其独特的途径和路径，也有交叉的复合路径，而且其作用机制有时并不存在明显的界限。资本属性与制度属性分别与结构特征和关系特征相对应。社会资本的结构特征主要是指社会关系网络本身，包括网络构成和网络层次，与资源属性相对应。具体来说，网络构成是资源获取渠道的表现，又包括政治关系资本与组织关系资本。政治关系资本重点强调嵌入在政治关系网络中能够被利用的潜在资源，组织关系资本关注的则是嵌入在组织关系网络中能够被利用的潜在资源。反映社会资本的另一维度是网络层次，主要是指嵌入在创业者关系网络中社会资源的整体状况。网络关系层次越高，社会资本越有效。网络结构的差异能够影响资本的数量和质量，能够反映网络成员获取资源的能力。而社会资本的关系特征则强调社会网络中的信任、认知、行为、价值理念等，与制度属性相对应。关系特征是社会资本形成约束力的基础，不但能够降低交易费用，还能够增加产出的可能。

在这个理论分析框架中，社会资本是自变量，主要包结构特征、网络投入与关系特征三个维度；农户的科技创业行为是因变量，主要包括创业意愿、融资能力以及创业绩效；融资能力同时又为社会资本与创业绩效的中介变量，通过中介效应检验来分析融资能力对社会资本与创业绩效产生中介作用。下面详细阐述变量之间的基本关系，主要包括社会资本与创业意愿、社会资本与融资能力、社会资本与创业绩效以及融资能力与创业绩效四个方面。

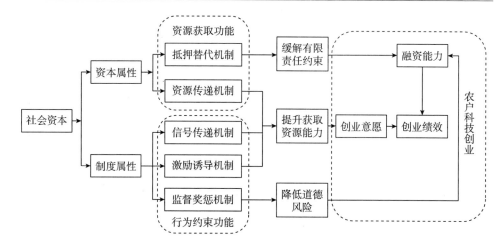

图3.4 社会资本对农户科技创业影响的理论框架

3.3.1 社会资本与创业意愿

社会资本是对非正式制度的发展和延伸，不但能够促进个体之间相互合作的非正式制度的形成，而且完善了市场制度之外的更为广泛的社会制度。社会资本理论丰富和发展了制度主义理论，前者主要关注社会关系网络、信任等非正式制度对经济发展所产生的影响，而后者关注的重点是规章制度对经济发展所起的决定性作用。由此可以看出，社会资本能够弥补正式制度的缺陷与不足，从而提高其运作效率与创业成功的可能性，进而影响农户的科技创业意愿。农户自身的异质性资源是其竞争优势产生的根源，能够给农户的科技创业活动带来持续的竞争优势并获取超额利润，同时还能够吸引其他个体或外部利益相关者加入自身的关系网络中来，建立互惠、互利的合作机制。在整个创业活动过程中，嵌入在社会网络中的个体往往从关系网络中获取创业所需社会资源，并助其识别创业机会、利用创业资源以及开展业务活动等（如图3.5所示）。关系网络是社会资本的载体，资本属性与制度属性是社会资本的两个基本属性。资本属性主要强调主体通过社会资本获取创业所需稀缺资源的一种方式；制度属性则强调处于同一网络关系的主体应根据网络规则行事，如果违反内在规则将会受到来自网络成员的惩罚。社会资本对农户科技创业意愿的影响主要包括以下两个方面：

（1）资本属性通过资源获取功能能够获取创业所需的稀缺性资源与技术，进而能够提高创业成功的概率，最终提高农户的科技创业意愿。农户所拥有的网络资源数量与结构对创业成功与否具有决定性作用。嵌入在农户关系网络中资源的数量与质量对其获取稀缺性资源有显著的影响，并影响创业活动的效果，农户

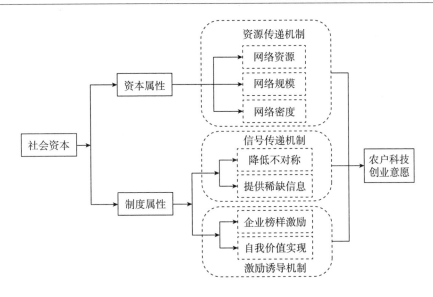

图3.5 社会资本对农户科技创业意愿的影响机理分析

的社会资源越丰富越能够帮助其取得创业成功。从网络结构与规模的角度来分析社会资本对创业意愿的影响。第一，网络资源是指嵌入在农户社会关系网络中资源的整体状况，农户的网络资源质量越高则说明其社会资本越有效，从而创业活动也更容易取得成功，进而提高农户的科技创业意愿。嵌入在关系网络中的资源与信息往往呈金字塔状分布，处于顶端的个体拥有的资源与信息更丰富。因此，处于较高社会层级的农户更有可能获取稀缺性资源，其社会资本的效能也越强。第二，网络规模指的是个体能够与其他成员直接联系的数量，个体的网络规模越大，则其获取稀缺资源的能力越强。网络规模还反映了个体能够从社会资本中获取资源与信息的范围，社会资本的网络规模越大，则个体从中获取资源与信息的范围越广。第三，网络密度主要是指嵌入在关系网络中的成员之间紧密程度，成员之间的弱联系能够促进信息的多样化，提高网络效能。网络密度较低的社会网络排除了信息的冗余性，并在关系网络中处于"结构洞"的位置，能够获取高质量的资源与信息。弱联系能够把嵌入在关系网络中的不同资源整合在一起，从而帮助个体从中获取创业所需的社会资本，增加创业成功的可能性，进而提高农户的创业意愿。

（2）社会关系网络作为信息沟通的一种重要渠道，不但能够降低网络成员之间信息的不对称性，还能够提供资金需求者的信息，从而降低道德风险。通过发挥制度属性的行为约束功能来激发农户的创业热情与努力程度，从而增加科技创业成功的概率，最终提高农户的科技创业意愿。众人对科技创业行为的评价与态度在一定程度上能够影响农户的科技创业意愿，具有风险倾向性的农户更有可能接受科技创业这一行为。由于个体总是处于嵌入在血缘、地缘和业缘基础上的社会网络中，农户在进行创业决策时往往受到关系网络的影响。成功的创业案例能够激发农户从事科技创业的行为，通过吸收关系网络中成功案例的经验，农户可以学习创业榜样的知识和技能，从而增加农户的创业信心，提高其科技创业意愿。因此，农户科技创业行为具有较强的集聚性，许多创业成功的农户往往会带动身边的亲朋好友进行创业，起到显著的示范作用。一般从事创业活动的创业者都具有规避风险的偏好，科技创业农户也不例外，从众效应可以降低科技创业农户的风险感知，通过学习与吸取成功创业农户的经验来增加自身创业成功的可能性，并提高创业的信心，进而增强农户的科技创业意愿。那些创业氛围良好的农村地区，一部分农户凭借自身较高的创业能力从某些创业项目中获取收益，进而拉动其余潜在的创业农户从事该种创业活动，整体上带动农户进行科技创业活动。

3.3.2　社会资本与融资能力

创业农户主要受到有限责任约束与道德风险约束两种金融约束的影响（平新乔等，2012）。前者主要强调农户的初始财富资源对其贷款规模和可得性具有决定性作用，并且对农户的投资数量具有限制作用，从而影响农户的财富积累以及创业绩效，陷入有限责任约束这一陷阱，最终导致"财富水平低⇒信贷规模小⇒投资规模小⇒回报率低⇒财富水平低"的死循环。而后者则主要强调信息与激励的过度扭曲而产生资金需求者在增加自身效用的同时而做出的损害资金提供者利益的行为。道德风险主要是由信息不对称造成的，资金需求者不用努力而获取创业收益，也不用承担因不努力而造成的损失。财富水平较低的创业者一般具有较大的借款规模，这样就能够与资金提供者分享较多的成果，这在一定程度上会影响农户创业的积极性，从而降低创业成功的概率，最终陷入道德风险。由此出发，本书基于财富水平与信息不对称两个视角来构建提高融资能力、缓解融资约束的途径，社会资本的功能恰能缓解以上问题。在农村的发展进程中，社会资本越高的村镇信贷发生率也越高（世界银行，2011）。

资本属性与制度属性是社会资本的两个基本属性。资本属性强调个体从社会网络中获取稀缺资源的一种作用功能，而制度属性则强调个体在同一社会网络中按照合作的规则，认同网络成员的理念与行为规范，且网络成员会因某一成员违反规则而受到惩罚。社会资本主要通过资本属性和制度属性两种功能来影响融资能力：一方面，通过发挥资本属性的资源获取功能，从而缓解有限责任约束，提高农户的融资能力；另一方面，通过发挥制度属性的行为约束功能来规避道德风险，最终提高农户的融资能力。详细的作用路径如图 3.6 所示。

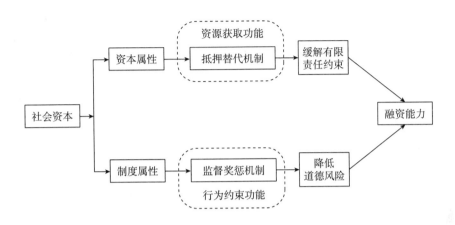

图 3.6 社会资本对农户科技创业融资能力的影响机理分析

（1）通过发挥资本属性的资源获取功能来缓解有限责任约束，提高科技创业农户融资能力。

资本属性的资源配置替代机制往往在交易过程中具有抵押物的作用，通过抵押替代机制来缓解农户抵押物匮乏这一局限，从而在一定程度上提高农户的财富水平。农户基于自身条件限制，通常由于缺乏有效的抵押物而无法从正规金融机构获取创业所需资金。这时，社会资本的资本属性往往能够扩大财富的外延，可以把个体的财富水平扩展为集体或组织的财富水平，从而提高个体获取资金的可能性。此外，嵌入在社会网络中的情感因素也能够作为一种无形的抵押物来提高农户从非正规渠道获取贷款的可能性。非正规金融组织（民间借贷等）产生与运作是基于借贷双方信息对称基础之上的，而这种信息资源的获得恰恰是凭借借贷双方的人缘、亲缘与地缘关系（林毅夫等，2005）。也就是说，情感可以作为非正规金融机构的抵押物，并决定个体的行为意愿，如果借贷双方之间具有强烈的情感时，则能够较为容易地达成合作。

（2）通过发挥制度属性的行为约束功能来规避道德风险，最终提高科技创业农户融资能力。

制度属性能够通过监督惩罚机制来降低道德风险。信任是个体与个体之间的一种关系特征，是其进行长期交易的基础，同时也是民间借贷活动产生的根源。受中华民族传统文化的影响，农户极其重视自身的名声、口碑以及社会评价，所以他们坚守信用，因此，民间借贷这种非正规金融组织在进行借贷活动时大多数都不用签订合同（褚保金等，2009）。基于信息的关系网络，资金供给者对资金需求者会有一定程度的信任，如果资金需求者违背规则，则其不但会受到惩罚，而且会损坏其在关系网络中的信誉及名声。因此，嵌入在社会资本中的信任可以降低道德风险、提高经济效益。

3.3.3 社会资本与创业绩效

创业者拥有的资源条件决定其创业绩效。社会资本的资本属性强调个体从社会网络中获取稀缺资源的一种作用功能；社会资本的制度属性则强调个体在同一社会网络中按照合作的规则，认同网络成员的理念与行为规范，且网络成员会因某一成员违反规则而受到惩罚。社会资本能够通过对创业资源的可得性与可达性来影响创业绩效。科技创业农户通过关系网络疏通其创业所需资源与技术的各个节点，即农户的社会网络在其获取创业资源上具有可达性。然而，资源的可达性只是农户能否取得创业所需资源的基础，而获取创业所需资源则受到资源可得性的影响，资源可得性主要是由社会关系网络中那些掌握关键资源的主体所控制。基于我国现实国情，那些处于社会顶层的个体掌握较多的资源，从而也更容易获取一些创业所需的稀缺性资源。关系网络作为社会资本的载体是创业主体获取外部资源的重要渠道，嵌入在社会关系网络中的资源流不仅能够为创业主体传导创业知识与信息，还能够为创业主体弥补知识、技术的缺陷，从而对创业绩效产生重要影响（谢雅萍等，2014）。下面就从网络结构、网络资源以及网络结构的角度来分析社会资本对创业绩效的影响（如图3.7所示）。

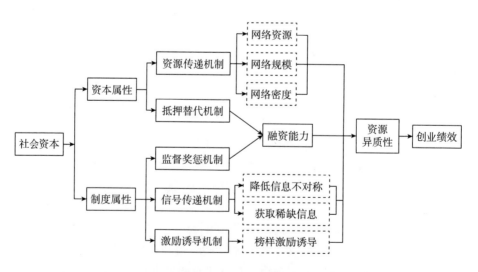

图3.7 社会资本对农户科技创业绩效的影响机理分析

网络规模是从量的角度来衡量社会资本的一个关键指标，主要是指关系网络中能够与个体有直接联系的成员数量。个体从社会资本中获取资源与信息的边界能够通过网络规模来限定，个体的网络规模越大，则其获取嵌入在社会资本中的资源与信息的范围越广泛。网络密度主要是指嵌入在关系网络中的成员之间紧密程度，成员之间的联系能够促进信息的多样化和提高网络效能，从而促使网络成员能够拥有更为丰富的信息与网络资源获取优势。网络资源则反映了那些嵌入在创业主体关系网络中的资源数量与质量，网络资源的质量越高则代表社会资本的效用越大。因此，关系网络中蕴含的资源越丰富则越有利于获取较高的创业绩效。处于社会网络顶层的创业主体往往占据了社会交往的优势及有利地位，同时也更容易获取较多的稀缺性资源，并且具有较强的风险抵御能力，创业主体可获得的网络资源与其社会地位存在显著的相关关系。在资源分配的过程中，随着创业主体社会资本的不断增长，社会资本在创业活动中所产生的作用往往比个人能力更显著（李涛，2012）。

3.3.4　社会资本、融资能力与创业绩效

　　对于科技创业农户而言，资金问题始终是贯穿于整个科技创业活动始终的重要问题。从金融机构获取资金的可能性主要受创业者财富水平和融资成本与便捷程度的影响，因此，那些贷款手续简单、成本较低、财富抵押机制不严的融资渠道往往较受科技创业农户的欢迎。非正规金融机构的融资渠道与正规金融机构融资渠道相比具有贷款手续简单、成本较低、财富抵押机制不严等特点，从而受到广大科技创业农户的青睐。科技创业农户为了提高自身创业成功的可能性，不断挖掘自身的社会网络资源，进而丰富资金来源方式，而社会网络反过来也为农户科技创业活动的产生和发展提供可靠的保障。然而，由于非正规金融机构一般提供的融资成本较高、融资规模较小，对于那些不断发展且规模逐渐扩大的企业就需要考虑从正规金融机构获取商业贷款。值得考虑的是，如何从社会资本的视角来提高科技创业农户的正规渠道的融资能力，进而提高创业绩效成为学者们需要关注的问题。

　　自 20 世纪 90 年代起，关于社会资本对企业融资行为影响的研究越来越得到学者们的重视，它作为一种非正式制度与创业活动的融资行为具有十分紧密的关系（戴亦一等，2009）。融资行为是一种受法律保护并通过现值和实现未来收益承诺交换的一种行为，它的运行是建立在借贷双方信任基础之上的。当法律制度不够完善或者产生效果不佳时，作为非正式制度的社会资本就能够发挥其对法律制度和金融制度的替代机制（Allen，2005）。社会资本对农户科技创业融资能力主要存在两个方面的影响：一是通过其资本属性的抵押替代机制来发挥资源获取

功能，进而缓解有限责任约束，提高农户的融资能力；二是通过其制度属性监督奖惩机制来发挥行为约束功能，进而规避道德风险，提高农户的融资能力。创业资源理论把产生创业绩效的差异归结为创业主体所拥有资源的异质性，而社会资本资本属性的抵押替代机制能够帮助科技创业农户获取所需资源，尤其是获取金融资源，最终提高农户的科技创业绩效。基于以上分析我们可以发现，创业企业的资源及其获取能力对于创业企业过程的影响，以及创业企业的资源异质性决定创业绩效差异。我们认为，社会资本的资本属性有助于农民获取所需资源，尤其是金融资源的获取，进而有助于提高农户的创业绩效（如图3.8所示）。

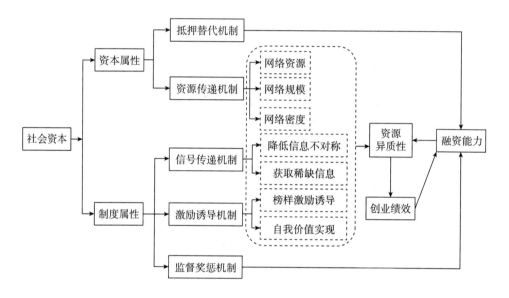

图3.8 社会资本、融资能力与创业绩效机理

3.4 社会资本与农户科技创业行为的数理模型

在构建社会资本与农户科技创业意愿、融资能力以及创业绩效的理论框架之前，我们首先需要明确的是农户的社会资本主要是通过其自身社会资本存量来影响创业意愿、融资能力以及创业绩效。本节借鉴动态创业选择模型，通过数理模型来推导社会资本以及流动性约束对农户科技创业意愿、融资能力以及创业绩效的影响，并分析其可能存在的作用机制，希望通过社会资本对农户的科技创业意愿、融资能力以及创业绩效的影响，分析其可能产生的作用机制，同时探讨融资能力在社会资本与创业绩效之间产生的中介作用。在进行数理推导之前，本节首先给出以下假设。

H1：首先假设农户的生命周期为两期，每一期农户的家庭效用取决于农户的社会资本存量 z 和消费 x。在第一期和第二期内，由于农户的外出务工经历、与外界的联系等都会发生变化，这样就使农户的社会资本也随之发生变化，但是农户无法预测未来准确的家庭类型，所以本文又把农户的家庭类型按照是否面临不确定性因素的影响分为两种，一种家庭 h_1 是消费受到不确定性因素的影响，另一种家庭 h_2 是消费不受不确定因素的影响，并且设同一家庭属于这两种家庭类型的概率分别为 π 和 $1-\pi$。

H2：假定农户从事科技创业的行为主要受其社会资本存量的影响，并把社会资本分为两种状态，即高社会资本存量 H 和低社会资本存量 L，且农户获得高社会资本存量的概率为 θ，获得低社会资本的概率则为 $1-\theta$，其中，维系高社会资本所需付出的机会成本为 c，而维系低社会资本所付出的机会成本则为 δ。

H3：假设农户科技创业意愿主要受到创业者的能力（e）、资金状况（F）以及社会资本（sc）的影响。一方面，由于科技创业行为是一种技术含量较高的创业活动，创业者的素质越高意味着其能接受新事物的学习和理解能力越强，则从事科技创业的意愿就越强；另一方面，社会资本（资本属性）通过发挥资源获取功能取得创业所需稀缺资源与技术，从而提高创业成功的可能性，最终提高农户的科技创业意愿。因此，本书将创业者能力（e）和社会资本的存量（z）作为农户科技创业意愿的代理变量，即创业能力较强的农户其科技创业意愿要高于创业能力较弱的农户；社会资本存量较高（H）的农户其科技创业意愿要高于社会资本存量较低（L）的农户。

H4：在缺乏抵押品的情况下，由于社会资本的关系网络、亲朋好友关系等要素能够发挥社会关系的抵押作用，进而解决逆向选择和道德风险问题（Madajewicz，2010），基于此，本书把社会资本存量作为科技创业农户融资能力的代理变量，即社会资本存量较高（H）的科技创业农户其融资能力要高于社会资本存量较低（L）的科技创业农户。

由 H2、H3、H4 可知，农户拥有高社会资本存量的概率越大，其科技创业意愿和融资能力就越强，边际消费倾向也就越高，由上述分析可知：

$$\frac{\partial x_{h_i}}{\partial \theta} > 0 \tag{3.2}$$

其中，$i = 1，2$。

H5：假定农户进行科技创业概率为 φ，不进行科技创业的概率为 $1-\varphi$，创业投资对于当期消费具有挤出效应，则下式成立：

$$\frac{\partial x_{h_i}}{\partial \varphi} < 0 \qquad\qquad (3.3)$$

其中，$i = 1$，2。

H6：由于农户科技创业收入与其投资行为有关，而与农户家庭类型不确定性不直接相关，因此我们假定农户科技创业收入不受家庭类型影响，用表示 Y_e；但对于非农户科技创业家庭来说其收入将受农户家庭不确定性影响，因此本文中 h_1 农户家庭和 h_2 农户家庭的收入可分别用 Y_{h_1}、Y_{h_2} 表示。本研究在这里引入了 Evans 和 Jovanovic（1989）的做法，假定科技创业农户的创业绩效方程如下：

$$Y_e = ek^{\beta} \qquad\qquad (3.4)$$

其中，e 代表创业者的能力，k 代表创业投资所付出的成本，为创业投入在每单位资本条件下的产出弹性，且 $\beta \in (0，1)$。

然后在前述六个假设的基础上对创业者的融资规模进行推导。

假设社会资本存量较高的农户愿意进行科技创业，其所具有的流动性资产规模为 s，社会资本"折现"资产为 cz，该代表性农户通过使用这些资产进行抵押获取贷款的融资规模为 b。（该代表性创业农户的创业能力为 E）则该农户的预期效用函数能够表示为：

$$\max E(U) = \pi U(z，x)_{h_1} + (1 - \pi) U(z，x)_{h_2}$$
$$s.t. \ x = Y_e - cz - rb，\ b = \lambda(cz + s)，\ Y_e = ek^{\beta}，\ k = s + b \qquad (3.5)$$

其中，r 代表贷款利率，λ 代表资产借贷系数。式（3.5）的最优化一阶条件为：

$$\left[e\beta(s+b)^{\beta-1} - r \right]\left[\pi(U_x)_{h_1} + (1-\pi)(U_x)_{h_2} \right] = 0 \qquad (3.6)$$

由式（3.6）可获得农户进行科技创业的最优融资规模，即

$$b^* = \left(\frac{r}{e\beta} \right)^{\frac{1}{\beta-1}} - s \qquad\qquad (3.7)$$

由于科技创业农户拥有高社会资本存量的概率为 $0 \leqslant \theta \leqslant 1$，那么，对于获得高社会资本概率越低的科技创业农户来说，其创业融资能力越低，这类农户面临的流动性约束越强，即 $b = \lambda(\theta cz + s) < b^*$。

为了更形象地体现融资规模与流动性资产规模的关系，本书通过数值模拟来呈现这两者之间的关系。一般地，根据经验，我们假定 $s = 1000$、2000、3000、4000、5000，令创业资本产出弹性 β 的取值范围为 $[0，1]$，步长为 0.05，通过 MATLAB 软件进行数值模拟，具体结果如图 3.9 所示。

更具体地，下面将讨论社会资本对农户科技创业意愿和创业绩效的影响。假定农户的生命周期为两期，并且每一期都有两种职业选择方式：进行科技创业和

不进行科技创业。为简化模型，假设进行科技创业和不进行科技创业的概率分别为 φ 和 $1-\varphi$。

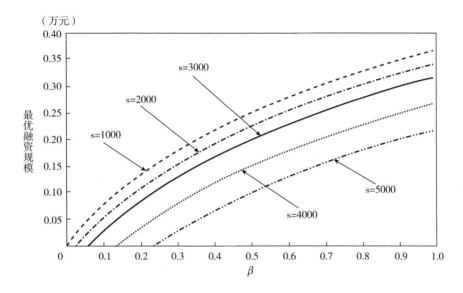

图 3.9　融资规模与流动性资产规模

（1）第一期的科技创业选择。基于上述假定，农户将根据自身的境况选择是否在第一期进行科技创业。农户家庭关于社会资本存量（z）和科技创业（φ）的预期效用函数可表示为：

$$\max_{b \leqslant b^*} E(U) = \pi\, U(z,\, x)_{h_1} + (1-\pi)\, U(z,\, x)_{h_2} \tag{3.8}$$

s. t. $x_{h_1} = \varphi\left[Y_e - (\theta cz + (1-\theta)\delta z) - rb\right] + (1-\varphi)\left[Y_{h_1} - (\theta cz + (1-\theta)\delta z) - t\right]$

$x_{h_2} = \varphi\left[Y_e - (\theta cz + (1-\theta)\delta z) - rb\right] + (1-\varphi)\left[Y_{h_2} - (\theta cz + (1-\theta)\delta z) - t\right]$

$b = \lambda\ (\theta cz + s),\ \ Y_e = ek^\beta,\ \ k = s + b$

这里，t 代表农户储蓄，且 $s < t$。显然，式（3.8）是等式约束优化问题，根据 Lagrange 乘子法可得出其一阶和二阶条件分别为：

$$E_\varphi = \pi\left[(Y_e - Y_{h_1} - rb - t)U_x\right]_{h_1} + (1-\pi)\left[(Y_e - Y_{h_2} - rb - t)U_x\right]_{h_2} = 0 \tag{3.9}$$

$$E_{\varphi\varphi} = \pi\left[(Y_e - Y_{h_1} - rb - t)^2 U_{xx}\right]_{h_1} + (1-\pi)\left[(Y_e - Y_{h_2} - rb - t)^2 U_{xx}\right]_{h_2} < 0 \tag{3.10}$$

对式（3.9）进行全微分，可以得到：

$$d_\varphi = -E_{\varphi\varphi}^{-1}\big\{\left[\pi(A\lambda\theta cU_x + \alpha_1((\varphi\lambda\theta cA - (\theta c + (1-\theta)\delta))U_{xx} + U_{xz}))_{h_1} + \right.$$

$$\left.(1-\pi)(A\lambda\theta cU_x + \alpha_2((\varphi\lambda\theta cA - (\theta c + (1-\theta)\delta))U_{xx} + U_{xz}))_{h_2}\right]dz +$$

$$\left[\left(\alpha_1 U_x\right)_{h_1} - \left(\alpha_2 U_x\right)_{h_2}\right]d_\pi + \left[\pi\left(A\lambda cz U_x + \alpha_1\left(\left(A\varphi\lambda cz - cz + \delta z\right)U_{xx}\right)\right)_{h_1} + \right.$$

$$\left. \left(1-\pi\right)\left(A\lambda cz U_x + \alpha_2\left(\left(A\varphi\lambda cz - cz + \delta z\right)U_{xx}\right)\right)_{h_2}\right]d\theta\} \tag{3.11}$$

其中，$A = e\beta\left(s + \lambda\left(\theta cz + s\right)\right)^{\beta-1} - r$，$\alpha_1 = Y_e - Y_{h_1} - rb - t$，$\alpha_2 = Y_e - Y_{h_2} - rb - t$。

从式（3.11）中可以得出农户拥有高社会资本的概率 θ 和农户科技创业意愿 φ 之间的关系为：$\dfrac{d\varphi}{d\theta} = -E^{-1}_{\varphi\varphi}\left[\pi\left(A\lambda cz U_x + \alpha_1\left(A\varphi\lambda cz - cz + \delta z\right)U_{xx}\right)_{h_1} + \left(1-\pi\right)\left(A\lambda cz U_x + \alpha_2\left(A\varphi\lambda cz - cz + \delta z\right)U_{xx}\right)_{h_2}\right]$ \tag{3.12}

由式（3.2）可知，$A\varphi\lambda cz - cz + \delta z > 0$，即 $A > \dfrac{cz - \delta z}{\varphi\lambda cz} > 0$。又由式（3.3）可得，$\alpha_i = Y_e - Y_{h_i} - rb - t < 0$，$i = 1, 2$。综合以上条件可知式（3.12）的符号为正。于是，下列命题成立：

命题1：若上述假设成立，则 $\dfrac{d\varphi}{d\theta} > 0$。

命题1的经济学含义为：对于农户而言，高社会资本存量有利于农户从中获取创业所需稀缺资源以及发挥社会资本的抵押替代功能，提高其创业成功的可能性，进而有利于提高农户的科技创业意愿。此外，社会资本存量较高的农户更容易发挥社会资本的抵押替代功能，进而提高农户的融资能力。

（2）第二期的科技创业选择。这里分为两种情况，第一种是在第一期选择进行科技创业的农户在第二期的科技创业意愿，第二种是在第一期未进行科技创业的农户在第二期的科技创业意愿。

首先，对于在第一期未进行科技创业的农户，在第二期同样面临进行科技创业和不进行科技创业两种选择，假定进行科技创业和不进行科技创业的概率表示为 φ 和 $1 - \varphi$。由于农户在第一期中没有选择科技创业，其在第二期的社会资本存量约束为 $\theta\left(1 + \eta\right)cz$。在第二期非科技创业农户的储蓄额为 $t_1 = \left(1 + r\right)t$，科技创业农户的信贷约束为 $b_1 = \lambda\left(\theta\left(1 + \eta\right)c_1 z + t\right)$。进而，农户家庭关于社会资本存量（$z$）和科技创业（$\varphi$）的预期效用最大化问题可表示为：

$$\max_{b \le b^*} E(U) = \pi U(z, x)_{h_1} + \left(1 - \pi\right)U(z, x)_{h_2} \tag{3.13}$$

s. t. $x_{h_1} = \varphi\left[Y_e + \theta c_1 z - \left(1 - \theta\right)\delta z - rb_1\right] + \left(1 - \varphi\right)\left[Y_{h_1} + \theta c_1 z - \left(1 - \theta\right)\delta z + t_1\right]$

$x_{h_2} = \varphi\left[Y_e + \theta c_1 z - \left(1 - \theta\right)\delta z - rb_1\right] + \left(1 - \varphi\right)\left[Y_{h_2} + \theta c_1 z - \left(1 - \theta\right)\delta z + t_1\right]$

$Y_e = ek^\beta$，$k = s_1 + b_1$，$c_1 = \left(1 + \eta\right)c$

与式（3.12）的推导类似，可以得出社会资本的概率 θ 和农户科技创业意愿 φ 之间的关系为：

$$\dfrac{d\varphi}{d\theta} = -E^{-1}_{\varphi\varphi}\left[\pi\left(A_1\lambda c_1 z U_x + \alpha_{11}\left(A_1\varphi\lambda c_1 z - c_1 z + \delta z\right)U_{xx}\right)_{h_1} + \left(1 - \pi\right)\left(A_1\lambda c_1 z U_x + \right.\right.$$

$\alpha_{22}\left(A_1\varphi\lambda c_1 z - c_1 z + \delta z\right)U_{xx})_{h_2}]$ 其中，$A_1 = e\beta\left(s_1 + \lambda\left(\theta c_1 z + s_1\right)\right)^{\beta-1} - r$，$\alpha_{11} = Y_e -$

$Y_{h_1} - rb_1 - t_1$，$\alpha_{22} = Y_e - Y_{h_2} - rb_1 - t_1$。

同理，也可以推导出上式的符号为正。因此，下列命题成立。

命题 2：若上述假设成立，则 $\dfrac{\mathrm{d}\varphi}{\mathrm{d}\theta} > 0$。

命题 2 的经济学含义为：对于那些过去未从事科技创业的农户来说，社会资本的积累能够对融资能力产生正向促进作用；且这类农户之前获取高社会资本存量的概率越高，则其融资能力也就越强，进而从事科技创业的概率也就会逐渐提高，即社会资本的积累对于农户未来选择科技创业活动具有正向的推动作用。

其次，对于在第一期选择进行科技创业的农户，在第二期同样面临进行科技创业和不进行科技创业两种选择，假定进行科技创业和不进行科技创业的概率表示为 φ 和 $1 - \varphi$。由于农户在第一期选择了科技创业，并且把科技创业取得的利润用于第二期科技创业的投资和储蓄。假定农户获得的科技创业利润率为 p，在第二期的初始阶段流动性资产为 $s_2 = (1 + p)s + p\theta cz$，选择再次进行科技创业时信贷约束为 $b_2 = \lambda(\theta c_1 z + s_2)$，选择非科技创业时的储蓄额为 $t_2 = (1 + r)s_2$。于是，农户家庭关于社会资本存量（z）和科技创业（φ）的预期效用函数可表示为：

$$\max_{b \leqslant b^*} E(U) = \pi U(z, x)_{h_1} + (1 - \pi) U(z, x)_{h_2} \tag{3.14}$$

s. t.　$x_{h_1} = \varphi[Y_e + \theta c_1 z - (1 - \theta)\delta z - rb_2] + (1 - \varphi)[Y_{h_1} + \theta c_1 z - (1 - \theta)\delta z + t_2]$

$x_{h_2} = \varphi[Y_e + \theta c_1 z - (1 - \theta)\delta z - rb_2] + (1 - \varphi)[Y_{h_2} + \theta c_1 z - (1 - \theta)\delta z + t_2]$

$Y_e = ek^\beta$，$k = s_2 + b_2$

同理，可以得到社会资本的概率 θ 和农户科技创业意愿 φ 之间的关系为：

$$\frac{\mathrm{d}\varphi}{\mathrm{d}\theta} = -E_{\varphi\varphi}^{-1}[\pi(A_2\lambda c_1 z U_x + \alpha_0(A_1\varphi\lambda c_1 z - c_1 z + \delta z)U_{xx})_{h_1} + (1 - \pi)(A_2\lambda c_1 z U_x +$$

$\alpha_{00}(A_2\varphi\lambda c_1 z - c_1 z + \delta z)U_{xx})_{h_2}]$

其中，$A_2 = e\beta(s_2 + \lambda(\theta c_1 z + s_2))^{\beta - 1} - r$，$\alpha_0 = Y_e - Y_{h_1} - rb_2 - t_2$，$\alpha_{00} = Y_e - Y_{h_2} - rb_2 - t_2$。进一步，也可以推导出上式的符号为正。因此，下列命题成立。

命题 3：若上述假设成立，则 $\dfrac{\mathrm{d}\varphi}{\mathrm{d}\theta} > 0$。

命题 3 的经济学含义为：对于过去从事科技创业的农户来说，社会资本的不断积累对于提高科技创业农户的融资能力具有持续的促进作用；且这类农户以前获取高社会资本存量的概率越大，则其融资能力和创业绩效越高，从而继续选择科技创业的概率也就越大。上述结果即表明，社会资本的积累对农户的科技创业行为具有动态影响。

3.5 本章小结

本章在理论分析和文献研究的基础上，归纳和总结了农户科技创业的行为特征与驱动因素，从社会资本资源属性与制度属性的视角建立农户科技创业在社会资本驱动下的理论分析框架，推导了社会资本对农户科技创业行为的作用机理及路径，内容主要包括以下三个方面：首先，对相关概念进行界定。本章首先对社会资本、农户科技创业、创业意愿、融资能力以及创业绩效等相关概念进行界定，明确本书的主要研究内容，为构建社会资本影响农户科技创业意愿、融资能力、创业绩效的理论框架提供依据。其次，本书在现有研究的基础上，结合我国的特殊国情，对社会资本与农户科技创业意愿、融资能力、创业绩效以及社会资本通过融资能力对创业绩效的中介传导作用进行分析，得出融资能力在社会资本与创业绩效之间存在的中介传导作用。最后，本书就社会资本对农户的科技创业意愿、融资能力以及创业绩效的影响进行理论模型推导。把社会资本存量作为农户流动性约束的代理变量，从动态和静态的视角来分析社会资本存量对农户科技创业意愿、融资能力以及创业绩效的影响，以及融资能力对社会资本与创业绩效的中介作用，分析其可能存在的作用机制，并提出相应的命题。

第4章 农户科技创业行为的演变
历程与特征事实

农户的科技创业行为与农村地区的经济发展紧密相连，经济发展的背景与程度不同，农户进行创业活动的形式与特征也不尽相同。为了更好地研究和分析社会资本对农户科技创业行为的影响，本章首先对我国农户的创业历程进行回顾，剖析农户科技创业行为的演变以及发展趋势。其次通过对课题组调研数据中有关普通创业农户与科技创业农户创业行为的特征对比，发现创业农户更倾向于选择高绩效的科技创业活动。再次梳理我国各个时期的农村科技政策，归纳和总结农户科技创业行为转变的科技政策动因，并对未来的科技政策进行简要评价和展望。最后以我国传统文化为起点，归纳和总结改革开放以后农村地区的社会结构转型和制度变革对农户社会资本产生的影响，以期发现农户社会资本的新特征。

4.1　农户科技创业行为的发展与变迁

4.1.1　农户科技创业的发展阶段

农户的科技创业行为是我国农村地区经济不断发展的结果，农村地区的非农化生产不但增加了农户的经济收入，农户的不断尝试与创新还对农村经济的持续发展与繁荣提供了重要保障。农村地区的经济增长与非农化生产、农户创业以及农户科技创业是同时进行的，农村地区的经济改革在一定程度上能够对农户的创业行为产生重要影响，尤其是对所有制的认识上。与此同时，我国宏观层面的经济政策也对农户的科技创业行为产生了十分重要的影响，为农户的科技创业行为提供强有力的政策支持。此外，农户的科技创业行为与乡镇企业具有千丝万缕的联系，与工业化和农业现代化是密不可分的。纵观以往研究，农户的科技创业行为是由五个发展阶段而形成的，具体如表4.1所示。

表4.1　农户科技创业的演变历程回顾

阶段	时间	特征	关键事件
1. 孕育期	1949～1977年	集体创业，并且形式和所有制结构十分单一	①土地改革；②合作化运动以及人民公社运动；③"文化大革命"
2. 萌芽期	1978～1983年	资源匮乏，形势较为隐蔽的微小型加工作坊	①改革开放；②家庭联产承包责任制
3. 探索期	1984～1991年	社队企业变更为乡镇企业，迎来发展的"黄金阶段"	①颁布《开创社队企业新局面的报告》；②农业专业户诞生
4. 转型期	1992～2004年	创业多元化趋势日益显著，民营经济萌发，高资金技术含量的创业领域	①邓小平南方谈话开启新一轮的改革开放；②由计划经济向市场经济的转变
5. 再创业期	2005年至今	乡镇企业完成体制改革、农户科技创业热情高涨	①加快社会主义新农村建设与统筹城乡发展；②金融危机；③科技特派员制度的建立

　　注：此表根据相关文献整理所得。

　　（1）1949～1977年的孕育期。在新中国成立初期召开的七届二中全会中提出了允许一切有利于国民经济发展的资本主义形式存在和发展，鼓励和支持发展个体经济。伴随着土地改革制度在全国范围内逐步展开，农户不但得到生产所需的农具、房屋和牲畜等生产资料，还无偿获取了土地，此时，农户的生产积极性提升到了一个空前绝后的高度。农业生产在满足农户自身生活所需以及上缴税收之后还略有盈余，为其从事副业活动提供了物质保障，从而激发了农户的创业热情，促进农村地区的经济发展。然而自1953年的合作化运动开始，再到1958年的人民公社运动，最后直至改革开放之前，我国对私营经济的态度经历了"扶持—否定—完全否定—部分肯定—再否定"这样一个曲折的过程。从20世纪50年代中后期开始直至改革开放近20年的时间，私人经济的发展由于被看作资本主义的一部分而受到严重阻碍，国内急剧恶化的创业环境使农村的创业行为受到极力遏制，农户的创业热情也因此受到抑制。尽管这一时期仍有部分农户从事创业活动，但这种创业行为大多是以农村社队为单位而进行的集体性创业，其所有制结构与形式十分单一。

　　（2）1978～1983年的萌芽期。改革开放以来，以家庭联产承包责任制为基础的农村经济体制改革深入人心。江浙地区的农户于 20 世纪 70 年代末开始自找门路、自筹资金创办一些小规模的加工作坊，受到当时陈旧的思想观念制约，这一时期农户的创业行为受到极大的阻碍。该时期农户的创业行为具有以下特点：创业农户大部分都是赤手空拳，且创业资源十分缺乏；规模也都偏小，创业形式大多表现为微小型的加工作坊；创业层次偏低，涉及的领域多数为层次较低、技术水平也不高的农副产品、纺织等行业；创业的形式非常隐蔽，整个创业过程主要通过冲突、适应与协调来体现。乡镇企业虽然在该时期得到发展，但是发展速度极其缓慢。

（3）1984～1991 年的探索期。农村地区经济体制改革的不断深化导致制度变革的效应在渐渐减弱，以往通过农业来带动收入增长的方式已逐渐转变，农户从事创业的活动逐渐展开并开始加速。到了 20 世纪 80 年代中期，苏南地区的农村出现了一种新型农户即农业专业户（也称农业大户），农村剩余劳动力亦工亦农的生活方式是农业现代化在本时期的一种重要途径。紧接着，国务院于 1984年下发把"社队企业"变更为"乡镇企业"的通知，明确提出要走多种经营方式并存的中国特色发展道路，同时，指出农村乡镇企业也是多种经营方式并存的有力组成形式。乡镇企业的产生与发展是该段时期我国农户创业的主要方式和重要特点，本阶段也被后世研究学者称为我国乡镇企业积极发展的"黄金阶段"。除此之外，农户的创业热情也随着生产能力和技术能力的不断提高而逐渐高涨起来，生产的产品品质也得到了极大的改善。但好景不长，国家经济体制的调整与整顿给乡镇企业带来了政治和经济上的巨大压力，比如投资环境缩小、市场需求动力不足以及非公有制经济的性质等问题，使该时期创业农户陷入徘徊增长和发展缓慢的阶段。

（4）1992～2004 年的转型期。邓小平于 1992 年赴改革试点先锋深圳市考察调研后，掀起了我国新一轮的改革开放浪潮，极大地刺激了我国农村地区的经济发展，带动了民间资金注入创业活动的激情，从而为乡镇企业的发展和腾飞提供了强大的动力。多元化的发展趋势是这一时期创业活动的主要特点，农户进行创业活动的形式不再局限于传统的乡镇企业，越来越多地尝试一些技术含量高的新兴行业，而农村劳动力的就业方向也逐渐向外拓展。1995 年底到 1996 年初，受企业产权制度改革的影响，政策与市场的双重压力严重阻碍了农户的创业热情。一方面，由于市场的需求动力不足导致经济增长缓慢，乡镇企业的增长出现回落的趋势，从而削弱了其吸收非农就业农户的能力。另一方面，大力改革乡镇企业原本的产权构成，对之前的转移非农劳动力就业产生了明显的溢出效应，农村的劳动力就业显现出明显回落的态势。相反，产权改革的发展却增加了农户自谋发展和创业的动机，个体创业的发展势头来势迅猛，出现了一批新兴的经济形式，如种养殖业大户、个体工商户、市场经纪人队伍等。同时，城镇化步伐的加快也在逐渐拓展农户的创业领域，一些资金需求量大、技术水平较高的新兴领域渐渐代替了那些技术水平不高、档次低的传统创业领域，进而丰富和发展了农户的创业机会，他们的创业目的也越来越明确。

（5）2005年至今的新时期。21世纪以来，"城乡二元经济结构"的长期存在以及"三农"问题的日益突出使传统破解"三农"问题的做法备受质疑，通过统筹城乡发展的方式得到广泛认可。沿着这一思路，传统的城乡二元结构体系逐渐松动，城镇化进程也逐渐加快，县镇地区的经济得到空前的发展，这些不断扭转的政策环境为农户的科技创业提供了有利条件。不仅如此，政府还推出了一系列政策措施来引导和扶持农户科技创业的活动，从而大大提升了农户的科技创业意识，至此，我国农户迈入了"二次"创业的新时期。在本阶段，乡镇企业的体制改革逐渐完成，农村地区的个体经济与私营经济比重也大幅下降。随着国家经济政策的不断调整，城乡"二元经济结构"的现象逐渐减弱，农村地区的技术设施也在稳步完善，东部发达地区也明显加快了产业结构转型的步伐，农村地区劳动力回流的趋势十分显著，农户更是掀起了一股继打工浪潮之后的"创业风"，成为城镇化和农村经济发展的重要推动力。

4.1.2 农户科技创业形式的发展

自中华人民共和国成立以来，农户的创业形式随着政府对私营经济和个体经济态度的转变而改变。纵观整个农户创业发展历程，党和政府对个体和私营经济的态度大概经历了以下几个过程：新中国刚成立时引导、利用和限制，"文革"时期提出割"资本主义的尾巴"，20世纪80年代提出"走着瞧"的不鼓励不支持的中立态度，党的十六大提出了引导支持鼓励非公有制经济的发展，2017年的中央一号文件提出的推进农业供给侧结构性改革，加强科技创新引领，加大改革力度。至此，党和政府采取的一系列政策和措施引发了学者的思考和世界瞩目，与此同时也带动和促进了农户创业形式的不断创新与发展。农户的创业形式大概分为1978年以前、1978～2004年以及新时期（2005年以后）三个阶段。

（1）1978年以前的创业形式。

1）小商贩和个体手工业者。20世纪50年代初期出现了许多形式的农业社副业。据不完全统计，我国农村中小商贩和个体手工业者在中华人民共和国成立之前数量已达到2200万人，其中绝大多数的个体工商者都兼业，而且他们从事的手工业提供了农村地区70%的生活资料（乔梁，2000）。以农户个体手工业为主的创业模式，在中华人民共和国成立初期主要呈现以下几个明显的指征：生产资料严重短缺、资本有机程度较低，对供销关系的依赖性严重，经营方式较为灵活且分布的行业范围较广。

2）社队企业。从 1953 年的合作化运动开始直至 1958 年的人民公社化运动结束，农业社副业才正式脱离农业成为农村经济中的一种综合性产业，也就是后来所说的社队企业。改革开放之前，由于对经济体制的认识存在偏差，尽管农户的创业活动在这一时期仍然存在，但其创业模式大多数是基于社队为基础的集体创业，所有制结构与创业形式十分单一。

（2）1978～2004 年的创业形式。中共十一届三中全会的顺利召开为我国农村地区的社会体制改革提供了稳固的基础，以私营经济、个体经济与乡镇企业为主要代表的经济形式，为农户的创业行为打下了坚实的根基。纵观整个历程，农户的创业形式大概经历了由简到繁、由内向外、由农村到城镇的变化过程，农户的创业形式在本阶段主要表现为以下四种：

1）农村家庭自营经济。农村家庭联产承包责任制的不断发展与完善为农业生产率的大幅度提高提供了重要保障，不但把农村劳动力从农业中脱离出来，并且刺激了那些以家庭副业为特征的农户的创业行为（王甲有，1980）。农村剩余劳动力在 20 世纪 50 年代初已占全国劳动力总人口的 25%（达凤全，1980），转移农村剩余劳动力的问题就显得迫在眉睫，大力发展非农产业不但为转移农村剩余劳动力提供了重要途径，而且为经营农村家庭副业奠定了基础。农村中的剩余劳动力利用耕作间隙的农闲时间进行一系列的经济活动，获取额外收入以贴补家用，这样就为我国农村家庭副业的形成与发展提供了现实的依据（郝洪国，1982）。

2）重点户、专业户。自 1978 年改革开放以来，农业生产责任制在全国的范围内进行大规模的开展，农户以"单元"格局为主的经营方式逐渐被打破，由传统的以农业经营为主逐渐向非农领域拓展，其中，1982 年在农村地区出现的重点户与专业户最为引人注目。专业户主要是指具有一技之长的农村劳动力或是农户中具有某种专业技术，并对生产经营活动要求较高的主要劳动力。他们能够形成一定的规模效应，通过专业户的形式来获取收入，并成为农户经济收入的重要来源。专业户首先是从农村中种养殖业发展起来的，并在家庭联产承包责任制的普及中逐步渗透到各个领域。不少农户在这一进程中逐渐脱离农业转移到非农生产过程中，并且经营方式也在不断地拓展和深化。至此，农村地区多行业、多层次的专业户格局逐渐形成，专业户形式的创业活动在国家政策的扶持下得到迅速发展。据袁崇法（1984）的调查数据显示，我国 29 个省份的专业户人数占全国农户总数的 13.6%，达到 2483 万户。

3）联合的专业户以及专业村的出现。专业户与重点户的飞速发展极大地刺激了农村地区专业分工的出现。市场化程度的不断提高逐渐拓展了专业户的生产规模，社会化服务的需求在生产过程中各个环节频繁出现，至此，一般联合在专业户中产生。具体来看，把资金、技术、劳动力的联合看作初级阶段的联合，也即联合的第一阶段。而农工商界的联合看作高级阶段的联合，也即联合的第二阶段，这一阶段的联合主要强调专业户从事的生产活动所需生产资料以及加工、销售各个环节的相互融合，从而构建农工商界联合体的统一战线，以此来提高劳动生产率、降低交易成本，使社会服务不断地内在化。以地域为桥梁的专业户联合促进了专业村的产生，专业村的出现是社会化与专业化不断融合的结果，它主要指的是自然村或行政村以当地的技术条件与经济条件为基础，以生产加工商品为目的，并且绝大部分农户都能参与进来的以多种或单一经营方式为主的小商品生产地。

4）乡镇企业的产生与发展。无论是中华人民共和国成立初期农村地区的社队企业，还是改革开放之后的家庭副业、专业户以及专业村等特殊形式的生产方式，都是我国特殊时期的农户创业形式。然而，农户受教育程度的不断提高，对经济发展规律的认识也在逐渐深化，乡镇企业也慢慢呈现出"自主经营、自负盈亏"的现代企业形式的经营特征。正如马晓河（1998）所说，若把家庭副业与专业户看作农户从事创业活动的前奏，则高速发展的乡镇企业就可作为农户创业行为的彩排。在特殊时期形成的乡镇企业是农户进行集体创业行为的不断深化与升级，其实质已和现代化的创业性质没有本质上的区别。

（3）2005年至今（新时期）的创业形式。

1）个体经济。若把专业户视为现代意义上的创业活动，由于该时期的法律法规以及法制环境还不够健全，尽管专业户也是进行商品的生产活动，但也仅仅从国家政策上得到了一定的支持，并未取得法律上的支持和肯定。这一时期农村地区的个体经济要想正常开展经营活动，必须经过法律注册并获取政府核准颁发的个体营业执照。该规定同改革开放进程中由于开放政策而涌现的专业户具有本质上的差别，尽管有一些种养殖业大户仍然沿袭专业户的生产方式，但这一现象已十分少有，并逐步退出了历史舞台。他们也非单纯地进行农业生产，生产活动涉及的领域十分广泛，包括各种商业活动，就连种养殖业大户也不再是以前传统的专业户。

2）私营经济。个体经济和专业户由农户家庭联产承包责任制发展而来，它们突飞猛进地发展为私营经济的起飞夯实了基础。市场经济的高速发展促进了农村经济结构的不断完善以及农村地区现代化的发展，进而提出了发展私营经济的需求。同时，农村中大量剩余劳动力的出现也在客观上加快了私营经济的发展。私营经济在国家经济政策与政治条件的联合支持下实现高速起飞，并且造就了许多农村的民营企业家。

3）农村科技创业。新时期，我国农业建设的主要目标是提升农业技术推广能力以及发展农业社会化服务。自从开展科技特派员农村科技服务活动以来，农村科技创业展现出强劲的发展势头，成为我国新型农村科技服务体系建设的重要推动力量。科技特派员制度是农村科技创业的核心和基础，科技特派员通过公益性服务、市场化建设与科技创业农户建立了长期合作与利益共享机制，把以科技为核心的城乡生产要素流向产业链，促进新农村建设和城乡经济的发展。

4.1.3 农户科技创业行为的趋势变迁

自中华人民共和国成立以来，我国农户的创业形式主要经历了"个体手工业—社队企业—重点户、专业户—乡镇企业—私营经济—股份制企业"这一过程，根据这一历程能够发现，农户的创业规模不断扩大，涉及的领域也在逐渐拓展，从传统的农业创业发展到如今的非农领域，并且非农创业的技术含量也在不断提高。直至改革开放之后，由于经济体制改革的不断推进，从而使农户的创业形式也在深化与完善。自 1982 年刚刚发展起来的重点户与专业户受到当时思想的影响，没有清楚地认识到当时的经济发展规律，从而对商品经济产生极大的偏见，并且对重点户与专业户做出"不正当的生财之道""不伦不类"的错误评价（吴象，2001）。但是纵观整个发展历程，专业户的出现与发展得到了政府以及学者们的支持与肯定。杜润生（2005）认为，专业户是 20 世纪 80 年代中期新型农民的重要代表形式，努力学习、发现和利用新型生产经营方式是当时专业户的一大特点，它不但能够在改进生产技术方面起到模范带头作用，而且愿意追求多元化的经营方式，进而发展商品经济。邵文国（1984）的研究也把专业户看作是农村新型生产力初级阶段的代表。由此可见，尽管重点户、专业户的生产方式备受瞩目与争议，但这种独立形式的经济活动打开了我国农户创业行为的新局面，在此阶段成立与发展起来的乡镇企业，不但转变了农户的创业形式，同时也是后续农户进行科技创业活动的大彩排。

近年来，随着改革开放步伐的加快，农村经济体制与结构从本质上发生了转变。个体工商户虽然由专业户发展而来，但是二者之间的差别却十分显著。个体工商户更加偏重于非农经营，又继承了专业户的精髓，升级了农户的创业活动。接下来的私营企业又进一步丰富和深化了农民专业户和个体工商户的创业形式，农户的创业行为也由"劳动密集型"转向"资金密集型""技术密集型"，农户的创业活动对资金和技术要素的要求越来越高。之所以产生这种现象主要是因为：

第一，农村地区的生产方式已经发生了翻天覆地的变化，农村地区传统的

"牛耕马犁""面朝黄土背朝天"的生产模式已经逐渐消亡,以往以人力、畜力的生产方式渐渐过渡到以机械化方式为主的生产方式。除此之外,农村地区在经历了长时期、高强度的不断开发之后,生态环境的恶化以及资源条件的枯竭已然成为限制其持续发展的严重障碍。至此,加快转变农业发展的方式显得迫在眉睫,有计划地引导农业生产由粗放型向集约型转变。

第二,农户自身的管理能力与技能水平的持续提高,是农户从事科技创业的本质基础。通过全面推行和普及九年义务教育,农村地区农户的受教育程度得到了显著的提升,进而提高农户整体的文化水平。与此同时,城市经济的持续高速发展使城市对劳动力的需求量不断攀升,吸引了大批进城务工的农民,从而为农户增收提供了新方式,农民在进城务工的过程中还学习和掌握了先进的技术和管理经验。随着全球化进程的加快,我国整体的科技发展水平与信息来源也出现了多元化的趋势,从而为农户提供更新的信息与技术。基于此,农户自身的管理能力与技能水平展现出了持续性的显著提高。

第三,劳动力成本的不断攀升,是推动农户转向从事科技创业的重要因素。近年来,国家越来越重视教育事业的发展,农户的受教育程度显著提升,参加技能培训的机会也逐渐增多,这就使农户对自身工作待遇的期望明显提高,这些现象都是导致农村劳动力成本提升的重要影响因素。由于劳动力成本的不断攀升致使从事创业活动的农户不得不提高技术水平与经营管理水平,进而提高劳动生产率。与此同时,还要更新产品设备,替换更为先进的自动或半自动化生产机器,从而降低和削弱对劳动力的依赖程度,而这一系列的活动都需要资金的大量投入。以2008年至2015年我国农民工收入变化趋势为例(如图4.1所示),到2015年,我国农民工平均工资每月达到3072元,同比增长7.3%,年均增长率达到11.13%,可见我国农村劳动力成本虽然近些年环比增长率有所降低,但整体还是保持着稳步增长的态势。

第四,不断改变的市场需求,是农户进行科技创业的根本原因。通过产品的质量与价格取得市场占有率是市场经济一大显著特点。在市场经济公平交易准则的大环境下,创业者并不会因为其农户的身份就能得到消费者的额外照顾,倘若生产出来的产品高价低质且不能满足当今消费者的需求,则极可能导致产品无人问津,从而直接导致创业的失败。国务院农村经济研究部部长叶兴庆曾指出,"当今要在农村取得创业的成功,与20世纪80年代的乡镇企业创业模式是完全不同的,如今想要成功创业仍然很难,市场需求是创业者需要考虑的首要因素"。

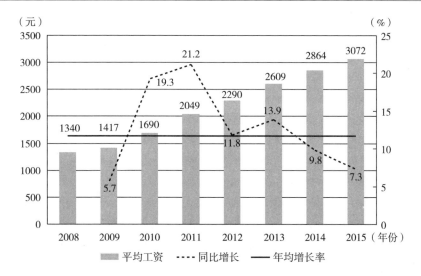

图 4.1 2008～2015 年我国农民工平均工资及其增长率①

4.2 农户科技创业行为的特征表现

4.2.1 普通创业农户与科技创业农户的基本情况

"农村科技创业金融政策研究"课题组于 2013 年针对创业农户展开调查，通过问卷调查的第 15 题"与其他同行或过去的经历相比，您在当前的创业过程中是否具有以下行为?"来判断农户是否属于科技创业②。以农户的户口所在地为依据，把受访农户为农业户口归为农村样本，共得到有效问卷 1524 份，其中普通创业农户 883 份，科技创业农户 641 份，具体如表 4.2 所示。接下来，本节将通过具体的问题项来简要对比普通创业农户和科技创业农户的基本信息，主要包括样本所在地区、性别、年龄、工作经历以及受教育程度等。

---

① 资料来源：2008～2016 年国家统计局公布的《全国农民工检测调查报告》（http：//society. people. com. cn/n1/2016/0428/c1008 - 28311721. html）。

② 依据本书对农户科技创业的定义，农户创业活动与科技创业定义相符超过两项，且不存在选择"否"的样本才可作为科技创业农户。具体操作方法为，将选项分别赋值为"是 =5，否 =1，不清楚 =3"，依据要求，8 项赋值相加后等于或超过 28 分的农户样本判定为科技创业农户，低于 28 分的样本农户为普通创业农户。

表 4.2　普通创业农户与科技创业农户样本量

创业类型	数量（个）	占比（％）
普通创业	883	57.94
科技创业	641	42.06
总计	1524	100

（1）普通创业农户与科技创业农户的地区分布特征。

通过对课题组所进行调研省份的样本农户进行归类整理可以发现，其中，东部地区的浙江省参与科技创业的农户数量最多，其次是江苏省。从东部、中部、西部农户的创业类型可以看出，东部地区科技创业农户人数占东部地区创业农户总人数的 84.29％，占总样本的 27.61％；而中部地区科技创业农户人数占中部地区创业农户总人数的 66.15％，占总样本的 33.23％；西部地区科技创业农户人数仅占西部地区创业农户总人数的 25.30％，占总样本的 39.16％，具体内容如表 4.3 所示。

表 4.3　普通创业农户与科技创业农户的地区分布特征　　　　单位：户

西部	创业农户	科技创业农户	中部	创业农户	科技创业农户	东部	创业农户	科技创业农户
贵州	106	30	安徽	72	54	江苏	51	48
内蒙古	37	17	河南	69	48	浙江	78	60
陕西	35	10	湖北	65	41	辽宁	32	27
四川	427	105	江西	73	49	河北	49	42
云南	98	21	山西	43	21			
重庆	289	68						
西部合计	992	251	中部合计	322	213	东部合计	210	177

（2）创业农户与科技创业农户的性别分布。在普通创业农户中，男性创业者有 508 人，占总人数的 57.63％，女性创业者为 375 人，占总人数的 42.47％，男性创业者人数略多于女性创业者。在科技创业农户中，男性创业者有 408 人，占总人数的 63.65％，女性创业者为 233 人，占总人数的 36.35％，男性创业者人数显著高于女性创业者。

（3）普通创业农户与科技创业农户的年龄分布。在农户科技创业调查问卷表的第一板块中调查了创业者的出生年月，由于该调查是于 2013 年开展的，故用 2013 减去被访者的出生年份从而得出被访者的出生年龄。具体来看，普通创业农户年龄大多集中在 36~45 岁和 46~55 岁这两个年龄段，而且这一比例占到样本量的 57.08%，而科技创业农户的年龄则集中于 26~35 岁年龄段，这一比例占总样本量的 32.14%，不难发现，从事科技创业的农户普遍比普通创业农户要年轻，详情如表 4.4 所示。

表 4.4　普通创业农户与科技创业农户的年龄分布

年龄分布	所有样本		普通创业农户		科技创业农户	
	人数（人）	占比（%）	人数（人）	占比（%）	人数（人）	占比（%）
18~25 岁	191	12.53	139	15.74	52	8.11
26~35 岁	376	24.67	170	19.25	206	32.14
36~45 岁	498	32.68	327	37.03	171	26.68
46~55 岁	332	21.78	177	20.05	155	24.18
56 岁以上	127	8.33	70	7.93	57	8.89

（4）普通创业农户与科技创业农户的受教育程度概况。根据农户科技创业调查问卷第一板块的第 4 题"您的最高学历为？"来判断农户的受教育情况。具体来看，在普通创业农户这一群体中，农户的受教育程度大多集中在初中及以下这一水平，处于这一受教育程度的农户数达到 712 个，占样本总人数的 81.5%；而科技创业农户这一群体中，农户的受教育程度大多集中在中专到大专这一水平，处于这一受教育程度的农户数达到 472 个，占样本总人数的 73.6%。对比这两类创业农户不难发现，从事科技创业活动的农户其受教育程度普遍高于普通创业农户，具体情况如表 4.5 所示。

表 4.5　普通创业农户与科技创业农户的受教育程度情况　　　单位：人

最高学历	小学及以下	初中	中专	高中	大专	本科	研究生及以上
普通创业农户	247	473	55	78	24	6	0
科技创业农户	44	59	171	152	149	44	22
总人数	291	532	226	230	173	50	22

（5）普通创业农户与科技创业农户的外出务工经历。根据农户科技创业调查问卷第二板块的第 9 题来对比创业农户与科技创业农户的外出务工经历。问题项为"您以前是否从事过非农工作（打工）"。在 1524 个样本农户中，其中普通创业农户有外出务工经历的人数有 469 人，占总人数的 53.11%；科技创业农户中有外出务工经历的人数有 450 人，占总人数的 70.20%。对比两类创业群体可以发现，科技创业农户中拥有外出经历的农户占比较大，不难理解，外出务工经

历对农户是否进行科技创业存在一定程度的影响，具体情况如表4.6所示。

表4.6　普通创业农户与科技创业农户的外出务工经历

创业类型	拥有外出务工经历的人数	占比（%）
普通创业	469	53.11
科技创业	450	70.20

4.2.2　普通创业农户与科技创业农户融资能力分析

（1）普通创业农户与科技创业农户的融资渠道。根据农户科技创业调查问卷表的第三板块第37题"您家创业的资金主要来源于？1.银行贷款＿＿＿＿万元；2.自有资金投入＿＿＿＿万元；3.亲戚朋友借款＿＿＿＿万元；4.其他合伙人入股资金＿＿＿＿万元"来分析农户各个渠道的融资情况，本书把农户资金来源分为三类：第一类是自有资金投入，从自有资金投入来看，普通创业农户自有资金投入的比例达到59.34%，说明一半以上的普通创业农户的创业资金来源于自身积累，而科技创业农户这一比例仅为58.81%，略低于普通创业农户；第二类是正规融资渠道，即从银行获取贷款的方式归结为正规融资渠道，在普通创业农户样本中，仅有32.28%的创业农户从正规渠道获取创业所需资金，而科技创业农户从正规渠道获取创业所需资金的比例为34.63%，略高于普通创业农户；第三类为非正规融资渠道，即从亲戚朋友借款、其他合伙人入股获取资金的方式归结为非正规融资渠道，整体来看，普通创业农户从非正规渠道获取创业资金的比例为43.61%，而科技创业农户这一比值则高达90.95%。具体情况如表4.7所示。

表4.7　普通创业农户与科技创业农户的融资渠道基本情况

融资渠道		所有样本		普通创业		科技创业	
		数量（人）	占比（%）	数量（人）	占比（%）	数量（人）	占比（%）
自有资金		901	59.12	524	59.34	377	58.81
正规渠道	银行贷款	507	33.27	285	32.28	222	34.63
非正规渠道	亲戚朋友借款	574	37.66	288	32.62	286	44.62
	其他合伙人入股	394	25.85	97	10.99	297	46.33

（2）普通创业农户与科技创业农户的融资规模。根据农户科技创业调查问卷，本书把非自有资金以外的资金来源，包括银行贷款、亲戚朋友借款、其他合伙人入股等概括为外界资金支持，并且根据研究需要，本章仅选取那些受到信贷

约束的创业农户来分析其融资规模。在普通创业农户中，获得外界资金支持的农户有 596 人，占总样本量的 67.50%，而从事科技创业的农户中，获取外界资金支持的农户有 582 人，占总样本量的 90.80%。可见，从事科技创业活动的农户获取外界资金支持率显著高于普通创业农户。其中，普通创业农户获得外界资金支持数量最多的有 260 万元，最少仅有 500 元，而科技创业农户获得外界资金支持数量最多的有 1150 万元，而最少仅为 500 元。具体如表 4.8 所示。整体来看，74.70% 的创业农户的融资规模都小于 6 万元，可见，不管是普通创业农户还是科技创业农户，其融资规模都普遍偏小。对于从事普通创业活动的农户来说其融资规模相对较低，融资最高金额为 260 万元，超过 10 万元融资金额的仅有 55 人，占普通创业农户数的 9.22%，且 82.38% 的普通创业农户其融资规模小于 6 万元。对于从事科技创业的农户来说，其融资规模相对较高，66.84% 的科技创业农户融资规模小于 6 万元。最高融资额度为 1150 万元，融资金额超过 10 万元的科技创业农户有 111 人，占比类人群的 19.07%。普通创业农户平均融资规模为 53519 元，科技创业农户平均融资规模则为 124131 元，通过对比不难发现，科技创业农户的融资规模比普通创业农户的融资规模较高，前者的融资规模超过 10 万元的比例是后者的两倍，且前者的最高融资规模是后者的 4.4 倍。

表 4.8　普通创业农户与科技创业农户的融资规模

融资规模（万元）	所有样本		普通创业农户		科技创业农户	
	数量（人）	占比（%）	数量（人）	占比（%）	数量（人）	占比（%）
<1	221	18.76	121	20.30	100	17.18
1≤规模<2	221	18.76	144	24.16	77	13.23
2≤规模<3	130	11.04	57	9.56	73	12.54
3≤规模<4	129	10.95	66	11.07	63	10.82
4≤规模<6	179	15.20	103	17.28	76	13.06
6≤规模<8	79	6.71	31	5.20	48	8.25
8≤规模<10	53	4.50	19	3.19	34	5.84
10≤规模<20	87	7.39	21	3.52	66	11.34
≥20	79	6.71	34	5.70	45	7.73
合计	1178	100	596	100	582	100
最小值	0.05 万		0.05 万		0.05 万	
最大值	1150 万	—	260 万	—	1150 万	
均值	8.84 万		5.35 万		12.41 万	

注：以科技创业农户为例，均值 = 从正规渠道获得融资总额/从正规渠道获得融资的科技创业农户的人数。

（3）普通创业农户与科技创业农户不同渠道的融资规模。由于本书重点强调社会资本对于正规渠道融资能力、非正规渠道融资能力以及总融资能力的影响，而总融资能力是正规渠道融资金额和非正规渠道融资金额的加总，故本节将融资渠道分成两类：第一类是存在正规渠道融资的创业农户，其中普通创业农户有285人，科技创业农户有222人；第二类是存在非正规渠道融资的创业农户，其中普通创业农户有356人，科技创业农户有543人。具体如表4.9所示，在所有样本中，正规渠道所得融资金额的均值为5.98万元，小于非正规渠道融资金额的均值8.21万元。对比来看，科技创业农户从正规渠道获取融资规模的均值为8.02万元，近似于普通创业农户均值的2倍（4.4万元）；而科技创业农户从非正规渠道获取融资规模的均值为10.02万元，远高于普通创业农户的均值6.79万元。

表4.9　普通创业农户与科技创业农户不同渠道融资规模

融资规模（万元）	所有样本				普通创业农户				科技创业农户			
	正规渠道		非正规渠道		正规渠道		非正规渠道		正规渠道		非正规渠道	
	数量（人）	占比（%）	数量（人）	占比（%）	数量（人）	占比（%）	数量（人）	占比（%）	数量（人）	占比（%）	数量（人）	占比（%）
<1	83	16.37	167	18.58	49	17.19	76	21.35	34	15.32	91	16.76
≥1且<2	137	27.02	149	16.57	79	27.72	65	18.26	58	26.13	84	15.47
≥2且<3	80	15.78	129	14.35	52	18.25	53	14.89	28	12.61	76	14.00
≥3且<4	55	10.85	80	8.90	35	12.28	31	8.71	20	9.01	49	9.02
≥4且<5	13	2.56	49	5.45	6	2.11	17	4.78	7	3.15	32	5.89
≥5且<10	70	13.81	197	21.91	36	12.63	70	19.66	34	15.32	127	23.39
≥10且<20	48	9.47	87	9.68	21	7.37	32	8.99	27	12.16	55	10.13
≥20	21	4.14	41	4.56	7	2.46	12	3.37	14	6.31	29	5.34
合计	507		899		285		356		222		543	
均值	5.98		8.21		4.40		6.79		8.02		10.02	

4.2.3　普通创业农户与科技创业农户创业绩效分析

由于农村、农民以及农业的特殊性，农户的创业绩效与普通企业的创业绩效相比，存在其固有的特点和差异，因此，针对农户个人创业的特点，本章主要采用农户的创业收入来衡量普通创业农户与科技创业农户的创业绩效，具体如表4.10所示。对比来看，普通创业农户的平均收入为5.03万元，最高收入为65万元，最低收入为 0. 35 万元，73. 66% 的普通创业农户收入低于 6 万元，仅有 13. 42% 的普通创业农户收入高于 10 万元。而科技创业农户的平均收入为 8. 02 万元，最高收入为 160 万元，最低收入为 0. 4 万元，仅有 58. 76% 的科技创业农户收入低于 6 万元，大约有 21. 82% 的科技创业农户收入高于 10 万元。可见，从创业收入的角度来看，科技创业农户的创业绩效显著高于普通创业农户。

表 4. 10 基于创业收入统计的两类农户创业绩效

收入（万元）	所有样本		普通创业农户		科技创业农户	
	数量（人）	占比（%）	数量（人）	占比（%）	数量（人）	占比（%）
收入 < 0. 5	43	3. 65	28	4. 70	15	2. 58
0. 5 ≤ 收入 < 1	88	7. 47	51	8. 56	37	6. 36
1 ≤ 收入 < 2	178	15. 11	92	15. 44	86	14. 78
2 ≤ 收入 < 3	97	8. 23	52	8. 72	45	7. 73
3 ≤ 收入 < 4	166	14. 09	110	18. 46	56	9. 62
4 ≤ 收入 < 6	209	17. 74	106	17. 79	103	17. 7
6 ≤ 收入 < 8	96	8. 15	33	5. 54	63	10. 82
8 ≤ 收入 < 10	94	7. 98	44	7. 38	50	8. 59
10 ≤ 收入 < 20	150	12. 73	73	12. 25	77	13. 23
收入 ≥ 20	57	4. 84	7	1. 17	50	8. 59
最小值	0. 35 万		0. 35 万		0. 4 万	
最大值	160 万	—	65 万	—	160 万	—
平均值	6. 51 万		5. 03 万		8. 02 万	

4. 2. 4 农户普通创业行为与科技创业行为特征对比

由于我国农户的创业活动起步较晚，再加上区域间社会、经济与文化的发展存在较大的差异，且不同创业类型的农户自身的身份地位与阅历也不尽相同，因此普通创业农户与科技创业农户就表现出明显的差异，具体表现在以家庭为主导、行业集聚性、技术示范性、风险敏感性这四个方面。

共同点：①以家庭为主导。农户的创业行为一般以个人或家庭为主导，而且家庭经营是农户创业主要形式。由于创业农户普遍存在资源短缺、接受教育和培训的机会不多、经营管理能力不高、信息闭塞等缺陷，农户在创业过程中以家庭为单位，通过利用家庭、亲戚以及社区资源等进行自我组织创业。由于政策、资金、人才、技术、市场等条件的限制，普通创业农户与科技创业农户普遍存在规模偏小、交易费用高、服务机体的功能不健全等问题。②行业集聚性。农户的创业活动表现出较强的行业集聚特征，尤其是那些技术含量不高的创业行业，创业农户往往在亲戚或同村好友的带动下开展创业活动，具有明显的榜样带头作用。以亲缘关系为基础的链条模式能够在复杂多变的市场中带动创业农户形成相似的成功模式，促进创业农户的信息交流与资源共享，形成互帮互助的创业模式。随着大众创业、万众创新局面的不断推进，一批有经验、懂技能、有资金的农民工掀起了返乡创业的浪潮，并成为普通创业和科技创业活动的重要组成部分。他们拥有相似的外出务工经历，并积累了一定的技术能力和管理经验，创业成功的概率较高，这种成功案例的示范效应也容易形成行业集聚现象，在返乡农民工创业群体中十分普遍。

不同点：①风险偏好性。创业活动本身容易受到众多因素的影响，如市场、政策等，具有极大的不确定性，而科技创业行为就属于一种高风险性的投资行为。这种特点决定了科技创业农户的行为特征具有一定的风险偏好性。创业活动是一个长期的过程，从创业最初阶段的信息搜集、项目筛选以及机会识别等，再到后续购买生产要素、生产投入，最后到产品和市场的销售，创业主体在每个阶段都要承受极大的风险压力，保守型的农户不具备这种冒险精神和创业意识。由此可以发现，一般从事科技创业活动的农户大多属于风险偏好型农户。②技术敏感性。由于科技创业农户具有风险偏好性，技术的革新需要一定的"示范"效应。当一部分创业者因使用某项新技术获取丰富的经济效益时，一些具有冒险精神的创业者就会逐渐使用该项新技术，期望获取相同的经济效益，就是前文所讲的"示范"效应，也可以成为"模范效应"。如果说科技创业农户具有风险偏好性特征，则示范效应能够在一定程度上缓解内生风险机制的作用。

4.3　农户科技创业行为转变的科技政策动因

科学技术在农户创业过程中的每一次突破性发展都带动了农村地区的农业生产、非农生产甚至国民经济的新飞跃。自党的十一届三中全会制定了改革开放基本国策以来，我国农业科学技术的快速发展为农村地区经济的腾飞发挥了重要的推动作用，进而为农户的科技创业行为奠定了坚实的基础，而我国农村科技的发展以及农户科技创业活动的不断涌现在很大程度上依赖于农村科技政策的支持和推动。

4.3.1　改革开放以来我国农村科技政策回顾

农村科技政策不断地更新和发展是与我国农业生产的持续进步和农村政策的

适时调整相辅相成的。十一届三中全会制定改革开放的基本国策以来，我国农村地区的各种科技政策从整体上看在稳步地恢复与完善，并且逐渐构建适应和满足农村社会经济发展需求的科技政策服务体系。基于改革开放以来农村地区不同时期的科技政策所呈现的差异性特征，可以把我国农村地区的科技政策大体上划分为五个阶段：

（1）1978～1984年的恢复与起步阶段。家庭联产承包责任制于20世纪70年代末开始兴起，其兴起与发展是对制度层面的重大变革，同时一些潜在的农村生产力在某种程度上得到释放。随着政府的工作重心重新回归到经济工作之后，农村地区的科技政策也在重新调整与布局，以满足农村经济发展的目标为己任，努力构建能够满足新时代需求的政策服务体系。通过利用科学技术来发展农业、提高粮食生产以及保障国家的用粮安全是这一时期我国农业科技政策的主要目标。

1978年3月举办了全国科技大会，会议上重点强调了"科学技术是第一生产力"的论断，同年召开党的十一届三中全会明确指出"要集中力量进行农业技术改造，发展农业生产力。积极引进和推广良种，因地制宜地开展农、林、牧、副、渔业的机械化耕作，把提升牧业的机械化比重作为农村科技工作任务的重点"。紧接着的1979年，十一届四中全会进一步提出"要组织一部分具有技术力量的知识分子去研究农业现代化进程中的科学技术问题，逐步构建布局合理、门类齐全的农业科技研究体系"。1983年通过了《农业技术推广试行条例》，至此，农业技术推广部门逐渐恢复，相关体制和机制也逐步健全与完善，国家、省、市、县的四级农村科技服务体系于1983年底逐步建立。到了1984年初，国家通过了《农业技术承包责任制条例（试行）》，使以往单纯以凭借行政手段来推广农业技术的方法得到改变，努力克服技术推广过程中吃"大锅饭"的现象。

（2）1985～1990年的深入调整阶段。城市和经济运营体制的改革自1985年开始逐渐推行，农村经济的发展势头由超常规性质的增长转向常规发展，并出现缓慢增长的趋势。而农业生产在上一阶段的高速发展已经使技术水平、政策的支持以及农村地区的科技条件不能满足因改革而带来的农业高速发展的需求。这一时期，农村科技政策的核心依旧是保证和稳定国家用粮安全，创新和发展生产环境，为农户提高农户经济收入创造有利条件。

中共中央于1985年初颁布了《关于科技体制改革的决定》，决定中指出"对科技体制改革要从我国的国情出发，坚决地、有步骤地进行，使其有利于我国农村经济结构体制调整，使农村经济逐步走向商品化、专业化、现代化"。该决定的启动标志着我国农村科技体制迈向全面改革阶段。国务院于1988年颁发了《深化科技体制改革的若干问题决定》，决定中提出"处于基层的技术推广服务部门应该不断地去了解农户产前、产中以及产后的需要，使其发展成为独立的经济实体，并且通过有偿的技术服务企业承包和经营一系列与技术服务有关的生产资料等业务，从而改善对政府财政拨款的过度依赖""鼓励和支持科研机构通过多种途径参与到经济领域中来，发展科研生产的新型经济实体""鼓励和支持科研人员与机构通过促进科学技术进步和创造社会财富的方式为社会经济发展贡献重要力量"。1989 年国务院又颁布了《关于大力加强农业科技成果推广的决定》，决定指出"要不断加强农业科技成果的推广与转化应用，依靠科技进步来振兴我国农业发展"。至此，农村地区关于科技领域的研发到推广各个环节的改革得以全面开展起来，并为以后农户的科技创业行为提供了强有力的技术支持。中共中央于 1985 年和 1986 年分别出台了两个涉农一号文件，强调把"有计划的发展商品经济"作为我国农村地区进行科技改革的背景。在实际操作方面，1986 年启动了"发展高科技、实现产业化"的"863 计划"，该计划重点关注现代农业技术，标志着农村地区高技术领域的研究逐渐受到国家的重视。与此同时，国家还出台了"星火计划"，鼓励和支持一部分科技骨干把科学技术推广到农村中去，促进农村科技尤其是乡镇企业的发展壮大。除此之外，还推出了一系列补充计划，例如关注改善民生的"科技扶贫"计划（1986 年）、关于农业技术推广应用的"丰收计划"（1987 年）等。1988 年还实施了旨在推进农村教育改革事业发展的"燎原计划"，该计划的启动为"星火计划""丰收计划"提供了大量农业技术人才。和前一时期相比，燎原计划的丰富性与完善性有了实质性的突破。

（3）1991～1997 年的改革创新阶段。党的十四大明确提出，构建社会主义市场经济体制是发展我国经济的首要任务。以往对农业生产数量上的追求逐步转向数量和质量齐头并进的态势，农村社会的发展也由解决温饱上升为迈向小康社会的目标。这一时期，改革创新为农村科技政策的主旋律，"科技兴农"策略是本阶段我国发展农村科技的基本国策，以期通过构建现代化技术体系来实现由传统农业生产向现代化农业生产的转变，最终满足新时期我国农村农业经济发展的更高需求。本阶段，新一轮的农村科技改革主要为了促进协调统筹城乡经济快速发展、提高农户整体收入，同时也使过去单纯过分追求粮食安全的局面逐渐转变为多元化生产、保护环境以及缓解贫困等各个方向齐头并进的格局。

1992 年党和政府出台了《国家中长期科技发展纲要》，纲要指出，我国科学技术体制改革的主要任务是为农村科技的发展和新领域的开拓提供现实可行的科技成果和先进技术，不断更新科学技术和知识储备，为中国特色农业生产的可持续发展提供新思路，不断深化改革我国农村地区的科技体制结构，从而建立"大科技支持大农业"的战略局面。党和政府于同一年还出台了关于"发展高效优质农业"的决定，指出要依靠科技进步来大力发展优质、高产、高效的新型农业，建立"以政策为导向、以科技为依靠、以投入为手段"的农业改革政策，为该时期我国农村地区科技政策的改革发展指明了方向。同年 8 月，政府出台了《分流人才，调整结构，进一步深化科技体制改革的若干意见》，意见中指出，调整科技体系结构是深化科技体制改革工作的重点和难点，要不断优化运行机制进而从根本上解决科研机构的力量不统一、职能设置繁复、科技和社会经济脱节的乱象。中共中央于 1996 年初召开的农村工作会议中提出了"科教兴农"战略，至此，农村科技体制改革进入了深入调整与发展创新的新阶段。1991 年 10 月，政府就出台了关于《加强农业社会化服务体系的建设》的决定，把农业的社会化服务概括为农业技术经济机构、乡村经济合作组织以及其他社会组织为支持农、林、牧、副、渔的发展而提供的服务。1993 年，我国正式出台了《农业技术推广法》，从法律层面上规定了我国农业技术推广准则、推广规范、推广职责，为我国的农业推广机制提供了制度保障，成为我国农业发展历程上一个举足轻重的里程碑。1995 年，农业部通过整合全国的农机总站、种子总站、植保总站、土肥总站，重新构建农业技术服务中心，推动全国种植业技术的发展。至此，我国农技推广机构已基本完成了从中央到乡镇的五级体系。本阶段为了加强农村科学技术的基础研究，我国于 1991 年、1997 年先后制订了国家重点研究计划项目"攀登计划"和国家重大研究发展计划项目"973 计划"，这些计划都把农业发展作为其研究的核心领域。同时，于 1996 年启动了"948 计划"，也把引进国际农业先进技术作为主要核心的专项计划。与此同时，国家还出台了一系列旨在规范和促进农业科技推广与创新的政策和制度，如《专利法》《促进成果转化法》《农业技术推广法》以及《科技奖励条例》等。

（4）1998～2002 年的全面推进阶段。在 21 世纪的发展背景下，我国农村地区发展面临着来自环境、资源以及人口等多方面压力的严峻挑战。基于此，在独特的背景形势下，本时期的农业科技政策主要集中在"科技兴农"的发展战略下，逐渐推动农业产业技术革命，使我国的农村科技政策体系在原有的基础上进一步发展和提升。农村科技政策的内涵和外延也得到补充和完善，科技政策由之前的支持农业生产为主逐步过渡到农业生产与农村发展同时进行，由之前的过度追求生产数量逐步过渡到通过科技来提高产品的效益与质量。我国农村的科技政策体系在这一时期基本形成，且运行保障机制也相对完善。

国务院于 1998 年颁布了关于《农业农村工作若干重大问题》的决定，指出要通过科学技术的进步来不断优化和完善具有中国特色的农业农村的经济结构。同年修订了我国《农业科技政策》，明确提出了我国农业科学技术发展的主要目标和基本任务，重点强调了我国农业科学技术工作的优先发展领域和发展方向，该政策的制定成为本阶段我国农业科学技术工作的指南。1999 年关于《稳定基层农业技术推广体系意见》的颁布指出要通过对农业技术推广事业的改革来推动改革，并强调了我国基层农业技术推广体系的重要作用。2000 年国务院颁布了《深化科研关机机构体制改革意见的通知》，这一通知的下发代表了国家正式开始对农业科研机构进行分类改革。2001 年国务院又出台了《农业科技发展纲要（2001~2010 年）》，该纲要从宏观层面对我国农业科技的发展进行了全面的部署，同时对农业科技体制的改革也做了详细的规划。在政策实践领域，"农业科技跨越计划（1999）"与"农业科技成果转化专项资金（2001）"的颁布，标志着国家加强了对农业科技成果的转化以及普及力度。与此同时，跨世纪的"青年农民科技培训计划（1999）"也开始启动，该计划的实施意味着国家越来越重视农村科技受体的整体素质。

（5）2003 年至今的成熟完善阶段。市场化进程的持续发展不断扩大着市场经济要素在农业农村生产领域的影响，提高农业生产效益、增加农产品在国际市场的竞争力以及促进农户经济收入的增长已然成为新时期农村工作发展的首要任务，科学技术在农村发展中所起的作用显得尤为重要。上到国家的宏观规划，下到各级政府部门的专项政策方案，无不涉及农村科技工作的内容，构建农村科技政策体系的雏形已基本形成。该政策体系的建立极大地调动了农村科技工作者的工作热情，并形成了多方参与、上下联动的合作局面。

《农业农村"十二五"科技发展规划》《2006~2010 农业科技发展规划》等扶持农业科技发展政策的出台，为新时期农业农村的科技发展指明了方向。其中，最具代表性的是党的十七届三中全会（2008）通过的关于加快推进《农村改革发展若干重大问题》的决定，决定中明确指出具有中国特色的农业要想持续不断地发展，其根本出路还是要依靠科学技术的进步，农业发展要把握科学技术的发展趋势，不断加强自主创新和引进吸收之后的再创新，逐步实现农业技术的集约化、生产经营的现代化以及劳动过程的自动化，进而建立具有中国特色的现代化农业。中共中央于 2004~2016 年多次颁发了以农业科技为主体的政策文件（如表 4.11 所示）。一系列政策的颁布和出台构建了新时期较为完善的农村科技工作思路，一方面体现了国家高度重视"三农"问题，把科技视为促进农村发展的重要力量；另一方面为农村科技工作的长远发展积累经验，建立起完备的理论框架与工作制度，为今后农村科技政策的制定奠定坚实的基础以及搭建创新平台。在政策实践方面，我国基层农技服务改革于 2003 年开始实施，县级以下的科技服务体系进一步得到推广。财政部联合科技部于 2005 年正式开始了"科技富农强县计划"，试图通过科技进步来带动农户发家致富，以及振兴县一级区域经济可持续地健康发展。2007 年，我国政府为了促进大宗农产品的升级与发展创新，构建了我国特色的"现代农业产业技术体系"，旨在进一步提高我国的农村技术创新发展能力。除此之外，国家的"十五"计划与"十一五"规划都设立了农产品加工和转基因等重大科技专项，为实现农村科技持续良好的发展提供了重要保障。

表 4.11　以农业科技为主题的政策文件

年份	主题	对农业科技的表述
2004	关于促进农民增加收入若干政策的意见	提出要"加强农业科研和技术推广"，对农业科技的定位是依靠科技的研发与推广，推进农业结构调整，提升农业增收能力
2005	关于促进农业不断发展进步的若干意见	明确提出"加快农业科技创新，提高农业科技含量"，把农业科技创新作为支撑农业经济不断发展提高的重要力量
2006	关于推进社会主义新农村建设的若干意见	提出"大力提高农业科技创新和转化能力"，把农业科技创新和转化的作用"升级"为强化新农村建设的"产业"支撑，进一步拓展农业科技的作用。
2007	关于积极发展现代农业的若干意见	提出要用现代科学技术"改造农业"，"推进农业科技创新，强化建设现代化农业的科技支撑"，进一步突出强调农业科技创新的地位与作用
2008	关于加强农业基础设施建设，促进农民进一步增收的若干意见	强调"农业科技和服务体系对发展现代农业的支撑作用"。推动农业科技不断创新获得新发展，农业社会化服务步入新台阶。对"加快农业科技创新力度和步伐"做出了进一步强调，并且提出建立相应的"服务体系"，共同"支撑"现代农业发展
2009	促进农业稳定发展、农民持续增收的若干意见	明确把"加快农业科技创新"作为"强化现代农业物质支撑和服务体系"的重要内容
2010	关于进一步落实农业农村发展基础的若干意见	把"提高农业科技创新和推广能力"作为"提高现代农业装备水平，促进农业发展方式转变"的重要内容
2012	关于加快推进部署农业科技创新的若干意见	首次以农业科技创新为主旨，指明了农业科技的公共性、社会性和基础性，提出了"强科技保发展、强生产保供给、强民生保稳定"的发展策略
2013	关于加快发展现代化农业的若干意见	不断改革创新农业生产经营体制，稳步提升农民的组织化程度
2014	加速深化农村改革创新，全面推进农业现代化	加快农业科技创新平台建设和技术推广力度，推动发展国家农业科技园协同创新，支持现代农业技术体系建设
2015	关于加快转变农业发展方式的意见	加强农业科技创新，提高农村科技装备水平和农村劳动力素质
2016	继续深入推行科技特派员制度的若干意见	强调要不断扩大完善科技特派员的队伍和制度，统筹各个科技单位和人才，加强整合现代生产要素，深入农村地区开展科技创新和创业服务，促进落实中国特色新农村的建设和发展

4.3.2 对我国农村科技政策的基本评价

我国农村科技政策整体上对加快农业产业化发展以及改善农村民生问题都产生了保障作用。具体来看，我国农村科技政策具有明显的阶段性，相较于其他类型的政策，农村科技政策具有较强的系统性与连续性，所涉及的内容也十分广泛。有关政策的实践方面内容较为丰富，但是政策实施过程中所涉及的不同部门之间缺乏衔接性，关于政策的协调落实机制还有待进一步提高。

（1）农村科技政策具有鲜明的时代特征。我国每一时期的农村科技政策都与该阶段的政治经济环境相适应。在 1976 年后的启动恢复期，由于科学技术在过去十年中受到极大打击，导致许多科技政策都要进行重新梳理。农村科技政策在本阶段主要也是修订和补充以往的政策，改革和制定能够促进农业快速发展的新科技政策。国家在深入调整阶段逐渐纵向推进改革发展，并逐一突破这一进程中所面临的困难，能够反映本阶段农村科技政策的措施有：开始实施农村科技体制改革，逐步稳定并确保粮食生产，制订切实可行的农业科技计划，其中最为重要的就是科教兴农战略，并围绕这一主体开展一系列的政策计划。除此之外，这一阶段也是建设社会主义市场经济体制的起步阶段，构建良好的市场环境、规范市场经济秩序已经成为社会主义市场经济体制的首要任务。同时，为了促进农村科技服务体系的发展还制定和颁布了一系列的政策法规，为农村科技体制改革的顺利开展创造有利条件。接下来的稳步推进阶段中，中共中央和政府又提出了新形势下的农业科技改革发展政策，沿用了农村科技政策原有的框架体系，并对其进一步地完善和创新。最后在成熟完善阶段，国家又提出建设社会主义新农村、加强农业科技自主创新的战略方向，加快落实农业科技政策对农业现代化的推动作用。

（2）农村科技政策具有连贯性。尽管国家在不同时期制定和颁布的农村科技政策反映了当时的发展重心与国家意愿，蕴含了明显的时代印记，但是不同时代的政策并非毫不相关，是逐步推进的一个连贯性动态过程。这就为农村科技政策在持续创新中不断更新发展、逐步推进农业农村经济发展提供了强有力的保障。回顾我国农村科技政策的整个发展过程，农村科技政策所涉及的领域不断扩大，针对的目标逐步精确，相关的配套措施也不断完善，但是具体到每一时期农村科技政策的特征来分析，则具有很强的稳定性与承接性，每一阶段的政策都是对上一阶段的继承和完善。通过这种传承发展和不断提高完备的模式，我国逐渐形成了相对完善的农村科技政策，并在之后的发展进程中不断开拓创新，积极满足新时代的农业科技发展要求。

（3）在农村科技工作中，政府的作用逐步减弱。改革开放以来，以往由政府来支配农村科技资源的供给与生产逐渐过渡到由市场经济规律来自由支配，改变了以往浓重的行政色彩，行政干预手段逐渐弱化；相反，市场化程度则越来越高。以农村科技政策所处的发展阶段来看，政府的职责从以前颁发行政命令过渡到监督和引导，政策的制定也从以往的直接管理逐渐过渡到构建服务体系和完善发展环境。在启动和恢复的阶段，农村科技政策依靠政策扶持和项目拉动带动农村经济发展，进而为政府工作的完成提供保障。到了发展和完善的阶段，政府已经通过农村科技政策建立了农业科技社会化服务体系，来引导和推动能够适应市场经济的农村科技工作，使之推向市场。此时，政府只是起到了必要的监督作用。同时，政府还加强供给一些公共资源，从而满足市场的需求。随着市场化经济逐渐融入农村科技工作中，资源的利用效率得到显著提升。

（4）参与主体呈现多元化趋势。自改革开放以来，农村科技的参与主体也不断丰富和扩展。改革开放初期，农村科技政策主要是由政府根据国家的宏观发展战略而制定的，政府通过制定科技政策来引导各科研机构的工作方向，并通过农业的扶持政策来促进我国的农业生产。在这一过程中，政府始终处于核心主导地位，其他个体仅仅是被动地参与进来。然而，随着农业经济市场化在农村科技体制改革的进程中不断深入和发展，政府对农村科技政策的制定更加注重同参与主体的沟通及互动，积极协调各方面资源，以提高政策效用以及资源利用率。如今，参与农村科技政策制定的主体已由原先政府独断过渡到集政府、企业、科研单位以及高等院校等多个主体参与的格局。利益联合机制的构建极大地调动了参与主体的积极性，使科技政策能够顺利实施，从而优化政策的执行效果。

（5）政策的针对性与实施性还有待提高。一连串农村科技政策的颁布和启动使政策的落实与实现其效用最大化这些问题发人深思。有关解决农业、农民、农村的问题涉及部门较多，在我国农村科技政策的制定过程中，不同的部门具有不同的职责。例如，党中央、国务院主要制定国家的宏观发展计划，农业部、财政部、教育部、科技部以及发改委主要参与农村政策的制定。这样一来，不同部门都把自己的工作局限于自身能够把握的范围以内，不同职能部门之间缺少沟通与交流。此外，不同政府部门之间由于协调力度不足而致使无法发挥政策的合力作用，最终导致支持农村科技发展的财力不足以及效率低下。提高政府各职能部门的协调性以及财政资金利用率是今后制定农村科技政策的继续思考的问题，对于我国农村科技持续发展具有极其深远的意义。同时还应注意，我国的农村科技发展水平具有明显的区域性差异，这就导致不同区域的农村科技发展现状与存在的问题也大不一样。因此，提高政策的针对性、考虑不同区域的发展特征与问题的特殊性，对农村科技政策的制定就显得尤为重要。

4.3.3 未来我国农村科技政策展望

我国未来的农村科技政策应有步骤地扩展服务范围以及政策涉及的内容。农村科技政策的服务对象、服务形式、服务内容以及服务载体都有可能产生新变化。政策支持的终极目标也会更加关注提升新型农业产业的比较收益和改善我国不同农村地区的民生问题。

（1）促进科技资源的协调发展。首先要促进各个科技管理部门的协调发展，构建相关的沟通协调机制，例如经费的预算、科研立项以及重大政策的制定等，汇集各部门的科技资源运用到国家发展战略的决策上来。其次还要不断补充和发展部门内部的协调机制，使科技资源能够得到合理性、系统性的应用。形成"人才—计划—基地"的有效集合。最后还要加强各级政府部门的联动机制，有效利用地方的科技资源，从而使地方的经济发展需求和国家的科技投入能够形成良好的衔接。

（2）不断深化农业科研机构改革。不断加快深入对农业科研机构进行的分类改革，逐步形成"协作、竞争、开放、流动"的运作模式，努力寻找能够满足农业科研需求的经费服务渠道，使科研队伍和研究基地能够满足国家的发展目标。同时还要构建一种既要有序竞争又要相对稳定的经费资助方式，国家财政主要支持那些具有公益性和基础性的项目，引导企业投入那些具有商业化性质的项目。而对于产业化项目则应根据产业链的设计，引导企业参与，从而建立企业与国家公共财政的共同投入模式。

（3）加快落实新型科技创业服务体系建设。公益性推广与经营性服务是我国新型农村科技创业服务体系的两个重要构成。公益性推广除了包括传统的五级农业推广体系之外，还融入了科研组织、高等院校的推广职能，特别强调了农业科研机构和农业院校的技术研发和应用推广作用。而经营性服务又能划分为两种类型：一是多元化服务体系，主要涵盖了近几年对星火科技、农业科技园区、农业专家大院等不断推进的科技服务形式。二是社会化创业体系，主要指的是在市场化体系建设中，以科技特派员为核心的农村科技创业活动。科技特派员的中介服务职能在这一体系中得到不断的深化，同时，科技型龙头企业的模范效应也在不断强化。更值得一提的是，由于我国农村地区存在巨大的地域性差异，各具特色的地方化农村科技服务体系刚好与这一特点相吻合。

（4）带动科技与金融的有机结合。金融等现代要素对科技创业的支持，是农户在创业过程中能够自觉产生降低创业过程中各种不确定因素的影响。使用政策性金融工具时，还要结合农村、农户实际的特点，鼓励与引导合作金融、商业金融、民间金融等多种金融形式共同发展，不断丰富金融服务产品和种类，促进农户科技创业与天使投资紧密结合，并培养出一批拥有高自主创新能力的农户进行科技创业。同时，还要不断拓展农村地区的科技保险服务和业务领域，试图建立有关科技保险的专项资金，专门针对那些获得科技贷款和风险投资的科技创业农户提供一系列针对的保险服务，如研发中断险、成果转化险、设备损失险等，从而将当前仅仅针对大型高新科技企业的科技保险补贴惠及所有参与其中的科技创业农户。

4.4 科技创业农户社会资本的变迁

随着农村地区社会经济的不断发展与变迁，农户的社会资本开始由传统型向现代型转变。在我国，农村地区的社会资本典型以家庭为单位，并且建立在血缘、地缘、业缘之上，具有较强的封闭性，导致农户传统的社会资本自由度不高，从而阻碍农村经济的发展以及现代化建设。而新型的社会资本则基于市场经济为基础，建立在法治和规则之上的。本节基于我国农村地区的传统文化为切入点，深入探讨改革开放以来我国农村地区社会结构转型与制度变革对农户社会资本变迁所产生的影响，进而总结新时期农户社会资本的特征事实。

4.4.1 农户社会资本变迁的原因

（1）农户社会资本变迁的根源在于市场化水平的不断提高。

1）农户的土地使用权自从实施家庭联产承包责任制之后得到了承认与保护，农户追求利益这一基本动机被释放，以血缘、亲缘为主的人际关系逐渐延伸到以友缘、业缘为主，逐利性已经成为维护和发展人际关系网络的重要原因。王思斌（1996）经过调查发现，经济利益在我国当前的农村社会中已经成为维系亲属与家庭关系的重要桥梁，农户保持与其亲属的联系除了沟通感情这一目的外，更重要的是增加其相互合作的可能性，从而实现经济上的互惠互利。共同的经济利益能够增加亲属关系的紧密性，与此相反，利益冲突也能够疏远或阻断亲属之间的联系。尽管农户的社会关系网络逐渐向业缘、友缘转变，然而受中国传统文化的深远影响，血缘与亲缘仍然是发展人际关系的基础，因此在农村中也形成了"感情＋利益"的新型关系。

2）市场化水平的不断发展能够提高农村地区的信任程度。"二元结构"的长期存在导致了我国农村和城市分割的现状，而且农村地区较为封闭，农村地区由于受到信息不对称和交通不便的影响，相互之间的联系就更加封闭。基于差序格局理论，个体的社会关系是以个体为中心呈水波状逐步向外推开分布，离中心越近的个体与处在中心位置的个体关系越近。例如，在我国，农户一般与自身较为密切的亲友关系比较好，相互之间也较为信任，而对那些联系不够紧密的亲友则关系较为疏远，信任程度也不高。由此可以发现，以家族为基础的传统型社会资本封闭性较高，并且对家族以外的个体或组织的信任度不高，这样就难以形成不同地域间的信任与合作。然而，受社会经济的发展以及市场化进程的不断推进的影响，农村地区的思想观念以及社会结构也在不断发生变化，在留存传统文化积极发挥作用的根基上，扩充和发展了农户的人际关系网络以及信任半径，使其社会资本更加具有开放性。

3）市场化水平的不断提高促进了信息与资源的自由流动。费孝通（1999）提出，靠农业谋生的人，是黏在土地上的，世代定居才是常态，迁移是变态。农村社会的地域限制以及土地的特质给农户的迁移带来障碍。农村社会具有互识性的属性，生活在熟人社会中的农户由于缺少新知识与新信息的有效补充而阻碍了农村经济的发展。然而，伴随着不断提高的市场化水平，农户的自主意识也在逐渐提高，为了寻求更好的发展以及促进信息与资源的不断流动，农户一般都会选择外出务工来改善自身的生活状态。根据国家统计局 2016 年的统计数据可知，2015 年跨省流动的农民工人数有 7745 万，占外出务工农民总量的 45.9%，其中东部地区 82.7% 的农民选择省内流动，受经济发展水平限制，而中西部地区的农民更多地选择跨省流动，且这一比例分别达到 61.1% 和 53.5%（如图 4.2 所示），可见，劳动力倾向于往经济发达地区聚集和靠拢（国家统计局，2016）。

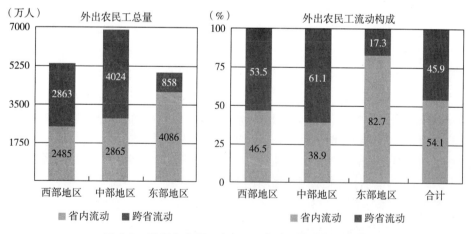

图 4.2　2015 年东部、中部、西部农民工流动趋势[①]

---

①　数据来源于国家统计局 2016 年公布的《2015 年全国农民工检测调查报告》。

（2）农户社会资本变迁的根本原因在于农民流动性的不断提升。

我国政府于 1982 年制定了"允许农户进城开展服务业、提供劳务"等经济政策，使农村的劳动力与资源逐渐在空间上能够自由流动。至此，"农民工"这一名词也渐渐流行起来，农户的自由流动性也趋于常态化，传统的乡土社会网络也从根本上发生变化，以往的封闭状态逐渐被打破。随着经济发展水平的不断提高以及市场化进程的不断发展，农民工的总量也不断增长，其中，外出务工的农户占比逐年增加，而本地务工农户的比例也在不断增长。据国家统计局统计结果可知（如图 4.3 和图 4.4 所示），到 2015 年，我国外出务工农户的总量已经由 2008 年的 14041 万人增长到 2015 年的 16884 万人，七年涨幅达 20.2%，其中，2010 年的涨幅最大，同比增长 5.4%。纵向对比来看，本地外出务工农户人数占总的外出务工农户人数的比例也由 2008 年的 37.7% 缓慢增长到 2015 年的 39.2%，而外地务工农户人数占外出务工农户总数的比例也由 2008 年的 62.3% 缓慢递减至 2015 年的 60.8%。正如前文所分析，社会资本会随着时间和空间的不断变化而变化，在不断的使用中增值。在农村地区由于劳动力的不断流动而打破了村庄原有的封闭状态，以亲情、友情为基础的社会网络也在逐渐被冲破，个体之间网络关系的稳定性也逐步下降，进而导致关系网络的信任程度下降。与此同时，我们也应该看到，农户之间出现的新型交往规则也因流动性的增强而不断完善，外出务工农户能够接触到血缘、地缘以外的个体。由于农户的受教育程度普遍偏低，因此在人力资本上不具备竞争优势，为了弥补这一缺陷，农户在外出务工期间会努力筛选与拓展社会网络，以提升自身的竞争优势。

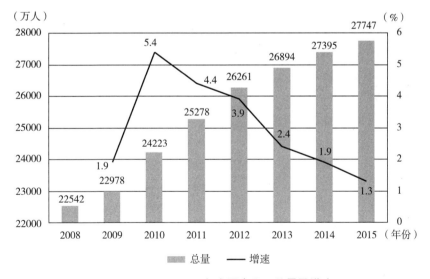

图 4.3　2008～2015 年全国农民工总量及增速

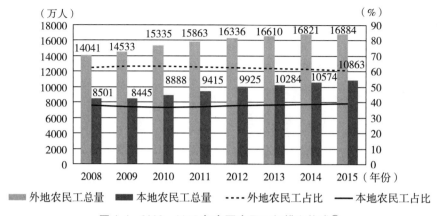

图 4.4　2008~2015 年全国农民工规模和构成①

（3）基本国策"计划生育"直接导致农户社会网络结构发生变化。自从 1982 年党的十二大把"计划生育"上升为我国的基本国策以来，我国的人口特征由中华人民共和国成立初期的"高出生率、高增长率"逐渐调整到了 20 世纪 80 年代中期的"低出生率、低增长率"，实行"计划生育"这一基本国策主要影响了我国农村地区的家庭规模和结构。

1）家庭规模缩小。受农村地区传统习俗以及农业生产需要的影响，农村家庭往往会生育多个子女，从而形成了庞大的亲缘关系。农户对于家庭成员的信任程度要远超过其他人，因此，与亲缘和血缘关系网络相比较，农户对地缘与业缘关系网络的信任程度要低很多。计划生育的国策推出后，农村家庭生育子女的数量大大降低，这就导致农村家庭子女的兄弟姐妹数量大幅锐减。并且，这批人口已逐渐成年，成为当前农村社会的主要力量。婚姻也是形成亲戚关系的一种重要产生方式，它能够把不同的家庭连接起来，对社会关系的形成起到桥梁作用。然而，国家大力推行的晚婚晚育政策使农村地区初婚年龄也得到延迟，进而导致了社会关系网络密度的降低。

2）家庭结构改变。我国农村地区的家庭结构变化呈现核心家庭逐渐缩小，而直系亲属家庭以及单人户口增加的态势（如图 4.5 所示）。据第六次全国人口普查（2010 年）的数据显示，农村地区核心家庭成员构成比例由 2000 年的 66.27% 下降到 2010 年的 57.02%，与其相反的是直系家庭成员的构成比例则由十年前的 24.83% 上升到了 28.52%。单人户口的家庭数量也由 7.52% 上升到了 11.79%，呈现明显增加的态势。

---

① 外地农民工占比＝外地农民工总量/农民工规模，本地农民工占比＝本地农民工总量/农民工规模。

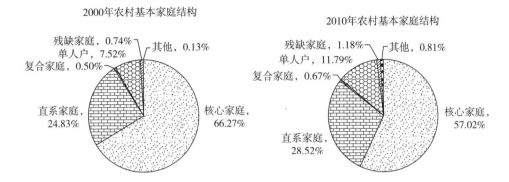

图 4.5 2000 年和 2010 年中国农村地区基本家庭结构的比较①

（4）不断提高的教育水平提升了农户的行为规范。

我国九年义务教育政策于 1986 年在全国普遍开展以来，农村地区的受教育权利逐步得到保障，农户的受教育程度也逐渐提高。如图 4.6 所示，1980 年以后出生的农民，其整体的受教育程度要比 1980 年以前出生的农民要高。进一步来

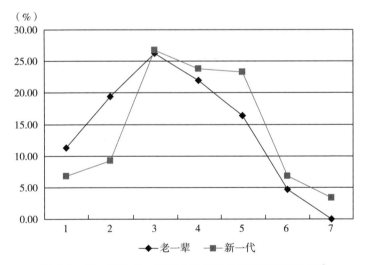

图 4.6 新一代和老一辈科技创业农户受教育程度比较②

---

① 表中"核心家庭"指夫妇二人组成，或夫妇（夫妇一方）和未婚子女组成的家庭；"直系家庭"为夫妇（或父母、父母一方）和一个已婚子女及孙子女组成的家庭；"复合家庭"为夫妇（或父母、父母一方）与两个及以上已婚子女组成的家庭；"残缺家庭"指未婚兄弟姐妹组成的家庭，且数据来源于 2000 年第五次人口普查和 2010 年第六次人口普查。

② 图表根据课题组的调研数据整理而来。其中受教育程度分成 7 类，1＝小学及以下，2＝初中，3＝中专，4＝高中，5＝大专，6＝本科，7＝研究生及以上。

看，老一辈农民占基础教育阶段（小学及以下）的比重较大，而新一代农民在中专及以上的教育阶段的占比较高，新一代的科技创业农户中拥有研究生及以上学历比例明显提升。农户受教育程度的不断提高给其社会资本带来多方面的变化：例如，农户自身素质的提高能够加强其行为规范；求学过程中的"同学关系"数量增多，超越了血缘以及地缘的界限；农民能够从相对封闭的农村地区走出去，接触一些城市的意识和文化。

4.4.2 科技创业农户社会资本的演变趋势

农村地区以"差序格局"为基础，是农户进行人际交往活动的基本表达形式，用血缘关系来衡量社会关系网络的紧密程度，是中国传统历史文化中的重要思维。在传统封闭的农村社会中，伦理道德是规范人际交往活动的行为准则。受这种文化的影响，那些辈分较高的人往往较有权威，并决定了农户的行为逻辑。然而在当今社会中，农村地区以"圈层结构"为特征的新型人际交往关系逐步取代了"差序格局"的传统方式（宋丽娜等，2011）。圈层理论强调农户依靠自身的情感而建立起来的圈层，重视农户在人际交往过程中的能动性，从而削弱了农村社会公共准则的约束。

（1）从结构特征来看。

1）网络资源多样性。受益于农村地区劳动力的流动性提升，农户拥有更多的机会去接触到不同职业及层次的群体，从而丰富了自身社会网络的资源。农户从农村进入到城市中工作与生活的流动过程，能够极大地扩展其社会网络的覆盖范围广度，不断流动的农民工也积累自己业缘、友缘，从而形成了自己朋友圈。这些在非亲缘关系基础上形成的社会网络往往蕴含丰富的资源，具有较强的异质性，为在城市务工农户的进一步发展提供了潜在的社会资本。

2）网络密度逐渐降低。传统的农村地区由于信息与交通较为闭塞，导致农户之间的交往主要依靠血缘与地缘关系。但是，伴随农村地区劳动力的流动性不断提升，农户通过经商与外出务工的动态活动，逐步构建形成了新型的社会网络关系，农村人口的受教育程度普遍提高也促进了农民与其同学关系的发展，计划生育政策的出台大幅降低了农户的网络密度，以上一系列的变化都促使农村中的社会关系网络从封闭状态逐步转向开放状态。在这个过程中，农户逐渐降低对家庭成员的重视与依赖，反而转向新型社会结构和经济体系中与自身利益相关的利益共同体联系。和有血缘关系的家庭成员相比，与利益共同体的联系具有不确定性，最终使网络密度下降。

（2）从关系特征来看。

1）一般信任减弱，特殊信任加强。随着我国不断推进市场化的进程，也在逐渐改变着农户传统自给自足的组织与生产方式，农村传统的紧密型社会网络关系受到了越来越大的冲击，社会网络成员之间相互联系的作用逐渐重要起来。随着农村地区关系网络的不断拓展，个体网络关系的异质性与分散程度也逐渐提高，农户对传统正规组织的信赖在慢慢减弱，取而代之的是对非正规组织的信赖在逐步增强。尤其是随着市场化水平的不断提高，农户的交际范围也在不断拓宽，能够与不同职业与阶层的个体来往。此外，市场化水平的不断提高也在不断改变着农户的行为规范，使人际交往的评价方式由道德准则向货币准则转变，农户所开展的行为活动也更倾向于物质利益的追求。不可否认的是，农村社会中传统的"差序格局交往理念"仍然对农户间的交往行为有着深远的影响，当农户处于一个复杂的关系网络时，依旧喜欢依靠血缘、亲缘基础上建立的信任关系。图 4.7 反映了新老两代科技创业农户关系型社会资本的情况。

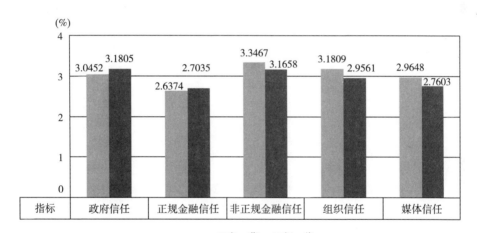

图 4.7　新一代和老一辈科技创业农户关系型社会资本的比较①

2）组织参与积极性不高，且有下降趋势。专业化的生产方式能够促进组织的形成，不但可以开阔农户的眼界，还可以促进农户之间进行广泛的交往，从而提高农户的技术能力与管理能力，掌握更多的市场信息。专业化的生产方式迫使农户的行为方式发生由内转外的变化，加强农户之间的横向沟通与联系，从而构建起成员间互相帮助提高的社会网络。经济活动的风险随着分工与专业化水平的提高而不断增加，分工与专业化水平的不断提高还使传统市场上的一般信任逐渐

---

① 两代科技创业农户判断，新一代农户为 1980 年以后出生，老一辈农户为 1980 年以前出生。根据课题组调研数据整理而来。

被现代市场的特殊信任所取代，进而促进民间组织的形成。农村地区传统的小农家庭不具备抵御当今市场变幻莫测的能力，这时，基于同行业生产经营者所形成的组织或协会就显得十分重要，它不但能够提供该行业有价值的信息，还能够带动农民团体组织的形成与发展以及培养公共精神。图4.8是本章所用的641个科技创业农户参与组织的年龄分布图，不难看出，年龄越大的农户越倾向于参加到合作组织中。

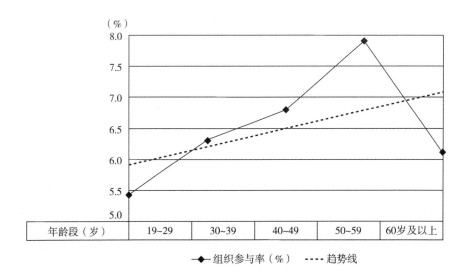

图4.8　不同年龄段科技创业农户的组织参与情况①

在农村地区社会资本变迁这一进程中，市场经济的不断发展以及对个人利益的过度追求，导致农户自私自利思想泛滥，从而使农村社会的道德文化、家庭关系以及人际交往等社会资本受到严重损坏。在传统的农村社会中，农户与农户之间具有血缘性与依赖性，社会网络具有封闭性的特点。农民生活在以血缘为基础的大家庭中，个体之间的联系与交往大都基于血缘和地缘的基础之上，主要看重亲情友情之间的相互帮助。在改革开放40年的发展历程中，农村地区社会资本的作用力度还不够充足，尽管传统社会资本在逐渐衰退，但是新型的社会资本却远未建立。这一局面刚好验证了李军（2006）的研究，当今农村地区的社会关系网络较为薄弱，血缘亲缘之间的关系网络逐渐变弱，人际关系之间的信任程度逐渐降低，造成了农村社会网络成员之间的合作能力越发弱化。

---

①　根据"农村科技创业金融政策研究"（2013）课题组调研数据整理而来。

4.5　本章小结

　　本章主要对我国农户科技创业行为的演变历程、农村科技政策以及农户社会资本变迁进行梳理，归纳和总结了我国农户科技创业行为演变的影响因素，回顾和展望了我国农村科技政策发展趋势，通过对比普通创业农户与科技创业农户的行为特征，得出创业农户更倾向于选择高绩效的科技创业活动，从而为分析社会资本对农户科技创业的影响提供现实依据。具体主要从农户科技创业行为的发展与变迁、农户科技创业行为的特征表现、农户科技创业行为转变的科技政策动因以及科技创业农户社会资本的发展与变迁四个方面来分析：①农户科技创业行为的发展与变迁。自 1978 年至今，我国农户的创业历程主要经历了五个阶段。随着国家对个体和私营经济态度的转变，农户的创业形式也随之转变。最具代表性的农户创业形式包括：改革开放以前的"小商贩、个体手工业与社队企业"；改革开放以后的"家庭自营经济、重点户与专业户、乡镇企业"；2000 年以后的"个体经济、私营经济、股份制和有限责任公司"。综观这些创业形式可以发现，农户的创业领域在不断拓展、创业规模在不断加大、创业的技术水平也在不断提高。新时期，自从开展科技特派员农村科技服务活动以来，农村科技创业展现出强劲的发展势头。以科技特派员为核心的农村科技创业通过科技把城乡生产要素流向产业链，促进新农村建设和城乡经济的发展。②普通创业农户与科技创业农户的行为特征进行对比。结果发现，从创业农户的基本特征来看，东部地区从事科技创业农户的比例最高，达到 84.29%，中部次之，西部最少，这一比例仅为25.3%。再从创业农户的融资能力来看，普通创业农户与科技创业农户从非正规渠道获得的融资金额普遍高于从正规渠道获取的融资金额，且科技创业农户比普通创业农户从非正规渠道获得融资的规模明显要高。最后从创业农户的创业绩效来看，科技创业农户创业绩效的平均值为 8.02 万元，而普通创业农户普通创业绩效为 5.03 万元，比较而言，科技创业农户创业绩效明显高于普通创业农户。③梳理我国各个时期的农村科技政策，归纳和总结农户科技创业行为转变的科技政策动因。与农户的创业历程相呼应，我国农村科技政策也经历了恢复与起步阶段、深入调整阶段、改革创新阶段、全面推进阶段以及成熟完善阶段。其中最有代表意义的是起步期提出的"科学技术是第一生产力"；调整期提出的"大力加强农业科学技术的应用与推广"；改革期提出的"科技兴农战略"；推进期实施的"农业科技跨越计划"；完善期提出的"科技富民强县专项计划"。不难发现，农村科技政策制定和提出具有明显的阶段性特征，与当时的我国国情相吻合。④科技创业农户社会资本的发展与演变。随着农户的受教育程度和劳动力流动性的不断提升、我国市场化进程的不断深化以及基本国策计划生育的不断推进无一不促使农户传统的社会资本向新型的社会资本过渡。科技创业农户新型的社会资本主要具有以下新特征：从结构特征的角度来看，网络规模逐渐扩大、网络密度逐渐缩小、网络资源呈现丰富化的状态；从关系特征的角度来看，一般信任在逐步减弱，而特殊信任在逐步加强。

第5章 社会资本对农户科技创业意愿影响的实证分析

在理论分析中，本书将社会资本与农户科技创业意愿纳入一个统一的分析架构，探求社会资本影响农户科技创业意愿的作用机理，发现社会资本各个维度对农户科技创业意愿具有复杂的影响机制。本章在前文研究的基础上，利用课题组调研数据，基于社会资本的三个维度来论证社会资本对农户科技创业意愿的影响机制，从理论和实证两方面来考察社会资本对农户科技创业意愿的主要决定因素并做出充分的论证，剖析主要决定因素对创业意愿的影响程度及方向，进而揭示两者之间的内在机理。

5.1 问题的提出

创业活动是经济发展的重要推动力，是激发民间活力、促进就业的有效途径。农户科技创业作为传统的农村创业模式向现代化农业发展的必然过程，农村经济的外在表现形式由传统耕作以及以外出务农为主的生产力，向现代化、多元化的农村科技创业形式转变。我国目前正处在现代农业发展的加速阶段，农业科学技术逐步向农村普及和转化。农户的创业活动日趋增多，但其形式往往是以家庭组织为单位的小型劳作，并没有运用不断出现的现代农村科学技术。农民作为传统农业向现代农业转变过程的直接参与者，仅仅停留在技术含量低的原始创业形式是远远不够的，应逐渐向农村科技创业这一新兴趋势转变。在转变的过程中，其对农村科技创业行为的接受意愿直接关系到农业现代化的进度和质量。农民是农村经济发展的主体，以农户个人或以农户集体为单位的农民创业对转移农村富余劳动力、促进农村产业升级、增加农民收入、缩小城乡收入差异以及消除城乡二元经济结构具有重要的现实意义。本章的研究目的在于弄清楚社会资本对农户科技创业意愿的影响，努力践行"培育新型农业经营主体、培育新型职业农民"的中央文件精神。

意愿是一种心理状态，是一个人将其行为和动机有意识地计划或实施。国际学术界对创业的研究主要集中在创业意愿的研究上。Bird（1988）认为，创业意愿是将创业者的精力和行为引向某一特定目标的心理状态，并指出由灵感激发的创业想法只有通过创业意向才能实现。Katz 和 Gartner（1988）将创业意愿解释为能够用来帮助创建新企业的一系列信息收集，这些信息旨在寻找已创建公司中新的价值增长点或利润增长点以及新创企业的有利价值信息。McGrath 和 Bogat（1995）指出，创业者在创业过程中可能会对某一不可预见的后果表示不满或惊讶，但并不影响他们采取行动的意愿。Latham 和 Yukl（1975）认为，创业意愿是一种直觉性和情景性的思维，理性地分析创业行为的心理过程是指导创业行为目标的基础。

现有文献关于农户创业意愿的研究成果已经十分丰富，本书通过对以往研究进行梳理和总结，把影响农户创业意愿的研究大致概括为以下四类：第一，创业农户个人特征差异对创业意愿的影响。很多学者从农户的年龄、性别、家庭背景、受教育程度、收入等基本要素来分析影响其创业意愿的主要因素。也有一部分学者从农户的心理特征角度出发，来研究农户的风险偏好、独立性、动机、自信等特点对从事创业活动的影响（Baron，2009；Le Roux et al.，2006）。国内学者在关于农民创业的已有研究上，龚小琴（2012）、李平（2007）分别就重庆、陕北两地农民创业模式的特点、问题进行了研究。余秀娟（2011）对安徽省 YX县"60后"与"80后"农民创业行为进行了比较与研究，得出了社会结构、创业主体的自主性建构对农民创业的影响巨大。第二，资金状况对农户创业的影响。周亚越、俞海山（2005）认为，应切实放宽、完善农村小额贷款政策，着力解决农村青年创业资金短缺的问题，引导和帮助农村青年就地创业、返乡创业。曾森等（2007）认为，规范农村民间借贷对促进农村经济发展具有实践意义。郑康（2012）通过对中部省份某村的单个家庭收支的微观情况分析，发现我国部分农村经济中存在的一些显性和隐性问题。第三，关注社会资本对农户创业意愿的影响。部分学者研究发现，社会资本中的关系网络、信任和规范等特征对农户的创业行为具有重要的影响（Fuentes et al.，2010；Bosma et al.，2012；张广胜等，2014）。高静、张应良（2013）依据采集创业农户的调查数据发现：一方面，社会网络中的弱连带网络规模和联系频率越大，农户识别创新性机会的可能性越大；另一方面，创业农户的教育经历、外出务工经验、创新能力、浓厚的创业氛围等是影响农户机会识别行为的重要因素。郭群成、郑少峰（2010）从主要特征、维度差异、效应传递关系三方面对农民工返乡创业行为进行了研究，并指出社会资本各个功能的发挥并不依赖于社会资本存量的多少，主要还是看其与创业者初始资源的匹配程度。那些拥有丰富的社会资本、初始创业资源较为丰富的创业者进行创业行动的速度更快。而且当初始创业资源与关系资源的吻合度较高时，社会资本就更能够显著促进创业行动的效率（韩炜等，2013）。第四，环境因素对农户创业的影响。一些学者研究了宏观因素如政治、经济、地理、金融等因素对创业选择的影响（Shane & Cable，2002；Currvo，2005），也有一些学者探讨了嵌入在创业者个体当中的文化因素对创业发生率的影响，还有一些学者从微观的视角来研究区域异质性对创业行为的影响。魏凤（2012）利用西部五省返乡农民工创业者样本数据，进行了实证分析，得出创业者基本特征、创业者创业能力特征、创业环境特征对西部返乡农民工创业模式选择均有显著影响。

　　而农村科技与农民应用科学技术进行创业方面的研究还比较稀缺。围绕农村科技当前的状况和问题，刘冬梅、郭强（2013）对我国各时期农业科技政策进行了回顾，提出了农村科技政策的制定体现出鲜明的时代特征五个基本评价，并提出了未来我国农村科技政策的可能发展方向。万宝瑞（2012）认为，要从科研人员、农业科研项目、组织、中央与地方科研机构、课题主持人等方面进行转变，实现农业科技创业。熊秋芳、文静（2013）梳理了我国油菜产业进一步发展中面临的主要科技问题，提出依托科技创新促进我国油菜产业发展的具体措施。张平（2014）、李源生（2006）分别对我国农业科技创新的框架架构、综合评价指标体系进行了讨论。针对农业科技成果转化的问题，曹前满（2008）讨论了目前农村科学技术普及的困境以及消解办法。邵明灿和周建涛等（2013）分析了农业科技源头、中间转化环节以及受体三大障碍因素，提出了发展策略。另外，在农业科技推广方面，黄妍（2010）、蒋德勤（2011）分别就哈尔滨、安徽两省的推广体系进行了研究。何得桂（2012）介绍了以大学和科研机构为依托的基础上，以基层的农技力量为主要参与者，并与区域农业产业发展紧密结合，不断吸纳农户和地方经济组织参与，且具有较强的推广、借鉴价值的农业科技推广服务新模式——"农林科大模式"。

　　根据以往研究，可以明确，农业科学技术在农村的普及与转化面临了一系列的问题，同时农户创业可能受到创业后技术力量不足、资金短缺等种种因素的影响。而已有研究在农村科技性质的创业方面实证研究还比较缺乏，关于农户科技创业的意愿、科技创业的影响因素、创业的科技来源、成本及融资等因素研究较少。因此，本书基于课题组有关农户科技创业的调查数据，进而探讨社会资本的不同维度对农户科技创业意愿的具体影响，找出影响农户科技创业意愿的关键因素，重点分析社会资本对农户科技创业意愿的作用及路径。

5.2 研究设计

5.2.1 数据来源

本书后续章节实证分析部分所采用的数据均来自笔者参与的国家软科学重大研究计划项目"农村科技创业金融政策研究"的课题组于 2013 年组织展开的问卷调查所得。本次调研共发放问卷 2000 份，回收问卷 1807 份，有效问卷 1524 份，其中从事普通创业农户的样本有 883 份，科技创业农户的样本有 641 份。调查内容主要包括创业者的个人属性、经济情况、创业意愿、融资情况和创业者对金融服务的主观感受情况等。需要说明的是，本章研究的是社会资本对农户从事科技创业活动意愿的影响，因而在样本选取方面选用的是 1524 份从事创业活动的农户调研问卷。

5.2.2 变量定义

（1）因变量：创业意愿。为了保证检验调查数据对农户科技创业意愿的影响程度的准确性，本章主要通过问卷调查的第 16 题"您愿意从事科技创业活动吗？"来判断农户的科技创业意愿（如表 5.1 所示）。

表 5.1 农户科技创业意愿的界定与测量

类别	测量
农户科技创业意愿	您愿意从事科技创业活动吗？ 1. 不愿意 2. 不太愿意 3. 一般愿意 4. 比较愿意 5. 非常愿意

（2）自变量：社会资本。社会资本指标在各个领域的测量选取存在较大的差异。社会关系中的互动结构导致了信任的产生，信任不但在一定程度上影响着互动的程度和资源的数量，而且与关系联结的紧密度成正比，信任程度越高，其关系联结紧密度越高，这样网络中的成员就能够充分利用网络关系中的信息和资源。农户往往基于亲缘、友缘、地缘来建立信任基础，进而从事民间互助金融活动。本章通过对以往研究的总结并结合自身的研究目标，从结构特征、网络投入以及关系特征这三个维度对社会资本进行综合测度。

第一，结构维度。嵌入在社会网络中的资源主要反映创业主体网络资源的数量与质量，网络资源越丰富、质量越高，则创业活动成功的可能性就越大。基于我国的现实情况，资源和信息呈现出等级分布，那些处于社会层级较高的个体才更有可能凭借其社会阶层获取一些稀缺资源。本章主要通过科技创业农户在亲朋好友中的社会地位（层级）来反映网络资源，问题项为"您认为您在亲朋好友中所处的阶层为？1＝最底层，2＝中低层，3＝中层，4＝中高层，5＝高层"。拥有亲朋好友的数量以及从其他农户那里获取资源和信息的能力也对农户网络资源的获取具有十分重要的影响，亲朋好友的数量越多，网络资源越丰富，获取稀缺资源和信息的概率就更大。问题项为"您亲朋好友的数量为？1＝非常少，2＝较少，3＝一般，4＝较多，5＝非常多"和"您能够从其他农户那里获得信息和资源的数量为？1＝非常少，2＝较少，3＝一般，4＝较多，5＝非常多"。

第二，网络投入。本章主要通过时间和资金两个方面来测量对关系网络的投入。社会资本具有投资属性，需要花费时间、金钱与精力的投入去开发和维护。从时间投入这一角度来看，嵌入在关系网络中成员的情感程度和联系频率是个体的一种潜在资源，问题项"您过去一年每月联系亲朋好友的频率为？1＝从不，2＝一年数次或更少，3＝每月数次，4＝每周数次，5＝每天"，据此来考察农户的时间投入。从资金投入这一角度来看，一些学者通过对上一年赠送给亲朋好友的礼金数额在当年家庭总支出的比例来测量社会资本的资金投入。本章对社会资本资金投入的测量主要通过人情支出占家庭总支出的比重来衡量。问题项"您上一年人情支出（婚丧嫁娶等）占家庭总支出的比重有多大？1＝非常少，2＝较少，3＝一般，4＝较多，5＝非常多"。

第三，关系特征。信任具有相互性，只有对一方的行为产生信赖性时，另一方才会给予支持。它是个体或组织之间相互博弈的结果，有助于增进主体之间的相互合作。因此本章认为，能够通过农户对组织或个体的信任程度来衡量双方的信任关系，从政府信任、金融机构信任、组织信任以及媒体信任这四个方面来探讨农户与不同组织和群体的信任程度以及对科技创业行为产生的影响。其中，政府信任主要是指对国家和地方政府的信任程度；金融机构信任又包括对银行等正规金融机构的信任和民间借贷组织等其他非正规金融机构的信任；组织信任是指对合作社、科研机构的信任程度；媒体信任主要是指对政府主流媒体包括电视、广播、报刊等平台的信任程度。问题项如表5.2所示，答案项为"1＝非常少，2＝较少，3＝一般，4＝较多，5＝非常多"，以此来考察科技创业农户的信任关系。

表5.2　社会资本的界定与测量

类别	指标	测量
结构维度	网络资源	您认为您在亲朋好友中所处的阶层为？
		您能够从其他农户那里获得信息和资源的数量为？
		您亲朋好友的数量为？
网络投入	时间投入	您过去一年每月联系亲朋好友的频率为？
	资金投入	您上一年人情支出（婚丧嫁娶）占家庭总支出的比重有多大？
关系维度	政府关系	您认为国家和地方政府对本地从事创业活动提供了强有力支持吗？
	机构关系	您认为银行等正规金融机构对本地创业提供资金帮助多吗？
		您认为民间借贷组织等非正规金融机构对本地创业活动提供资金帮助多吗？
	组织关系	您认为合作社、科研机构等组织对本地创业活动提供的技术帮助多吗？
	媒体支持	您认为电视、广播、报刊对创业提供的信息多吗？

　　（3）控制变量：在本书中，农户的个人特征变量是必须控制的因素，不同的个人特征往往会影响农户的科技创业意愿，因此，本章综合考虑创业农户自身的影响因素，选取以下个人特征变量提出如下假设：性别（sex）：根据传统观念以及课题组成员进行的实地调查结果不难发现，男性在天性上往往比女性更具有事业心。同时，男性进行创业时的各种条件和基础也可能优于女性，可能具有更强烈的创业意愿。在这里，本章将受试者男性赋值为1，女性赋值为0。年龄（age）：年龄往往容易影响创业者对新鲜事物的接受意愿与接受程度。根据心理学研究发现，年龄越小越能够接受新鲜的事物和观念，年龄越大出于对生活以及家庭的考虑，越不愿承担创业失败带来的可能后果。受教育程度（education）：受教育程度对于创业活动的影响有利有弊：一方面，受教育程度越高则创业者的管理能力就越强，从而增加农户参与科技创业活动的可能性；另一方面，农户接受教育的程度越高，其能进行选择的创业机会也就越多，这样一来就增加了农户科技创业的机会成本，进而阻碍其创业意愿。该指标涉及的问题项为："您的受教育程度为？1＝小学及以下，2＝初中，3＝中专，4＝高中，5＝大专，6＝本科，7＝研究生及以上"。婚姻状况（marriage）：实践表明，婚姻是农户扩大社会网络的一种重要途径，已婚的农户对外交往的覆盖面从结婚之前的一方变成夫妻双方之间的走动，社交网络覆盖面较宽，对外交际面较广，这对农户的科技创业意愿能够起到正向作用；但是也有一些农户结婚之后随着孩子的出生以及生活压力的逐渐增大，使其很难或者不再愿意承担科技创业的风险，导致其不能全身心投入到科技创业的活动之中，最终降低其创业意愿。本章把受试者已婚赋值为1，否则为0。务工经历（nonfarm）：外出务工经历能够提高农户对稀缺资源的获

取能力，是农户拓展社会关系的一种重要方式。与从事单一的农业劳动相比，非农就业能够增加农户的信息来源，降低创业风险（Wouterse，2010）。刘新智等（2015）也提出，打工经历能够提升农户的个人能力，进而影响其行为选择。外出务工经历还能够帮助农户实现从事非农活动的转变，在务工经历中积累的资金和技术对科技创业农户的创业意愿能够产生系统性影响，进而增加其进行科技创业的决心。本章把有打工经历的受试者赋值为 1，否则为 0。技术能力（Skill）：个人技术和能力往往对农户科技创业的成功概率产生影响，个人掌握的技术和能力越高，其科技创业成功的概率越大，进行科技创业的信心和意愿也越强。该指标涉及的问题项为："您个人的技术能力程度为？非常低 =1，较低 =2，一般 =3，较高 =4，非常高 =5"。过去经验（Experience）：过去的经验往往能帮助创业者识别有效的创业机会，避开创业陷阱，降低创业失败的概率，从而增强农户进行科技创业活动的信心。该指标涉及的问题项为："您个人拥有的经验？非常少 =1，较少 =2，一般 =3，较多 =4，非常多 =5"。

5.2.3　模型的选择与设定

（1）模型选择。由于农户的科技创业意愿取值为从 1 到 5 的非负整数，且和多元选择和排序变量的五个等次相类似，因此本章节采用多元 Ordered Logit 模型，这样一来就解决了二元选择模型中信息损失的缺点（李瑞琴，2014；秦红松，2015；陈卓，2016），以极大似然法进行估计并分析社会资本对农户科技创业意愿的影响效果。Ordered Logit 模型在进行估计时，一般需要将一组可观测的离散型被解释变量 y 转换成不可观测的连续型变量 y^*，从而消除结果的不一致性与异方差性（Greene，2000）。基于本章对被解释变量的问题设置，将次序 Logit 模型表述如下：

若 $y^* < \mu_1$，则 $y = 1$

若 $\mu_1 \leqslant y^* < \mu_2$，则 $y = 2$

若 $\mu_2 \leqslant y^* < \mu_3$，则 $y = 3$

若 $\mu_3 \leqslant y^* < \mu_4$，则 $y = 4$

若 $y^* \geqslant \mu_4$，则 $y = 5$

其中，y^* 为不可观测的隐变量，假设 y^* 受一组变量 X 的影响，则 $y^* = \alpha + X\beta + \varepsilon$，$X$ 为包括农户社会资本和其他控制变量在内的向量，α 为常数项，β 为其参数，ε 为随机扰动项，且服从逻辑分布。因此 y 取 1、2、3、4、5 的概率可以表示如下：

$$P(y=1) = P(y^* < \mu_1) \tag{5.1}$$

$$P(y=2) = P(\mu_1 \leqslant y^* \leqslant \mu_2) = P(y^* \leqslant \mu_2) - P(y^* \leqslant \mu_1) \tag{5.2}$$

$$P(y=3) = P(\mu_2 \leqslant y^* \leqslant \mu_3) = P(y^* \leqslant \mu_3) - P(y^* \leqslant \mu_2) \tag{5.3}$$

$$P(y=4) = P(\mu_3 \leqslant y^* \leqslant \mu_4) = P(y^* \leqslant \mu_4) - P(y^* \leqslant \mu_3) \tag{5.4}$$

$$P(y=5) = P(y^* > \mu_4) = 1 - P(y^* < \mu_4) \tag{5.5}$$

在逻辑分布下，随机变量 Z 的累计分布函数为：

$P(Z=z) = \Lambda(z) = e^x/(1+e^x) = 1/(1+e^{-x})$，则式（5.1）–式（5.5）可以转化为：

$$P(y=1) = \Lambda(\mu_1 - X\beta - \alpha) = 1/(1+e^{\alpha+X\beta+\mu_1}) \tag{5.6}$$

$$P(y=2) = \Lambda(\mu_2 - X\beta - \alpha) - \Lambda(\mu_1 - X\beta - \alpha) = 1/(1+e^{\alpha+X\beta+\mu_2}) - 1/(1+$$
$$e^{\alpha+X\beta+\mu_1}) \tag{5.7}$$

$$P(y=3) = \Lambda(\mu_3 - X\beta - \alpha) - \Lambda(\mu_2 - X\beta - \alpha) = 1/(1+e^{\alpha+X\beta+\mu_3}) - 1/(1+$$
$$e^{\alpha+X\beta+\mu_2}) \tag{5.8}$$

$$P(y=4) = \Lambda(\mu_4 - X\beta - \alpha) - \Lambda(\mu_3 - X\beta - \alpha) = 1/(1+e^{\alpha+X\beta+\mu_4}) - 1/(1+$$
$$e^{\alpha+X\beta+\mu_3}) \tag{5.9}$$

$$P(y=5) = 1 - \Lambda(\mu_4 - X\beta - \alpha) = 1 - 1/(1+e^{\alpha+X\beta+\mu_4}) \tag{5.10}$$

由式（5.6）~式（5.10）可得次序 Logit 回归方程：

$$\ln\left(\frac{P(y \leqslant j)}{1 = P(y \leqslant j)}\right) = \mu_j - \alpha - X\beta \tag{5.11}$$

其中，P_j 表示 $P(y=j)$，$(j=1, 2, 3, 4, 5)$。

（2）模型设定。根据本章的研究目的并拓展现有的研究经验，本章采用的基础计量模型设定如下：

$$Will = \alpha_0 + \alpha_1 \times Social\_Capital + \alpha_2 \times Individual + \varepsilon_i \tag{5.12}$$

式（5.12）中，农户的科技创业意愿 $Will$ 为被解释变量（取值 1 表示非常低，取值 5 表示非常高）；$Social\_Capital$ 代表社会资本，具体从网络结构特征、关系特征以及网络投入这 10 个方面选取十个测量指标，$Individual$ 代表以农户个人特征为代表的控制变量，α 表示待估参数向量，ε_i 为残差项。

（3）估计方法选择。在估计方法选择上，本章首先采用有序多分类回归对式（5.12）进行模型估计。然而，有序多分类估计的参数是自变量对因变量条件期望的边际效果，其结果反映的仅仅是"平均"的概念，强调的也只是平均效应（Melly，2005；寇恩惠等，2013；李瑞琴，2015），无法考虑在不同创业意愿分布区间上各变量产生的不同影响。本章借鉴 Koenker（1978）提出的分位数回归法来解决此问题，构建如下模型：

$$Quantile_\theta (Will_i | x_i, x_j) = \alpha_0 + \alpha_1^\theta \times x_i + \alpha_2^\theta \times x_j + \varepsilon_i \tag{5.13}$$

式（5.13）中，$Quantile_\theta (Will_i | x_i, x_j)$ 为在给定 x_i 和 x_j 的情况下，θ 分位点对应的条件分位数，x_i（$i=1, 2, 3, \cdots, i$）代表社会资本，x_j（$j=1, 2, 3, \cdots$，

j）代表控制变量，本章仅选择 25、50、75、90 这四个具有代表性的分位点。

5.3　描述性统计分析

根据问卷回收得到的因变量、自变量和控制变量的具体定义、基本描述性统计如表 5.3 所示。由于不同农户对问卷的回答存在部分缺失值，统计分析软件未对缺失值纳入统计，因此各变量的有效样本量大多不同。在农户科技创业意愿调查样本中，选"十分愿意"的有 260 人，占 17.06%，选"比较愿意"的有 379人，占 24.87%，选"一般愿意"的有 613 人，占 40.22%，选"不太愿意"的196 人，占 12.86%，选"不愿意"的有 76 人，占 4.99%。按李克特量表赋值，因变量平均值为 3.36 分，标准差为 1.06，农户的科技创业意愿介于一般愿意和比较愿意之间，高于中性值（3 分）0.36 分，说明被调查农户在现有的创业资本条件下总体意愿接近于选择科技创业。所有样本中，男性 916 人，占 60.1%，女性 608 人，占 39.9%；平均年龄为 40.33 岁，最大的 67 岁，最小者只有 22 岁，已婚的比例占 89.8%；受教育程度为小学及以下的有 291 人，占 19.09%，受教育程度为初中的有 532 人，占 34.91%，高中及中专的为 456 人，占 29.92%，大专学历的有 173 人，占 11.35%，本科及以上学历的有 72 人，占 4.72%；有外出务工经历的农户占比为 60.3%。其他变量作类似处理，不再赘述。

表 5.3　指标的定义与描述性统计

名称	符号	定义	均值	标准差	最小值	最大值	样本量
创业意愿	Will	非常低 = 1，非常高 = 5	3.3615	1.0626	1	5	1524
社会资本							
社会地位	social_sta	所处层级，底层 = 1，顶层 = 5	2.8491	0.8911	1	5	1524
信息获取	info	从其他农户那里获取的信息与资源，非常少 = 1，非常多 = 5	3.0381	1.0395	1	5	1524
亲朋好友	friends	亲朋好友数量，非常少 = 1，非常多 = 5	3.4331	1.1821	1	5	1524
联系频率	freq	与亲朋好友联系频率，从不 = 1，每年数次 = 2，每月数次 = 3，每周数次 = 4，每天 = 5	3.1562	1.0039	1	5	1524

续表

名称	符号	定义	均值	标准差	最小值	最大值	样本量
人情支出	rela_cost	人情支出占家庭总支出的比重，非常少=1，较少=2，一般=3，较多=4，非常多=5	2.3904	0.9298	1	5	1524
政府支持	gov_tru	国家和政府对本地从事创业活动提供的支持，非常少=1，较少=2，一般=3，较多=4，非常多=5	3.1146	0.9224	1	5	1524
银行支持	form_tru	银行等正规金融机构对创业提供的资金支持，非常少=1，较少=2，一般=3，较多=4，非常多=5	2.6695	1.0593	1	5	1524
非银行支持	infor_tru	小额贷款等非正规金融渠道的民间借贷组织对创业提供的资金支持，非常少=1，较少=2，一般=3，较多=4，非常多=5	3.0853	1.2114	1	5	1524
组织支持	orgi_tru	合作社、科研机构等组织对创业活动提供的技术帮助，非常少=1，较少=2，一般=3，较多=4，非常多=5	2.9244	1.0813	1	5	1524
媒体支持	media_tru	电视、广播等媒体对创业提供的支持，非常少=1，较少=2，一般=3，较多=4，非常多=5	2.8176	1.1013	1	5	1524
控制变量							
性别	sex	男性=1，女性=0	0.6010	0.4898	0	1	1524
年龄	age	2013-出生年份	40.3278	10.9629	22	67	1524
文化程度	edu	小学及以下=1，初中=2，中专=3，高中=4，大专=5，本科=6，研究生及以上=7	2.8031	1.4855	1	7	1524
是否结婚	marriages	已婚=1，未婚=0	0.8983	0.3024	0	1	1524
务工经历	nonfarm	是否拥有外出打工经历，是=1，否=0	0.6030	0.4894	0	1	1524
技术能力	skill	个人掌握的技术和能力程度，非常低=1，较低=2，一般=3，较高=4，非常高=5	3.1991	1.1243	1	5	1524
过去经验	experience	个人拥有的经验，非常少=1，较少=2，一般=3，较多=4，非常多=5	3.6549	0.9952	1	5	1524

5.4　实证结果与分析

5.4.1　基准回归

根据本书的实证计量模型，在 Stata 14.0 软件中进行 Ordered Logit 模型分析，模型 1 是社会资本因素等主要变量对农户科技创业意愿的回归，模型 2 是引入控制变量之后对农户科技创业意愿的回归。模型 1 和模型 2 在 1% 的显著性水平上通过 F 检验，且模型 1 的判定系数 R^2 值达到 0.4095，模型 2 的判定系数 R^2 值达到 0.4820，模型的回归结果如表 5.4 所示。

从社会资本的结构维度来看，结构特征均在 1% 水平上显著影响农户的科技创业意愿。农户的社会地位反映了嵌入在社会网络中信息和资源的质量，处于较高社会阶层的农户更容易获取科技创业所需的资源和信息，且获取一些稀缺资源的可能性更大，从而增加其参与科技创业的概率；从其他农户那里获取信息和资源的多寡也在 1% 水平上显著影响创业意愿，能够从其他农户那里获取更多信息和资源的农户，对其创业成功性的信心就越大，从而增加其参与科技创业的概率；亲朋好友数量的多寡也在 1% 水平上显著影响创业意愿，亲朋好友越多，创业途中获得的帮助也越大，更容易拥有创业所需的资源和信息，从而增加参与科技创业的概率。从社会资本的网络投入这一维度来看，资金投入与时间投入均在 1% 水平上显著影响农户的科技创业意愿。从网络投入来看，本书通过调查农户上一年人情支出占家庭总支出的比重来测量资金投入，从回归结果可以看出，人际交往越积极的农户越容易获取科技创业所需的信息和资源，从而能够提高农户的科技创业意愿；再从时间投入这一角度进行分析，时间投入能够建立和维护人际关系网络，从而把嵌入在关系网络中拥有不同资源的人联系起来，这样有助于提高农户在科技创业活动中获取所需的创业资源，因此，时间投入对提高农户从事科技创业活动的参与程度具有显著正向影响。最后从关系维度来看，政治关系信任在 1% 水平上显著影响农户的科技创业意愿，对政府的信任意味着农户对政府所公布信息的认可程度。当前，很多信息和资源掌握在政府手中，因此政府在农户的科技创业活动中存在一定程度的诱导性，尤其是识别科技创业机会。正规金融机构的信任和非正规金融机构的信任均在 1% 的显著性水平上影响农户的科技创业意愿，对金融机构的信任意味着金融机构可以为农户科技创业活动提供资金和资源的支持。正规金融机构能够为农户各个创业阶段提供创业所必需的资金支持和相应的风险管控支持，非正规金融机构可以提供更加灵活的资金和信息资源支持，进而提升农户科技创业成功的概率。组织关系信任在1%水平上显著影响农户的科技创业意愿，对合作社、科研机构的信任意味着农户对组织机构的支持与认可，组织机构掌握着农户个体所欠缺的科技信息及最新科研成果，能够提供农户科技创业所需的技术支持。媒体信任在1%水平上显著影响农户科技创业意愿，媒体充当着农户与特殊外部资源的重要沟通桥梁，对媒体的信任意味着农户对媒体传播的政府科技创业政策、最新创业机会、创业资源以及创业经验交流的认可，提升农户对自身科技创业的成功信心。

表5.4 社会资本对农户科技创业意愿影响的回归结果

			模型1	模型2
社会资本	结构维度	soc_sta	0.2669 ***	0.3717 ***
			(2.11)	(2.74)
		info	0.9258 ***	0.7838 ***
			(7.39)	(5.72)
		friends	0.6437 ***	0.6386 ***
			(5.08)	(4.57)
	网络投入	freq	0.5794 ***	0.5381 ***
			(3.95)	(3.32)
		rela_cost	0.2933 ***	0.1445
			(2.84)	(1.27)
		gov_tru	0.1754 ***	0.2597 ***
			(1.87)	(2.48)
		form_tru	0.5173 ***	0.6841 ***
			(5.94)	(6.97)
	关系维度	infor_tru	0.4034 ***	0.5177 ***
			(4.26)	(4.83)
		orgi_tru	0.4215 ***	0.5777 ***
			(5.04)	(6.27)
		media_tru	0.7674 ***	0.8548 ***
			(8.71)	(8.71)
		sex		0.1839
				(0.93)
		age		−0.0225 **
				(−2.12)
		edu		0.3815 ***
				(5.43)

续表

控制变量			模型 1	模型 2
		marriages		-0.6093 * (-1.77)
		nonfarm		1.5777 *** (6.83)
		skill		0.2413 *** (2.61)
		experience		-0.0340 (-0.33)
		LR chi2	754.22	841.18
		Pseudo R^2 =	0.4095	0.482
		N	1524	1524

注: *** 表示 1% 显著，** 表示 5% 显著，* 表示 10% 显著，括号中为 t 值，下同。

接下来进一步了解主要的控制变量对农户科技创业意愿的影响：性别对农户的科技创业意愿无显著影响；而年龄在 5% 的水平上显著负向影响农户的科技创业意愿，这主要是因为年龄越小，接受新鲜事物和观念的能力越强，期望通过创业改变人生的欲望越强，对创业风险的承受能力也越强。相反，随着年龄的增长，家庭和生活的压力随之增加，对创业失败所带来的风险承受能力相应地降低。婚姻状况在 10% 的水平上显著负向影响农户的科技创业意愿。这主要是因为婚姻虽然是扩大社会网络的一种重要途径，已婚农户拥有更多的人脉，但是也应该考虑到，有一些农户迫于婚后生活的压力，致使其不敢投入风险较大的科技创业活动，因此，婚姻状况对农户的科技创业意愿具有显著的负向影响（翟浩淼，2016）。以受教育程度和外出务工经历为代表的人力资本均在 1% 的水平上显著影响农户的科技创业意愿。农户受教育程度越高，其科技创业意愿也越高。农户的学历影响着对新事物的领悟能力和理解程度，受教育水平越高的农户识别创业机会的能力越强，也更倾向于改善自身的创业环境和条件，其创业意愿也越强（高静，2015；张应良，2015；翟浩淼，2016）。外出务工经历也是经验和技术积累的过程，以外出务工经历为代表的工作经历对创业者识别创业机会以及创业活动的管理具有重要的作用，从而显著影响农户的科技创业意愿。这一点和高静（2015）、钟王黎（2010）的研究结论保持一致，农户在迁移过程中所积累的社会资本能够直接影响农户的创业意愿，一些农户在外出务工的过程中积累了充分的社会资本后返乡从事创业活动。技术能力在 1% 的水平上显著影响农户的科技创业意愿，主要是因为个人技术和能力越高的农户，进行科技创业成功的可能性越高，前期评估创业成功概率越高，个人参与创业活动的信心和意愿就越强。

5.4.2 分位数回归

Ordered Logit 回归仅仅描述了社会资本对农户科技创业意愿的均值影响，无法反映影响其分布的形状、刻度以及其他方面的内容。为了弥补这一缺陷，此处将根据农户科技创业意愿的条件分位数对社会资本进行分位数回归，这样一来，不但能够更准确地描述社会资本不同维度对农户科技创业意愿影响的变化范围以及条件分布形状，还能够捕捉其尾部特征。当社会资本各个维度对不同创业意愿的分布产生不同影响时，分位数回归就能更全面地刻画分布特征，从而得到全面的分析，并且分位数回归的系数估计比 Ordered Logit 的回归系数估计稳健性更高。表 5.5 给出了分位数回归的 25、50、75 以及 90 等分位点的回归结果。下面我们将从结构维度、网络投入与关系维度三个角度来阐述分位数回归的结果：

从结构维度来看，社会地位在 50、75、90 高分位点显著影响农户的科技创业意愿，整体呈上升趋势；信息的获取无论是在高分位还是低分位，均在 5% 的水平上显著影响农户的科技创业意愿，这意味着农户的信息获取能力对其创业意愿的不同分布均具有显著的正向影响；而亲朋好友的数量则在低分位点的显著性水平更高，在 90 分位点则不显著。如前文所述，社会地位较高的农户越容易获取一些稀缺资源和信息，了解最新的市场信息和先进的生产技术，从而增强其创业成功的概率，提高创业意愿。而信息的获取对于所有创业者来说均有重要作用，所获取的信息资源越多，可选择的创业方向越多，同时其创业的成功性越大，因此信息获取对农户的科技创业意愿有显著的正向影响。亲朋好友的数量对于高分位点农户的科技创业意愿没有显著影响，这是因为高分位点农户由于具有极强的创业意愿，无论亲朋好友数量的多寡，都会竭尽所能地调动周围所有资源进行科技创业活动，不受好友数量多少的影响，这一结果比较符合经济学直觉。从网络投入维度来看，时间投入在中低分位点上显著影响农户的科技创业意愿，而资金投入对于农户的科技创业意愿不具有显著影响。由此可见，与亲朋好友的联系频率在中低分位点上显著影响农户的科技创业意愿。对于农户的科技创业行为而言，人际关系的建立与维度有助于获取嵌入在关系网络中的稀缺资源，而时间投入意味着对人际关系网络的发展与培养，从而有助于获取网络资源，提高科技创业成功的可能性，进而提高农户的科技创业意愿。从关系维度来看，政治信任在 50 和 75 分位点显著影响农户的科技创业意愿，而在低分位点和高分位点对农户的科技创业意愿不存在显著影响。本书认为，我国农户的信任是建立在血缘关系基础上的，当农户存在资金不足以及技术能力匮乏时，建立在信任基础上的社会关系网络能够在资金和技术上提供帮助与支持，从而帮他们渡过难关。银行等正规金融机构的信任以及民间借贷等非银行金融机构的信任对农户的科技创业意愿在各个分位点都存在显著影响；非银行金融机构对农户提供的资金支持对于农户的科技创业意愿有显著影响，也是农户创业资金的重要来源，而对于低分位的农户来说，非银行金融机构的支持并没有对其形成显著影响。组织信任和媒体信任在各分位点上均以 1% 水平显著影响农户的科技创业意愿，合作社、科研所等机构的组织支持提供着农户科技创业所欠缺的科技信息和最新科研成果，能够提供农户科技创业所需的技术支持；电视、广播、报刊等媒体支持则充当着政府与农户之间的创业支持政策的传播桥梁，以及最新创业机会、创业资源和创业经验的交流平台，因此，组织信任和媒体信任对于农户科技创业的意愿均有显著正向影响。

控制变量的分位数回归结果与分析：

年龄在 25、50 分位点均在 1% 的水平上显著负向影响农户的科技创业意愿，在中低分位点依然呈负向影响，但在 75、90 高分位点，则呈现正向影响。对于高分位点农户来说，对创业失败的风险承受能力较强，同时，随着年龄的增长，其社会关系网络更加宽广，所获取的资源增加，家庭生活的压力也提升了农户通过科技创业提升经济基础和生活条件的意愿，进一步增强其参与科技创业的意愿。受教育程度对农户科技创业意愿的不同分布均具有正向影响，在 25、50、75 中分位点均在 1% 的水平上显著正向影响农户的科技创业意愿，整体呈上升趋势，主要因为随着受教育程度的提升，农户获取稀缺资源的能力相应提升，具有更宽广的视野，能发现更多的创业机会，教育水平的提高能够增加人们从事创业活动的概率，与前文结论相一致。外出务工经历无论是高分位还是低分位，均在 1% 的水平上显著影响农户的科技创业意愿，整体呈上升趋势，这意味着农户的外出务工经历对其科技创业意愿的不同分布均具有显著的正向影响，如前文所述，外出务工经历有助于增加农户对稀缺资源的获取能力，扩展其社会关系网络，同时外出务工期间积累的资金和经验对于创业农户的科技创业意愿存在系统性影响，因此，外出务工经历对农户科技创业意愿的不同分布均具有正向的显著影响。婚姻状况在 25 低分位点显著影响农户的科技创业意愿，在高分位点则不显著。已婚农户随着孩子的出生成长，家庭生活压力逐渐加大，使其对风险的承受能力逐渐降低，农户很难或者不愿承担科技创业的风险，导致其不能全身心地投入到科技创业的活动中，最终降低农户的科技创业意愿，对于低分位点的农户来说，该因素导致其风险承受能力更加薄弱，对于高风险的科技创业活动也随之减弱。自身拥有的技术和能力在 50、75 中分位点显著正向影响农户的科技创业意愿，在 25 低分位点该影响力减弱，整体呈上升趋势。自身拥有的技术和能力能有效提升农户科技创业成功的概率，而更高的技术和能力还能带给农户更强的创业成功信心，心理学理论提出人们的信心和认知模式能够对行为主体的决策产生重要影响，农户对创业成功的信心越强，其参与科技创业的意愿就越强。因此，自身拥有的技术和能力对农户科技创业意愿具有显著的正向影响。

表5.5 创业意愿的分位数回归

			分位数回归			
		解释变量	0.25	0.5	0.75	0.9
社会资本	结构维度	soc_sta	0.0274	0.0958 **	0.1547 ***	0.1477 *
			(0.61)	(2.53)	(2.90)	(1.77)
		info	0.2831 ***	0.2529 ***	0.2056 ***	0.2151 **
			(5.14)	(3.23)	(4.70)	(2.01)
		friends	0.1452 ***	0.1526 ***	0.1128 *	0.1080
			(5.76)	(4.04)	(1.86)	(1.13)
	网络投入	freq	0.1501 **	0.1417 ***	0.0760	0.1424
			(2.54)	(3.47)	(0.78)	(1.50)
		rela_cost	0.0199	0.0438	0.0408	0.0338
			(0.37)	(1.44)	(0.80)	(0.57)
		gov_tru	0.0388	0.0576 **	0.0753 *	0.0070
			(0.75)	(2.35)	(1.82)	(0.12)
		form_tru	0.1932 ***	0.1881 ***	0.1745 **	0.1526 **
			(6.88)	(5.73)	(2.99)	(2.46)
	关系维度	infor_tru	0.2045 ***	0.1787 ***	0.1602 ***	0.1544 **
			(5.67)	(4.84)	(3.57)	(2.33)
		orgi_tru	0.1295 ***	0.1335 ***	0.1634 ***	0.1860 ***
			(6.34)	(4.64)	(4.30)	(3.62)
		media_tru	0.2051 ***	0.2388 ***	0.2333 ***	0.2552 ***
			(6.82)	(6.04)	(4.87)	(4.66)
		sex	0.0812	0.1528 **	0.0596	0.0448
			(1.54)	(2.35)	(0.70)	(0.43)
		age	− 0.0094 ***	− 0.0084 ***	0.0001	0.0058
			(− 3.25)	(− 2.84)	(0.01)	(1.23)
		edu	0.1207 ***	0.1315 ***	0.1150 ***	0.0831
			(4.62)	(6.32)	(3.22)	(1.63)
控制变量		marriages	− 0.2042 **	− 0.1253	− 0.0353	− 0.1642
			(− 2.42)	(− 1.56)	(− 0.30)	(− 0.62)

续表

		分位数回归			
	解释变量	0.25	0.5	0.75	0.9
控制变量	nonfarm	0.3852 ***	0.3634 ***	0.5141 ***	0.4363 ***
		(6.45)	(4.71)	(5.36)	(3.76)
	skill	0.0541	0.0430 *	0.1236 ***	0.0535
		(1.13)	(1.77)	(2.81)	(1.27)
	experience	−0.0549	−0.0370	−0.0217	0.0766
		(−1.04)	(−0.91)	(−0.35)	(1.25)
	con	−2.0398 ***	−2.1890 ***	−2.2736 ***	−2.0254 ***
		(−6.30)	(−7.83)	(−8.23)	(−3.75)
	Pseudo R^2	0.5538	0.5224	0.5083	0.5112
	N	1524	1524	1524	1524

5.4.3　区域差异分析

基准回归结果表明，在整体层次上，社会资本的结构特征、网络投入与关系特征均显著正向影响科技创业农户的创业意愿，性别对农户的创业意愿已不存在显著影响。但是中国作为一个发展中大国，不同地区的发展水平存在明显的区域差异，这就可能导致不同地区农户的社会资本情况对科技创业意愿影响的异质性。中国的经济发展与地理地貌发展高度重合，东部地区的经济发展程度最高，中部次之，广袤的西部地区经济发展水平相对落后。据此，本章按照东中西部①将整体样本划分为 3 个区域，对其分别进行拟合回归，以验证不同区域农户的社会资本对科技创业意愿影响的稳健性。回归结果如表 5.6 所示，在东部、中部、西部地区，社会资本的各个维度对农户科技创业意愿的影响呈现较为明显的区域特征。在中部地区，社会地位仍然在 5% 的显著性水平上正向影响农户的科技创业意愿，这与基准模型保持一致，但影响力度弱于整体样本。但在东部和西部地区，社会地位虽然对创业意愿仍保持正向影响，但不再通过显著性检验。之所以如此，可能是因为西部地区相对发展落后，东部地区相对发展较快，同区域创业农户间的社会地位相差并不大，因此未对科技创业意愿形成显著影响。在东部地区，人情支出对农户科技创业意愿仍在 1% 水平上呈显著正向影响，但在中部、西

---

① 东部地区包括辽宁、河北、江苏、浙江，中部地区包括安徽、河南、湖北、江西、山西，西部地区包括贵州、内蒙古、陕西、四川、云南、重庆。

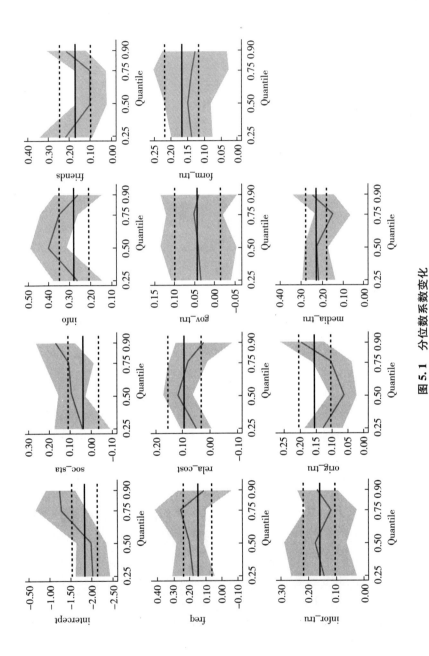

图 5.1 分位数系数变化

部地区，这一影响已不再通过显著性检验。究其原因，主要是中部、西部地区农户的经济状况相对东部农户较落后，人情支出占家庭总支出的比重相对较小，因此人情支出对科技创业意愿的影响并不显著。在西部地区，组织信任仍在 1% 的水平上显著影响农户科技创业意愿，但在中部、东部地区，已不再通过显著性检验。这主要是因为中东部经济发展较快，获取科技创业所需的技术支持途径较多，已不局限于农村合作社、科研机构等特定组织机构，科技技术的来源更加多元化。

接下来进一步了解主要的控制变量对不同地区农户科技创业意愿的影响：

在东部地区，性别对农户的科技创业意愿在 1% 的显著水平上呈正向影响，影响力大于整体样本。但在中部和西部地区，性别对农户的创业意愿则呈现负向影响，其中，西部地区性别在 5% 的显著水平上负向影响其科技创业意愿。主要是因为东部地区经济发展较早，农户创业时各种条件和基础环境优于中西部地区，而在事业心方面男性先天优于女性，因此东部地区性别对农户科技创业意愿呈显著的正向影响。中西部地区农户相对发展缓慢，农户的生存压力和经济压力较大，同时，小富即安的小农意识较强，男性农户风险承受能力偏弱，更加保守。在东部地区，年龄对农户科技创业意愿的影响在 5% 的水平上呈负向影响，与基准模型保持一致。随着经济发展水平的降低，年龄对农户科技创业意愿的影响力逐步减弱，在经济发展水平相对落后的西部地区，这一影响已不再通过显著性检验，并呈现较弱的负向影响。究其原因主要是：第一，从同一区域不同年龄纵向分析，因为年龄越小，越容易接受新鲜事物和理念，更容易抓住创业机遇，对创业风险的承受能力也更强。但随着年龄的增长，家庭责任的增加，出于对家庭和生活的考虑，对创业失败所带来的风险承受能力也逐渐降低，因此，年龄对农户科技创业意愿的影响呈负向影响，与前文提出的假设基本一致。第二，从不同区域同年龄横向分析，对于不同区域中创业意愿较强的年轻人来说，随着经济发展水平的提高，其视野也更加宽阔，创新求变的欲望更强烈，同时，科技创业资源更加丰富，能获取的创业机会更多，因此，相比经济发展水平落后的西部地区来说，东部地区年轻人的科技创业意愿更强，年龄对于农户科技创业意愿的影响也更加显著。受教育程度依然对农户科技创业意愿呈现正向影响，与基准模型保持一致，但在中部和西部地区，该影响力弱于整体样本。之所以如此，可能是由于过去我国的教育资源相对集中在东部发达地区，东部农户普遍具有较高的受教育程度，而更高的受教育程度，使农户识别创业机会的能力也越强，更倾向于通过科技创业改善自身的生存环境和生活条件。而中部、西部地区，受经济发展水平相对落后的影响，教育资源也相对较少，农户受教育程度普遍不高，同区域样本农户的受教育程度之间的差异相对较小，导致对农户科技创业意愿的影响力减弱。婚姻状况对西部地区农户科技创业意愿依然呈负向影响，与基准模型保持一致，但这一影响已不再通过显著性检验。而在东部地区，婚姻状况则在1%的水平上呈显著正向影响，其原因可能是因为通过婚姻扩大对外交往的覆盖面，社交网络覆盖面更宽，加上东部更加优越的基础条件，可获取的创业机会、创业资源更多，因此，在东部地区婚姻状况对农户科技创业意愿呈显著正向影响。而西部地区由于经济发展水平相对落后，婚后生活压力随着孩子的出生逐渐加大，使农户的风险承受能力减弱，对于较高风险的科技创业，其创业意愿也随之降低，因此西部地区婚姻状况对农户科技创业意愿呈较弱的负向影响。外出务工经历对西部地区农户的科技创业意愿依然呈现正向影响，但随着区域经济发展水平的提高，外出务工经历对农户科技创业意愿的影响逐步减弱，在中部地区虽然呈正向影响，但影响力已不再通过显著性检验，在东部地区，更是呈现较弱的负影响。在经济发展相对落后的西部地区，打工经历有助于增加农户对稀缺资源的获取能力，是农户扩展社会网络关系的重要途径。同时，外出务工积累的经验和资金，更对农户科技创业意愿有系统性的影响。对于西部地区的农户来说，外出务工期间所掌握的职业技能、技术手段、商业运作模式、商业网络关系等，都能够增加其创业的信心和决心。因此，在经济发展水平相对落后的西部地区，外出务工经历对农户科技创业意愿呈现正向影响。但随着区域经济发展水平的提高，外出务工已经不是农户扩展社会网络关系、获取稀缺资源的重要途径，反而会因为打工时间的增长，形成固化的思维模式，对创业风险的承受能力减弱，降低农户的科技创业意愿。

表5.6　创业意愿区域差异分析

变量	西部		中部		东部	
	模型1	模型2	模型3	模型4	模型5	模型6
soc_sta	0.0340	0.1662	1.1861**	8.4977**	0.0907	0.6091
	(0.18)	(0.79)	(2.56)	(2.12)	(0.37)	(1.40)
info	0.5227***	0.3566*	2.0987***	12.7827	1.0967***	1.8730***
	(2.93)	(1.88)	(5.50)	(1.63)	(4.11)	(3.48)
friends	1.4919***	1.7242***	1.4953***	9.4459**	0.6180**	2.8404***
	(5.59)	(6.02)	(4.47)	(2.30)	(2.08)	(3.52)
freq	0.9649***	0.8026***	1.0392**	2.8477	-0.2453	-3.4063***
	(3.83)	(2.92)	(2.07)	(1.12)	(-0.76)	(-3.68)
rela_cost	0.2414	0.1087	0.4589	2.5413	0.5782**	2.3958***
	(1.47)	(0.60)	(1.41)	(0.71)	(2.67)	(4.12)

续表

变量	西部		中部		东部	
	模型 1	模型 2	模型 3	模型 4	模型 5	模型 6
gov_tru	0.1517	0.1835	1.1561 ***	13.3950	0.7354 ***	0.4351
	(1.08)	(1.22)	(3.54)	(1.56)	(3.14)	(0.78)
form_tru	0.6121 ***	0.6986 ***	1.2265 ***	11.8841 *	0.6336 ***	3.9021 ***
	(4.42)	(4.54)	(4.28)	(1.77)	(3.07)	(5.11)
infor_tru	− 0.5723 ***	− 0.6727 ***	2.0904 ***	13.6109 *	1.5071 ***	9.3328 ***
	(− 2.92)	(− 3.16)	(5.48)	(1.91)	(6.21)	(5.39)
orgi_tru	0.8916 ***	0.9663 ***	− 0.0872	2.9034	0.0792	1.2214 **
	(6.49)	(6.34)	(− 0.38)	(1.55)	(0.34)	(2.44)
media_tru	0.8509 ***	0.9051 ***	1.5528 ***	9.4026 **	0.6195 ***	− 0.2498
	(6.38)	(6.14)	(4.55)	(2.03)	(3.09)	(− 0.71)
sex		− 0.6576 **		− 2.6253		2.6514 ***
		(− 2.10)		(− 1.14)		(3.66)
age		0.0107		− 1.1632 *		− 0.0694 **
		(0.69)		(− 1.86)		(− 2.06)
edu		0.2440 **		6.0820 *		3.6347 ***
		(2.22)		(1.69)		(4.97)
marriages		− 0.6922		1.8230		3.2868 ***
		(− 1.30)		(0.27)		(3.02)
nonfarm		0.7709 **		29.9991 *		− 0.4441
		(2.31)		(1.87)		(− 0.53)
skill		0.1479		6.4549 *		− 0.3214
		(0.98)		(1.76)		(− 0.74)
experience		0.2516 *		0.5166		1.0760 **
		(1.68)		(0.24)		(2.59)
LR chi2 (10)	317.45	325.43	383.8	501.38	234.72	349.37
Pseudo R^2	0.4218	0.4569	0.7024	0.9175	0.4500	0.7475
N	992	992	322	322	210	210

5.5 稳健性检验

基准回归结果是采用 Order Logit 模型方法进行的估计，主要是因为前文假定的因变量通过转换能够符合逻辑分布，除了 Order Logit 模型之外还有另外一种对式（5.17）的估计方法，即为 Order Probit 模型。为了检验模型的估计结果是由于选择不同的计量方法而存在显著的差别，本节选用 Order Probit 方法对式（5.17）进行估计，具体的估计结果如表 5.7 所示，并与 Order Logit 模型的估计结果进行对比做稳健性检验。通过对比考察表 5.4 和表 5.7 的结果不难发现，两种估计方法的系数值和显著性并不存在显著差异，由此可以看出两种不同估计方法的结果基本一致。具体来看，信息获取（info）、朋友数量（friends）、联系频率（freq）、人情支出（rela_cost）、政府信任（gov_tru）、正规金融机构信任（form_tru）、非正规金融机构信任（infor_tru）、组织信任（orgi_tru）、媒体信任（media_tru）的显著性在使用 Order Probit 模型和 Order Probit 模型进行估计时并未存在显著差异，只是个别的估计系数有所不同，但这并不对估计系数效果产生影响，两种方法的估计结果以及解释意义基本保持一致。此外，从农户个人特征变量的几个主要控制变量估计结果来看，除了年龄（age）、婚姻状况（marriages）、技术能力（skill）存在由于估计方法的不同而使显著性水平出现差异之外，其他变量的显著性和符号基本保持一致。这些细微的差异并没有因选取不同的估计方法而使结论产生巨大不同，因此可以基本判定，模型的估计结果具有稳健性。

表 5.7 社会资本对农户科技创业意愿影响的 Ordered Probit 估计结果

		解释变量	模型 1	模型 2
社会资本	结构维度	soc_sta	0.1128 (1.62)	0.1757 ** (2.38)
		info	0.4739 *** (7.12)	0.4252 *** (5.95)
		friends	0.3305 *** (4.76)	0.3419 *** (4.57)
	网络投入	freq	0.2630 *** (3.27)	0.2796 *** (3.20)

续表

		解释变量	模型 1	模型 2
社会资本	网络投入	rela_cost	0.1897 ***	0.0869
			(3.31)	(1.39)
		gov_tru	0.0930 *	0.1298 **
			(1.75)	(2.24)
		form_tru	0.2906 ***	0.3749 ***
			(6.02)	(7.17)
	关系维度	infor_tru	0.2470 ***	0.2705 ***
			(4.86)	(4.81)
		orgi_tru	0.2701 ***	0.3506 ***
			(5.75)	(6.84)
		media_tru	0.4059 ***	0.4736 ***
			(8.61)	(9.01)
		sex		0.0750
				(0.68)
		age		-0.0099 *
				(-1.77)
		edu		0.2104 ***
				(5.38)
控制变量		marriages		-0.4137 **
				(-2.18)
		nonfarm		0.8673 ***
				(7.01)
		skill		0.1293 **
				(2.56)
		experience		0.0204
				(0.37)
		LR chi2	725.23	823.28
		Pseudo R^2	0.3938	0.4718
		N	1524	1524

5.6 本章小结

　　本章通过利用课题组的调研数据构建 Order Logit 模型，实证验证了社会资本对农户科技创业意愿的影响机制及效应，使第三章机理分析中提出的社会资本存量较高的农户更容易利用关系来获取资源得到验证，即社会资本存量较高的农户科技创业意愿明显高于社会资本存量较低的农户。由于本章是从三个维度来对社会资本进行测量的，不同维度的社会资本对创业意愿的影响程度也不尽相同：①基准回归结果表明，社会资本存量较高的农户科技创业意愿明显高于社会资本存量匮乏的农户。先从结构维度来看，网络资源反映了嵌入在关系网络中的信息质量和资源状况，那些处于较高社会阶层的创业主体更容易获取创业所需的资源和信息，进而提高农户科技创业的参与意愿；再从网络投入这一维度来看，人际交往活动越积极、人情支出越高、互动程度越频繁，则越有助于获取创业所需的异质性资源，最终提高农户科技创业的意愿；最后从关系维度来看，无论是对政府和金融机构的信任还是对组织和媒体的信任均显著正向影响农户的科技创业意愿。②分位数回归结果表明，社会资本总体上对不同科技创业意愿水平上的农户具有显著的正向影响。具体从结构维度来看，社会地位与信息的获取在不同分位点均对农户的创业意愿存在显著影响，而亲朋好友的数量则在低分位点的显著性水平更高；从网络投入这一维度来看，时间投入在中低分位点上显著影响农户的科技创业意愿，而资金投入对于农户的科技创业意愿不具有显著影响。最后从关系维度来看，政治信任在 50 和 75 分位点显著影响农户的科技创业意愿，而金融机构（正规和非正规）、组织信任和媒体信任不论在低分位点还是高分位点上，均在 1% 的水平上显著影响农户的科技创业意愿。③分区域回归结果表明，不同地域农户的社会资本对其科技创业意愿的影响存在显著差异，其中西部地区的影响显著高于中东部地区。具体地，从结构维度来看，社会地位对中部地区农户的创业意愿仍然在 5% 的显著性水平上正向影响农户的科技创业意愿，但在东部和西部地区这一因素对农户的创业意愿已不再显著；从网络投入这一维度来看，人情支出对东部地区农户的科技创业意愿仍在 5% 水平上呈显著正向影响，但在中部、西部地区这一影响因素已不再通过显著性检验；最后从关系维度来看，组织信任对西部地区农户的创业意愿在 1% 的水平上呈显著正向影响，但在中部、东部地区，已不再通过显著性检验。

第6章 社会资本对农户科技创业融资能力影响的实证分析

在第 5 章的分析中，本研究探讨了社会资本对农户科技创业意愿的影响，并得出了相应的结论。与此同时，我们也应当认识到社会资本对农户的融资能力也有着至关重要的影响，而农户融资能力的提升是实现农户科技创业可持续发展的关键所在。基于此，根据第 3 章机理分析，本章利用课题组的微观调查数据进行实证研究，论证社会资本对于科技创业农户创业融资能力的影响机制及效应。

6.1 问题的提出

金融抑制容易导致农户陷入"因为穷所以穷"的循环状态（张鑫，2015），在二元经济结构的推动下，金融市场被分割为城乡二元市场结构（王定祥，2011）。受二元经济结构的影响，我国农村金融市场的发展长期滞后于城市金融市场，在农户的生产和生活中经常会碰到自有资金不足的情况（梁爽，2015；甘宇，2016）。虽然进入 21 世纪以来，党和国家全面启动消除二元经济结构、破解"三农"改革战略，农村地区的金融服务水平以及金融机构覆盖率得到很大的提升，但是仍有相当大一部分的有融资需求的创业农户无法获得满足。国内外学者对农户的金融抑制以及信贷约束的研究已取得相当丰富的成果，发展经济学从 20 世纪 60 年代以来一直强调农户发展中的金融抑制问题以及农民所面临的金融约束问题（Gurley & Shaw，1960，1967；Mckinnon，1973；Shaw，1973）。国外学者关注的重点是信贷约束机制如何形成这一问题。他们认为，"有限责任约束"（Limited Liability）（Evans & Jovanovic，1989）以及信息和激励机制的扭曲，即"道德风险"问题（Stiglitz & Weiss，1981）是信贷市场上金融约束问题形成的两个主要原因。而国内学者则更多关注信贷配给的影响因素（刘西川、程恩江，2009）、信贷约束的测度（刘西川、黄祖辉等，2009）以及信贷约束对农户福利的影响（李锐、朱熹，2007）。

对于一般的金融信贷而言，贷款供给者通常需要贷款需求者提供部分抵押物来降低贷款供给者的风险，同时具有违约补偿机制的作用。在进行贷款之前一般都会对抵押物进行信息甄别以及对放贷之后进行履约激励机制的奖惩，进而降低金融机构的经营风险。对于自身财富水平有限的农户而言，贷款难最主要的原因就是缺乏有效的抵押物。然而越来越多的学者发现，社会资本正具备这种抵押物功能，能够有效缓解农户的信贷约束。以社会关系网络成员之间的信任为基础的社会资本，不但能够促进网络内部之间的信息沟通与交流，还能够降低信息在网络成员之间的不对称性，最终构建信息分享渠道以及损益共享机制。农村的差序格局理论提出，对追求低融资成本并且尽量规避风险的创业者来说，当个人初始创业资金不能够满足农户的创业需求时，这时，基于血缘、地缘等亲朋好友的社会关系就显得尤为重要。就科技创业的农户来说，如何找到合适的抵押物，进而从正规金融市场获得所需资金，对缓解信贷约束、提高融资能力具有十分重要的意义。尤其是对于科技创业的农户来说，由于自身条件的限制导致其物质资本以及人力资本相对匮乏，而作为资源配置替代机制的社会资本则是创业农户获取有利资源条件的一种重要方式。因此，农户由于受到融资成本以及规模的限制，非正规融资渠道对其科技创业行为的影响是十分有限的。那么，社会资本是通过哪种渠道来缓解科技创业农户的融资约束？又是有哪些因素对科技创业农户的融资能力产生影响？本章将基于课题组 2013 年的调研数据，构建线性方程模型，探索社会资本对于科技创业农户融资能力的具体影响。

以社会关系网络、信任等形式为代表的社会资本能够提升农户从正规金融市场上获取贷款的可能性，进而降低由于不确定性所造成的风险成本，帮助农户识别有利的创业机会。当今，许多金融机构通过把贷款需求者的信誉或者其所归属的社会网络来代替传统形式的抵押物，例如物质和金融抵押物。发展中国家成功的信贷体系如孟加拉国的格莱珉银行、印度的中央储备银行以及墨西哥的农业保证与发展基金组织等，其成功除了贷款需求者水平网络所产生的重要作用外，供给者和需求者二者之间的层级关系网络或垂直关系网络也起到了重要作用。然而，基于社会资本的各种非正式组织（合作社等）在非正规金融市场上有助于获取创业资金（Eldridge，1995），进而提高农户科技创业的可能性。更值得一提的是，信任要素作为社会资本的隐性担保机制能够获取更多的私人融资。亲属网络不但可以降低信息的不对称性，还可以成为创业主体的隐性担保机制。这样一来，当某一主体获取银行贷款之后，就能够将所获取的贷款转移给有资金需求的亲属，这样一来就把正规融资转变成民间融资，最终提升家庭的融资水平（周晔馨，2014）。基于血缘、地缘和姻缘为基础的社会网络，不但能够促进民间借贷、缓解信息的不对称问题，而且在一定程度上对正规金融的缺陷进行补充。随着网络规模的扩大，嵌入在社会网络中的融资渠道就越多，这样一来就越容易满足那些从事科技创业活动农户的资金需求。此外，对于整个创业过程来讲，无论创业初始阶段的投资还是后续阶段发展所需的资金投入，那些正规金融越不发达的地区，其民间借贷活动对农户创业的影响则越大。社会资本功能的发挥并不取决于社会资本存量的多寡，创业者初始创业资源与其自身社会资本的匹配程度才是决定社会资本功能发挥的重要因素，那些在外出务工过程中积累了丰富社会资本的农户才更有可能从事创业活动，并且民间借贷等非正规渠道融资行为在其创业过程中具有促进作用（丁冬等，2013）。

那些拥有良好社会资本的农户往往更容易从正规金融机构和非正规金融机构获取贷款。无论是政治关系资本、组织关系资本还是人际关系资本，都是社会资本的一种表现方式（金烨，2009）。作为一种媒介资源，社会资本具有纽带作用和互惠性，在优化资金配置的同时，还能够通过资金的融通平台对科技创业农户的信贷行为产生影响。嵌入在农户关系网络中的资源越丰富，则其社会资本水平越高，从而获取稀缺资源和信息的能力越强。关系网络中的成员可以通过以下两种途径来弥补自有资金不足这一问题：一是社会资本能够提高农户从非正规金融机构获取贷款的能力，例如相当大一部分的借贷活动通过采用隐性抵押替代形式发生于关系密切的亲朋好友之间；二是社会资本在融资过程中发挥了抵押担保的作用，这样能够帮助创业者在正规金融市场寻找合适资产担保人，进而提高农户从正规金融机构获取贷款的可能性。

根据前文分析不难发现，现有文献更多集中于社会资本对中小企业或者创业农户借贷行为影响的研究，而对社会资本的研究很少有从科技创业农户这一特殊群体的视角出发进行研究，更鲜有研究从社会资本的不同维度全面分析其对科技创业农户融资能力的影响。基于此，本章将采用课题组的调查数据，利用有关社会资本与科技创业农户融资能力的数据，从社会资本结构特征、关系特征以及网络投入三个维度作为切入点，分析不同维度的社会资本对科技创业农户融资能力的具体影响。

6.2　研究设计

6.2.1　变量定义

（1）因变量：融资能力。本章主要依据科技创业农户从不同融资渠道取得的贷款金额来测量其融资能力。一般来讲，创业者的融资渠道主要包括自有资金、正规融资渠道以及非正规融资渠道。根据本章的研究目的，主要选取正规渠道融资能力、非正规渠道融资能力以及正规和非正规融资渠道加总得到的总融资能力这三个方面来考察社会资本对于科技创业农户不同渠道融资能力的影响。在调查样本中，从事科技创业活动的农户共641户，除去那些只通过自有资金从事科技创业活动的农户，最后得到有信贷约束的科技创业农户共582户，约占科技创业农户总样本的90.79%，具体的指标定义与测量如表6.1所示。

表6.1　融资能力的界定与测量

类别	测量
正规渠道融资能力	到目前为止，您从银行等正规金融机构获取贷款的金额有多少？
非正规渠道融资能力	到目前为止，您从其他非正规金融机构获取贷款的金额有多少？
总融资能力	正规渠道融资金额与非正规渠道融资金额的加总

（2）控制变量：在本章节的研究中，为了提高拟合回归的可信性，控制其他可能性因素对科技创业农户融资能力产生的影响，参照已有文献进一步引入农户家庭人口特征变量以及对金融机构服务的总体评价等控制变量（梁爽，2014；甘宇，2015）。具体如表6.2所示：家庭人口特征变量如家庭人口数量控制其可能对科技创业活动的融资能力产生的影响；金融机构服务的总体评价包括以下四个变量，即对金融机构服务的满意程度、贷款难易程度、贷款能够满足创业活动的需求、贷款手续是否麻烦，以控制金融机构对农户科技创业的融资能力可能产生的影响。

表6.2　控制变量的界定与测量

类别	测量
家庭人口数量	您家的人口总数为？
满意程度	您对目前金融机构提供的服务是否满意？
难易程度	您从国家金融机构获取贷款的难易程度？
需求程度	您从金融机构取得的贷款能够满足创业所需的资金需求吗？
繁琐程度	您认为目前金融机构贷款手续是否麻烦？

6.2.2　模型选取与设定

（1）模型设定。根据研究目的，并拓展现有的研究经验（梁爽、张海洋等，

2014；甘宇，2015），本书首先使用最小二乘法（OLS）对数据进行估计。在回归分析中，科技创业农户不同渠道的融资能力为因变量，不同维度的社会资本为自变量，本章社会资本对科技创业农户融资能力影响的回归方程为：

$$\mathrm{Ln}Y_i = \alpha_0 + \alpha_1 S_i + \sum_{m=2}^{n} \alpha_m X_i^m + \varepsilon_i \tag{6.1}$$

其中，Y_i 表示科技创业农户的融资能力，S_i 表示科技创业农户的社会资本，α_0 为常数项，X_i^m，$m = 2$，$\cdots$，n 表示若干其他控制变量，ε_i 表示随机误差项。

（2）估计方法选择。与第 5 章类似，在估计方法上本章首先采用最小二乘法（OLS）对式（6.1）进行模型估计。然而，OLS 估计的参数只是解释变量对被解释变量条件期望的边际效果，关注的只是平均效应，无法考虑在不同意愿分布上各因素的不同影响。Koenker 于 1978 年提出了分位数回归（Quantile Regression）的方法解决了这一问题。故本部分在研究农户的融资能力时采用了 QR 估计，旨在考察在农户融资能力水平分布上，不同位置受社会资本以及控制变量影响的差异。

分位数回归在本质上是基于因变量的条件分布来拟合自变量的一种线性回归方法，是 OLS 估计的一种拓展，随着分位点取值从 0 到 1 的不断提高，能够得出所有被解释变量在解释变量上的条件分布轨迹，不同于 OLS 的一条曲线，分位数回归是一簇曲线。为了进一步分析农户的社会资本在不同分位点上对其融资能力的影响，建立了如下分位数模型：

$$\ln Y_\theta(\ln Y_i \mid S_i, X_i^m) = \alpha_0 + \alpha_1^\theta S_i + \sum_{m=2}^{n} \alpha_m^\theta X_i^m + \varepsilon_i \tag{6.2}$$

式（6.2）中，$\ln Y_\theta (LnY_i \mid S_i, X_i^m)$ 为在给定 S_i 和 X_i^m 的情况下，θ 分位点对应的条件分位数。

6.3　描述性统计分析

数据来源与介绍在第 1 章已经做了具体说明，此处不再赘述，但这里对本章将要运用的指标和定义做了如下简单介绍，具体如表 6.3 所示。从整体层面来看，只有 34.63% 的科技创业农户从正规渠道获得资金支持，有超过 84.71% 的科技创业农户从非正规渠道获得资金支持，由此可见，对于科技创业农户而言，创业所需资金主要通过非正规渠道获取。在受信贷约束的 582 个科技创业农户样本中，科技创业农户其正规渠道融资能力平均为 80204 元[①]，而非正规渠道融资能力平均则为 100255 元，是正规融资渠道平均融资能力的 1.25 倍，这也说明了科技创业农户从正规金融渠道融资的能力相对较弱，农户创业所需的大部分资金来源于非正规金融渠道的融资借贷，可能是由于科技创业农户缺乏符合正规金融渠道所要求的合适抵押物，而对于追求高回报并尽量规避贷后违约风险的正规金融机构来说，科技创业相对的高风险也不被青睐。因此，科技创业农户倾向于求助相对更加灵活便捷的非正规金融渠道进行融资，并且基于血缘、姻缘、地缘的强社会关系有助于农户获得更多的民间借贷。同时基于各种非正式组织（合作社等）关系也有助于提高农户的信任要素，并将其作为隐性担保机制，进而使科技创业农户能从更多的融资渠道获取资金来满足创业活动所需。因此，对于改善和提升农户正规渠道的融资能力仍有很大空间。随着国家对农村地区金融支持政策的推进，科技创业农户正规渠道的融资能力能否得到有效改善对提高农户的融资能力具有十分重要的意义。

表 6.3 指标的定义与描述性统计

变量	符号	定义	平均值	标准差	最小值	最大值	样本量
融资能力							
正规融资	form_fina_cap	从银行等正规金融渠道获得的贷款金额	80204	301816	0	4000000	222
非正规融资	infor_fina_cap	从民间借贷等非正规金融渠道获得的贷款金额	100255	451280	0	7500000	543
总融资	fina_cap	从正规和非正规金融渠道获得的贷款总金额	124131	616306	0	11500000	582
社会资本							
社会地位	social_sta	所处层级，底层 =1，顶层 =5	2.9251	0.8718	1	5	582
信息获取	info	从其他农户那里获取的信息与资源，非常少 =1，非常多 =5	3.0827	1.0221	1	5	582
亲朋好友	friends	亲朋好友数量，非常少 =1，非常多 =5	3.5335	1.1921	1	5	582
联系频率	freq	与亲朋好友联系频率，从不 =1，每年数次 =2，每月数次 =3，每周数次 =4，每天 =5	3.2028	0.9919	1	5	582

① 均值 = 正规渠道融资总额/从正规渠道融资的科技创业农户人数。

续表

变量	符号	定义	平均值	标准差	最小值	最大值	样本量
人情支出	rela_co	人情支出占家庭总支出的比重，非常少＝1，较少＝2，一般＝3，较多＝4，非常多＝5	2.3838	0.9334	1	5	582
政府支持	gov_tru	国家和政府对本地从事创业活动提供的支持，非常少＝1，较少＝2，一般＝3，较多＝4，非常多＝5	3.0709	0.9295	1	5	582
银行支持	form_tru	银行等正规金融机构对创业提供的资金支持，非常少＝1，较少＝2，一般＝3，较多＝4，非常多＝5	2.7297	1.0483	1	5	582
非银行支持	infor_tru	小额贷款等非正规金融渠道的民间借贷组织对创业提供的资金支持，非常少＝1，较少＝2，一般＝3，较多＝4，非常多＝5	3.039	1.1347	1	5	582
组织支持	orgi_tru	合作社、科研机构等组织对创业活动提供的技术帮助，非常少＝1，较少＝2，一般＝3，较多＝4，非常多＝5	2.9438	1.0977	1	5	582
媒体支持	media_tru	电视、广播等媒体对创业提供的支持，非常少＝1，较少＝2，一般＝3，较多＝4，非常多＝5	2.8253	1.1029	1	5	582
控制变量							
性别	sex	男性＝1，女性＝0	0.6365	0.4814	0	1	582
年龄	age	2013－出生年份	42.6367	10.4	22	62	582
文化程度	edu	小学及以下＝1，初中＝2，中专＝3，高中＝4，大专＝5，本科＝6，研究生及以上＝7	3.6427	1.4368	1	7	582
是否结婚	marriages	已婚＝1，未婚＝0	0.9064	0.2915	0	1	582
家庭人数	family_size	当前家庭人数	3.9874	1.2897	1	12	582
外出务工	nonfarm	是否拥有外出打工经历，是＝1，否＝0	0.7029	0.4573	0	1	582

续表

变量	符号	定义	平均值	标准差	最小值	最大值	样本量
技术能力	skill	个人掌握的技术和能力程度,非常低=1,较低=2,一般=3,较高=4,非常高=5	3.4172	1.0700	1	5	582
满意程度	satisfaction	目前金融机构提供的服务是否满意,很不满意=1,不满意=2,一般=3,满意=4,非常满意=5	2.9199	0.6380	1	5	582
难易程度	difficulty	从金融机构贷款的难易程度,很难=1,比较难=2,一般=3,比较容易=4,非常容易=5	2.4176	0.7999	1	5	582
需求程度	needs	金融机构的贷款能否满足创业所需的资金需求,远超需求=1,刚好满足=2,不能满足,但缺口较小=3,不能满足,差距非常大=4	3.0175	0.7323	1	4	582
繁琐程度	troubles	目前向金融机构贷款手续繁琐程度,很麻烦=1,比较麻烦=2,一般=3,手续简便=4	1.9666	0.6961	1	4	582

6.4 实证结果与分析

6.4.1 基准回归

在这里,本章为了选取有效的因变量,即科技创业农户的融资能力 Y_i,作者剔除了样本中没有融资需求的农户信息。本章在使用 OLS 回归中,只选取了那些具有信贷约束的农户。在调查样本中,受到信贷约束的科技创业农户有582户,符合上述回归要求,约占科技创业农户总样本的 90.79%(总样本按641 计算),估计结果如表6.4所示。下面将从社会资本的三个维度,即结构维度、网络投入和关系维度来分析社会资本不同维度对科技创业农户不同渠道融资能力的影响。

表 6.4　社会资本对融资能力影响的估计结果

		变量	正规渠道	非正规渠道	总融资能力
社会资本	结构维度	social_sta	0.5818 **	0.4048 ***	0.4159 ***
			(2.28)	(7.19)	(6.91)
		info	0.2621	− 0.0752	− 0.0584
			(1.11)	(− 1.43)	(− 1.04)
		friends	0.3932 *	0.2589 ***	0.2288 ***
			(1.81)	(5.38)	(4.47)
	网络投入	freq	0.0875	0.1888 ***	0.1554 **
			(0.33)	(3.20)	(2.49)
		rela_cost	− 0.8369 ***	− 0.2908 ***	− 0.3081 ***
			(− 4.09)	(− 6.53)	(− 6.44)
		gov_tru	0.3188 *	− 0.0556	− 0.0290
			(1.65)	(− 1.33)	(− 0.65)
		form_tru	1.4797 ***	− 0.0390	0.0625
			(7.91)	(− 0.93)	(1.41)
	关系维度	infor_tru	− 0.5008 ***	0.4743 ***	0.3563 ***
			(− 2.76)	(11.00)	(8.18)
		orgi_tru	− 0.2431	− 0.0421	− 0.0639 *
			(− 1.51)	(− 1.17)	(− 1.68)
		media_tru	− 0.2119	− 0.1492 ***	− 0.1328 ***
			(− 1.31)	(− 4.18)	(− 3.50)
		sex	0.2961	0.0554	0.1563 *
			(0.85)	(0.71)	(1.89)
		age	0.0166	0.0029	0.0029
			(0.93)	(0.72)	(0.69)
		edu	− 0.0935	0.0116	0.0100
			(− 0.75)	(0.42)	(0.34)
		marriages	0.2259	0.3481 **	0.3484 **
			(0.37)	(2.42)	(2.35)
		family_size	0.1837	− 0.0167	0.0200
			(1.40)	(− 0.59)	(0.66)

续表

		变量	正规渠道	非正规渠道	总融资能力
控制变量		nonfarm	− 0. 6037	0. 0099	− 0. 0429
			(− 1. 51)	(0. 11)	(− 0. 45)
		skill	0. 7228 ***	0. 1183 ***	0. 1675 ***
			(3. 98)	(2. 85)	(3. 82)
		satisfaction	1. 3074 ***	0. 2707 ***	0. 3703 ***
			(6. 23)	(5. 82)	(7. 42)
		difficulty	− 0. 1287	− 0. 2512 ***	− 0. 2492 ***
			(− 0. 63)	(− 5. 42)	(− 5. 03)
		needs	0. 1591	0. 0065	0. 0421
			(0. 78)	(0. 14)	(0. 83)
		troubles	− 0. 5751 ***	0. 0596	0. 0443
			(− 3. 19)	(1. 42)	(1. 01)
		con	− 7. 1943 ***	7. 6057 ***	7. 0958 ***
			(− 4. 47)	(18. 88)	(16. 40)
		N	222	543	582
		Prob > F	0	0	0
		R-squared	0. 3749	0. 6556	0. 6335

从结构维度来看，社会地位显著影响农户正规渠道融资能力、非正规渠道融资能力以及总融资能力。农户所在阶层越高，其掌握稀缺资源和信息的可能性越大，更有可能从不同渠道获取创业所需资金，因而从不同渠道获取贷款的可能性越大。亲朋好友数量较多的农户从非正规渠道获取贷款的能力越强，而正规渠道的融资能力不显著。不难理解，在广泛的农村地区，非正规金融往往依赖以亲缘、血缘和地缘为纽带、建立在信任基础上的民间互动金融活动，拥有亲朋好友的数量越多，则农户的社会资本水平越高，从亲朋好友处获取的借款的可能性越大；同时，科技创业农户从已获得正规金融渠道贷款的亲友中获取资金的可能性也越大，将正规融资转变成非正规渠道的民间融资，从而使农户非正规渠道的融资能力越强。从网络投入来看，资金投入显著影响农户正规渠道融资能力、非正规渠道融资能力以及总融资能力。人情支出投入越多，农户的社会关系网络越强韧，获取稀缺资源和信息的可能性越大，从不同的渠道获取创业所需贷款的可能性越大，创业成功的可能性也越大。对于科技创业农户来说，人情支出是维护社会网络所必需的，随着社会地位的提升，家庭总收入的增加，人情支出占家庭总支出的比重反而越少，因此，人情

支出显著负向影响农户的融资能力。时间投入显著正向影响农户的非正规渠道融资能力，对农户的正规渠道融资能力有正向影响，但未通过显著性检验。基于血缘、亲缘、地缘等亲朋好友的社会关系，时间投入越多，人际交往越积极，越容易获得稀缺的信息资源，农户社会关系网络越发达越容易找到符合正规机构要求的资产担保人，以社会关系网络、信任要素作为隐性担保机制，进而提升农户在正规金融市场上获得贷款的概率。对于科技创业农户主要资金来源的非正规金融渠道来说，建立在血缘、亲缘、姻缘基础上的社会资本是物质抵押品的有效替代机制，以此降低对农户融资抵押物的要求，有助于提高农户从非正规金融机构获取资金的能力。从关系维度来看，政府信任在10%水平上显著影响科技创业农户正规渠道融资能力，对非正规渠道融资能力有负影响，但未通过显著性检验，政府掌握着更多的信息和资源，特别是创业机会，对政府的信任意味着科技创业农户对政府公布信息的认可，能够有效接收政府导向，更早发现并利用政府发布的有利金融政策，进而从正规渠道获得资金支持。当科技创业农户可以通过正规渠道获取创业所需资金时，对非正规渠道的融资需求就会降低，因此，能够正向影响正规渠道融资能力的政府信任，而对非正规渠道融资能力产生一定的负向影响。正规金融机构信任在1%水平上显著正向影响农户的正规渠道融资能力，非正规金融机构信任在1%水平上显著正向影响农户的非正规渠道融资能力，负向影响正规渠道融资能力。金融机构的信任意味着金融机构对农户创业活动各个阶段能够提供资金和资源的支持，信任程度越高则提供的支持程度也就越高。而农户在某一阶段创业资金需求总量是一定的，当农户的资金需求可以通过正规渠道满足时，对非正规渠道的融资需求就减弱，与前文结论保持一致①。对合作社、科研机构的组织信任意味着科技创业农户对组织机构的支持与认可，农户能够获得科技创业所需的技术支持，虽然加入各种非正式组织有助于提高农户的信任要素，并将其作为隐性担保机制，但该机制在我国农村现实中并未成为融资担保的主要力量，因此，组织信任未能对农户融资能力产生显著影响，故这里不做讨论。媒体信任在1%水平上显著负向影响农户的非正规渠道融资能力，原因可能在于，媒体信任意味着对媒体传播信息的认可程度，而近些年我国媒体频繁披露民间非正规金融机构抵押担保的负面报道，提升了农户对民间非正规金融机构的风险意识，受其影响，科技创业农户对非金融机构的融资需求随之降低，非正规渠道的融资能力也就降低。

接下来进一步了解控制变量对科技创业农户融资能力的影响：

性别、年龄、受教育程度对科技创业农户的融资能力有正向影响，但未通过显著性检验，说明创业者的性别、年龄、受教育程度等人口统计学特征已不再是

---

① 本书选取农户的正规、非正规渠道融资能力只代表具有信贷约束的样本农户从对应渠道借到的资金数量。

决定其融资能力的主要因素，创业者特质不是先天决定的，是能够后天习得的，这与高静（2015）的研究结论相一致。婚姻状况对农户的正规渠道融资能力有正向影响，并在5%水平上显著影响农户的非正规渠道融资能力，这主要是因为婚姻使农户的社会网络从婚前的单方网络资源变成婚后的夫妻双方网络资源，可以有效拓宽农户的社会关系网络，增加农户潜在的融资渠道，进而提升非正规渠道（如民间借贷等）的融资能力。技术能力在10%水平上显著正向影响正规渠道、非正规渠道的融资能力。一方面，自身技术能力较高的农户具有良好的社会资本，这样就容易获取较多的原始资源和资金积累，从不同渠道获得贷款的能力也更强；另一方面，技术能力较高的农户进行科技创业成功的可能性也更高，更容易通过金融机构的借贷审查。金融机构服务满意程度在1%水平上显著正向影响科技创业农户的正规和非正规渠道融资能力。对于金融机构来说，逐利是首要目标，而满足借贷条件的科技创业农户提出的融资需求越大，未来放贷回款后金融机构可能获得的预期收益也越大，对其提供的金融服务也就越周全，农户对金融机构提供服务的满意度也越高。对于科技创业农户来说，金融机构提供的服务越周全，农户所能了解并使用的金融政策和金融产品也越多，所能融到的资金也越多，对应的融资能力也越强，农户对金融机构提供服务的满意度也越高，因此，金融机构服务满意度显著影响科技创业农户各个渠道的融资能力。贷款难易程度在1%水平上显著负向影响农户的非正规渠道融资能力。科技创业农户的融资需求越大，金融机构对其进行放贷的要求就越严格，与金融机构追逐低违约风险的目标相一致，因此，贷款难易程度显著负向影响农户非正规金融渠道的融资能力。贷款手续繁琐程度在1%水平上显著负向影响科技创业农户的正规金融渠道融资能力，对非正规金融渠道融资能力有正向影响，但未通过显著性检验。为了降低借贷后的违约所带来的经营风险，农户科技创业资金需求越大，正规金融机构对农户的资质审查就越严格，农户需要提供更具价值的贷款抵押物，金融机构对贷前抵押物的信息甄别的要求就越高，相应的贷款手续就越繁琐，因此，贷款手续繁琐程度对科技创业农户的正规金融渠道融资能力有显著负向影响。

6.4.2　分位数回归

最小二乘法仅描述了社会资本结构维度、网络投入以及关系维度对科技创业农户融资能力及其比例的均值影响，无法反映其分布刻度或者形状的其他方面。为了弥补OLS模型在回归分析中的这一缺陷，下面我们将使用分位数回归的方法来根据农户正规渠道融资能力（如表6.5所示）、非正规渠道融资能力（如表6.6所示）以及总融资能力（如表6.7所示）的条件分位数对社会资本的三个维度进行回归。这样一来，可以通过分位数回归精确地描述社会资本各个维度对科技创业农户不同融资渠道的影响范围以及条件分布形状，同时能够捕捉回归分布的尾部特征，更加全面地分析及刻画回归分布特征。

（1）正规渠道融资能力的分位数回归。从结构维度来看，社会地位在50、75、90分位点显著影响农户正规渠道的融资能力，信息获取能力和亲朋好友数量在90分位点显著影响农户正规渠道的融资能力。由此可见，社会地位较高和社会网络规模较大的科技创业农户从正规金融机构获取贷款的能力越强，即正规渠道融资能力越强。正如前文所说，社会网络层级越高的人越有可能获取和掌握一些稀缺的资源和信息，这样就能够给创业活动带来先进的生产技术以及最新的市场动态，增强创业农户抵御风险的能力，同时提高农户科技创业成功的可能性，降低融资借贷违约的风险，更受正规金融机构青睐，从正规金融渠道获得融资的能力也就越强。从网络投入来看，资金投入在75和90分位点上以1%的显著性水平上影响农户正规渠道融资能力，时间投入在各个水平上均对正规渠道融资能力有正向影响，但未通过显著性检验。对社会网络的持续性投入，可以有效提升农户的社会网络规模，增加其社会资本，有利于农户获得更多的稀缺资源和创业机会，提升其创业成功的可能性，寻找到合适资产担保人的概率也会提高，从正规金融机构获得贷款的概率相应提升。对于高分位点农户来说，随着创业活动的进行，农户的创业收入随之增加，对于社会网络的资金投入，占家庭总支出的占比会逐步降低，因此，人情支出在中高分位点对农户正规金融渠道融资能力具有更强的负向影响。从关系维度来看，政府信任在25和50分位点显著影响农户正规渠道的融资能力，而在高分位点对于正规渠道融资能力的影响趋势有所下降。对于融资能力较低的农户来说，从正规渠道获取融资的能力较弱，农户通过获取并有效运用政府发布的金融政策可弥补从正规机构获取贷款能力不足的问题；对于高融资能力水平的农户来说，自身社会网络资源已经满足其从正规渠道获取贷款的能力，可通过多个途径获取相关政策，因而在高分位点政府信任对正规渠道融资能力的影响力减弱。正规金融机构信任在各个分位点均在1%水平上显著影响农户正规渠道融资能力，对正规金融机构的信任意味着正规金融机构对农户科技创业的资金和资源支持，能够有效提供农户创业环节中的资金需求，对正规金融机构信任度越高，正规金融渠道提供的资金支持也越高。非金融机构信任在中高分位点75和90分位点上以1%的显著水平负向影响农户正规渠道融资能力，在低分位点该负向影响力减弱。这主要是因为农户的科技创业活动在某一阶段的资金需求总量是一定的，当农户的融资需求在正规金融渠道得到支持时，对非正规金融机构的需求就会降低，相应地对非正规金融机构信任也随之降低。而对于高分位点的农户来说，由于自身正规渠道的融资能力较强，能够从正规金融机构获得较多的资金支持，对非正规金融机构的资金需求也就相应减弱，对非正规金融机构的信任也就降低。对于低分位点的农户来说，从正规金融构获得融资的能力较弱，为了满足自身的创业资金需求，还需要求助非正规金融渠道的资金支持，对非正规金融机构的信任有所提升，因此，非正规金融机构信任在中高分位点显著负向影响正规金融机构融资能力，在低分位点该影响力减弱。

从控制变量来看，年龄在 25 分位点以 1% 的显著性水平正向影响科技创业农户正规金道融资能力，整体影响力呈下降趋势。婚姻状况在 75 分位点以 1% 的显著性水平正向影响科技创业农户正规渠道融资能力，可能是因为婚姻能够有效叠加夫妻双方的网络资源，扩大农户的社会关系网络，提升农户找到符合金融机构要求的合适资产担保人的概率，进而提升其正规渠道融资能力。金融机构服务满意程度在 90 分位点以 1% 的显著性水平显著正向影响农户正规渠道融资能力，对于高分位点农户来说，金融机构提供的服务越周全，农户对金融服务满意度越高，越能帮助农户获取并有效利用稀缺资源的能力，进而提高农户的正规渠道融资能力，与前文结论相一致。需求满足程度在 75 和 90 分位点以 1% 的显著性水平正向影响农户正规渠道融资能力，整体影响力呈上升趋势。对于科技创业农户来说，整个创业过程对资金的需求是持续不断的，资金需求随着创业规模的扩大而不断增加，而高分位点的农户所拥有的稀缺资源和创业机会更多，创业活动规模也就越大，对其创业活动的绩效期望更高，资金的需求也越大，越难以得到满足。

表 6.5　社会资本对科技创业农户正规渠道融资能力分位数回归

			正规渠道融资能力			
		变量	0.25	0.5	0.75	0.9
社会资本	结构维度	social_sta	0.1726	0.2214**	0.2265**	0.3382***
			(1.51)	(2.30)	(2.61)	(3.73)
		info	0.1166	0.0809	0.1104	0.2512**
			(0.99)	(0.81)	(1.23)	(2.69)
	网络投入	friends	−0.0044	0.0301	0.1257	0.3167***
			(−0.04)	(0.33)	(1.52)	(3.68)
		freq	0.0705	0.0638	0.0193	0.1086
			(0.56)	(0.60)	(0.20)	(1.08)
		rela_cost	−0.1889**	−0.1870**	−0.3010***	−0.3674***
			(−2.07)	(−2.42)	(−4.33)	(−5.06)
		gov_tru	0.2227**	0.2478***	0.1516*	0.1658**
			(2.14)	(2.82)	(1.91)	(2.00)

续表

			正规渠道融资能力			
		变量	0.25	0.5	0.75	0.9
社会资本	关系维度	form_tru	0.3184 ***	0.3399 ***	0.3941 ***	0.4073 ***
			(3.35)	(4.23)	(5.44)	(5.39)
		infor_tru	−0.1568 **	−0.0843	−0.1649 ***	−0.1869 ***
			(−2.11)	(−1.34)	(−2.91)	(−3.16)
		orgi_tru	−0.3611 ***	−0.3368 ***	−0.1770 ***	−0.0547
			(−4.69)	(−5.18)	(−3.02)	(−0.89)
		media_tru	−0.0856	−0.0533	−0.0629	0.0265
			(−1.13)	(−0.83)	(−1.09)	(0.44)
		sex	0.1895	0.0937	0.1676	0.0265
			(1.11)	(0.65)	(1.29)	(0.20)
		age	0.0326 ***	0.0207 **	0.0128 *	0.0118
			(3.55)	(2.67)	(1.83)	(1.62)
		edu	−0.0249	−0.0008	0.0228	0.0384
			(−0.42)	(−0.02)	(0.51)	(0.82)
		marriages	0.2850	0.3778	0.7622 ***	0.4272 *
			(0.93)	(1.46)	(3.26)	(1.75)
		family_size	−0.0907	−0.0748	0.0081	0.0303
			(−1.51)	(−1.47)	(0.18)	(0.64)
控制变量		nonfarm	0.3577 *	−0.1245	−0.2983 **	−0.1493
			(1.96)	(−0.81)	(−2.14)	(−1.03)
		skill	0.0086	0.0550	0.2415 ***	0.4647 ***
			(0.09)	(0.70)	(3.41)	(6.30)
		satisfaction	0.2991 **	0.1369	0.1961 *	0.3728 ***
			(2.32)	(1.25)	(1.99)	(3.63)
		difficulty	−0.0428	−0.0564	−0.2229 ***	−0.1299
			(−0.43)	(−0.67)	(−2.94)	(−1.64)
		needs	0.2405 **	0.2348 **	0.2628 ***	0.3947 ***
			(2.30)	(2.66)	(3.30)	(4.75)
		troubles	0.1732 *	0.2129 ***	0.2042 ***	0.0342
			(1.99)	(2.90)	(3.08)	(0.50)

		正规渠道融资能力			
	变量	0.25	0.5	0.75	0.9
控制变量	con	5.8414 ***	6.4295 ***	6.0902 ***	4.4527 ***
		(6.53)	(8.51)	(8.94)	(6.27)
	N	222	222	222	222
	Pseudo R^2	0.4728	0.5448	0.5787	0.6301

（2）非正规渠道融资能力的分位数回归。从结构维度来看，社会地位和亲朋好友数量在各个分位点均以 1% 的显著性水平正向影响农户非正规渠道融资能力。正如前文所说，所处社会层级越高的人越有可能获取和掌握一些稀缺资源和信息，拥有更多的社会资本和信任；亲朋好友数量越多意味着关系网络越广，进而带来更多的融资渠道，进而从非正规渠道的融资能力也越强。同时，信息获取能力越强，有助于网络内部信息的沟通，降低信息不对称所带来的创业风险，提升创业成功的概率，增加社会网络成员对农户的信任度，更容易通过信用担保机制获得抵押贷款，提升农户的非正规渠道融资能力，与前文结论一致。从网络投入来看，时间投入在 25 和 50 分位点中以 1% 的显著性水平影响农户非正规渠道的融资能力，而资金投入在各个分位点以 1% 的显著性水平影响农户非正规渠道的融资能力，与亲朋好友的联系频率以及人情支出影响农户从非正规渠道获取贷款的融资能力。对于中低分位点的农户来说，持续的社会资本投入，可有效提升农户的社会网络规模，有助于稀缺资源的获取，提高创业成功的概率，同时，增加潜在的融资渠道，提升农户的非正规渠道融资能力。从关系维度来看，非正规金融机构的信任在各个分位点均以 1% 的显著性水平正向影响农户非正规渠道融资能力，而正规金融机构的信任负向影响非正规渠道融资能力，整体影响力呈上升趋势。对非正规金融机构的信任意味着其对科技创业农户提供的资金和资源支持越多，对非正规金融机构的信任程度也就越高。对创业活动某一时期相对稳定的融资需求总量来说，高分位点农户的非正规渠道融资能力越强，对正规金融机构的融资需求就越低，对正规金融机构的信任就降低，因此，正规金融机构信任对农户非正规渠道融资能力有负向影响，整体呈上升趋势。

从控制变量来看，性别和受教育程度在中低分位点对农户非正规渠道融资能力有显著正向影响，对于中低分位点农户来说，男性比女性具有先天性的资源优势，拥有更强的事业心和执行力，网络成员对男性的信任度也更高；而受教育程度越高，获取稀缺资源和技术的能力越强，高风险科技创业成功的概率越高，社

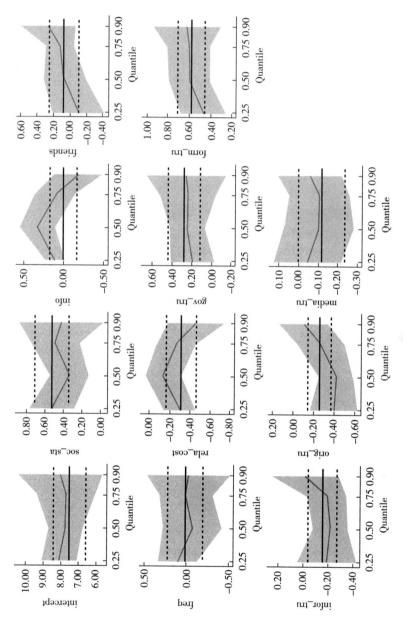

图 6.1　社会资本对科技创业农户正规渠道融资能力分位数回归

会网络间的信任度也越高，从以信任为抵押担保机制的民间借贷渠道中获得资金的概率越高，因此，非正规渠道的融资能力也越强。自身拥有的技术和能力在75和90分位点上以1%的显著性水平正向影响农户非正规渠道融资能力，整体影响力呈上升趋势。对于中高分位点农户来说，自身的技术和能力越高，拥有的原始资源和资金积累也越多，进行科技创业活动成功的可能性也越高，自身在社会网络拥有的信任也越高，在以信任要素为隐性担保机制的非正规金融中能够获得更多的私人融资，因此，非正规渠道的融资能力也越强。贷款需求满足程度在50和75分位点负向影响农户非正规渠道融资能力，在25和90分位点则正向影响农户非正规渠道融资能力，对于低分位点农户来说，受个人社会网络规模及自身能力所限，从非正规渠道获取资金支持有限，自身创业的资金需求未能得到满足；对于高分位点农户来说，由于拥有更加强大的社会网络，获取更多的稀缺资源和创业信息，对创业活动的规模期望更大，资金需求更多，融资需求已经超过自身社会资本所能带来的融资规模，创业资金需求满足程度相应降低；对于中分位点农户来说，创业活动所需要资金与自身社会网络资源和社会资本的匹配程度更高，融资需求相对容易得到满足。

表6.6 社会资本对科技创业农户非正规渠道融资能力分位数回归

			非正规渠道融资能力			
		变量	0.25	0.5	0.75	0.9
社会资本	结构维度	social_sta	0.3962 ***	0.4885 ***	0.4942 ***	0.3816 ***
			(4.94)	(8.71)	(7.12)	(4.97)
		info	0.0152	0.0761	0.2039 ***	0.2284 ***
			(0.20)	(1.45)	(3.15)	(3.18)
		friends	0.2667 ***	0.1672 ***	0.3287 ***	0.2514 ***
			(3.89)	(3.48)	(5.54)	(3.83)
	网络投入	freq	0.2545 ***	0.1439 **	0.2398 ***	0.1157
			(3.02)	(2.44)	(3.29)	(1.44)
		rela_cost	− 0.2846 ***	− 0.3146 ***	− 0.2266 ***	− 0.3459 ***
			(− 4.48)	(− 7.08)	(− 4.12)	(− 5.69)
		gov_tru	− 0.1248 **	− 0.0009	0.0033	− 0.0522
			(− 2.09)	(− 0.02)	(0.06)	(− 0.91)
	关系维度	form_tru	0.0447	− 0.0820 *	− 0.0913 *	− 0.1183 **
			(0.75)	(− 1.96)	(− 1.77)	(− 2.07)

续表

			正规渠道融资能力			
		变量	0.25	0.5	0.75	0.9
社会资本	关系维度	infor_tru	0.5487***	0.4213***	0.5862***	0.5551***
			(8.93)	(9.80)	(11.03)	(9.43)
		orgi_tru	−0.0070	−0.1021***	−0.1035**	0.0342
			(−0.14)	(−2.86)	(−2.34)	(0.70)
		media_tru	−0.1910***	−0.0987***	−0.1458***	−0.2203***
			(−3.75)	(−2.77)	(−3.31)	(−4.52)
		sex	0.2246**	0.0473	0.1568	0.0755
			(2.02)	(0.61)	(1.63)	(0.71)
		age	0.0007	0.0121***	0.0074	0.0045
			(0.12)	(2.95)	(1.46)	(0.80)
		edu	0.0743*	0.0476*	0.0395	−0.0099
			(1.87)	(1.72)	(1.15)	(−0.26)
		marriages	0.1604	0.1988	0.2859	0.1246
			(0.78)	(1.39)	(1.61)	(0.64)
		family_size	0.0201	−0.0125	−0.0429	−0.0997**
			(0.50)	(−0.44)	(−1.23)	(−2.58)
控制变量		nonfarm	0.0042	0.1639*	0.0148	0.3315**
			(0.03)	(1.83)	(0.13)	(2.70)
		skill	0.0975*	0.0939**	0.1759***	0.2131***
			(1.65)	(2.27)	(3.44)	(3.76)
		satisfaction	0.1941***	0.2571***	0.0940	0.2373***
			(2.93)	(5.55)	(1.64)	(3.74)
		difficulty	−0.2854***	−0.2526***	−0.1899***	−0.2537***
			(−4.32)	(−5.46)	(−3.32)	(−4.01)
		needs	0.0027	−0.0175	−0.1079*	0.0761
			(0.04)	(−0.37)	(−1.84)	(1.17)
		troubles	0.0709	0.0346	0.0352	0.0764
			(1.18)	(0.83)	(0.68)	(1.33)

续表

控制变量		正规渠道融资能力			
	变量	0.25	0.5	0.75	0.9
	con	7.0269***	7.5052***	8.1451***	9.3017***
		(12.23)	(18.68)	(16.39)	(16.91)
	N	543	543	543	543
	Pseudo R²	0.4138	0.4447	0.4411	0.4955

（3）总融资能力的分位数回归。从结构维度来看，社会地位在各个分位点均在1%水平上显著正向影响农户总融资能力，亲朋好友数量在25和50分位点的影响力更强，农户所在社会阶层越高，其掌握稀缺资源和信息的可能性越大，从不同渠道获取创业所需资金的能力越强，同时，更高的社会地位能够掌握更多的信息资源，从而给创业活动带来先进的生产技术以及最新的市场动态，增强农户创业成功的可能性，有效降低高风险科技创业活动所带来的融资违约风险，更受各种金融机构的信赖，其融资能力也越强。对于中低分位数农户来说，亲朋好友数量的增加有助于扩大其社会网络规模，从一定程度上弥补社会阶层的不足，从而扩大其获得稀缺资源的能力和更多的融资渠道，进而提升其总融资能力。从网络投入来看，资金投入在各个分位点均显著影响农户总融资能力，而时间投入在25、50和75分位点对总融资能力的影响更加显著，整体呈下降趋势。对于中低分位点农户来说，增加其网络投入，有助于提升其社会网络利用效率，提升农户的社会网络资本，获得稀缺创业资源和最新技术信息的概率更大，有助于拓展农户的融资渠道，提升科技创业农户的总融资能力。从关系维度来看，正规、非正规金融机构的信任在各个分位点均正向影响科技创业农户的总融资能力，非正规金融机构信任均在1%水平上显著正向影响总融资能力。农户总融资能力来源中，非正规渠道融资规模远大于正规渠道，农户科技创业资金需求主要通过非正规渠道（如民间借贷）来满足，因此，非正规机构支持对农户总融资能力的影响更加显著，进而非正规金融机构信任对农户总融资能力的影响大于正规金融机构信任。

从控制变量来看，性别和受教育程度在25分位点以1%的显著性水平正向影响农户的总融资能力。对于低分位点农户来说，男性的先天性优势有助于获取更多的网络支持，受教育程度越高，掌握最新技术信息和稀缺资源的概率越高，均有助于提高其创业成功的概率，降低借贷违约的风险，更受金融机构的青睐，总融资能力也就越高。技术能力、金融机构服务满意度、贷款难易程度均在1%水平上显著影响农户的总融资能力。由于本书选取农户的正规渠道融资能力和非正

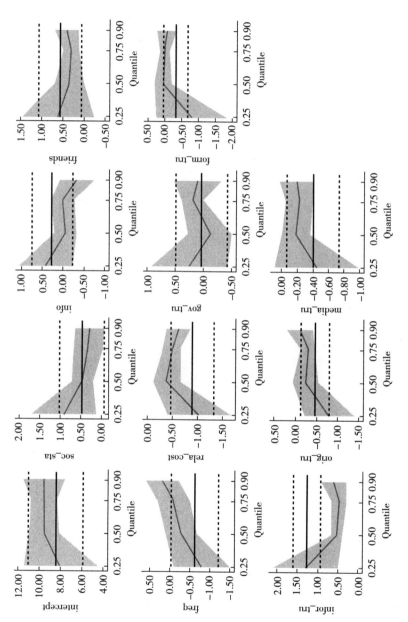

图 6.2 社会资本对科技创业农户非正规渠道融资能力分位数回归

规渠道融资能力的加总作为总融资能力，结合前文不难发现，技术能力、金融机构服务满意度和贷款难易程度均与前文对正规、非正规渠道融资能力的影响研究结论保持一致，进而对农户的总融资能力产生显著影响，这里不再赘述。

表6.7　社会资本对科技创业农户融资能力分位数回归

			总融资能力			
		变量	0.25	0.5	0.75	0.9
社会资本	结构维度	social_sta	0.5428 ***	0.5585 ***	0.4809 ***	0.2427 **
			(8.70)	(7.90)	(6.29)	(2.56)
		info	0.0294	0.0538	0.0928	0.0640
			(0.51)	(0.82)	(1.31)	(0.73)
		friends	0.2214 ***	0.1144 ***	0.1281 *	0.2134 **
			(4.18)	(1.91)	(1.97)	(2.65)
	网络投入	freq	0.1432 **	0.1449 *	0.1479 *	0.1266
			(2.22)	(1.98)	(1.87)	(1.29)
		rela_cost	−0.3260 ***	−0.3491 ***	−0.2464 ***	−0.4099 ***
			(−6.57)	(−6.21)	(−4.05)	(−5.44)
		gov_tru	−0.0158	−0.0059	−0.0483	0.0363
			(−0.34)	(−0.11)	(−0.85)	(0.52)
		form_tru	0.0177	0.0227	0.0619	0.0687
			(0.38)	(0.43)	(1.10)	(0.98)
	关系维度	infor_tru	0.4611 ***	0.3674 ***	0.2845 ***	0.3394 ***
			(10.21)	(7.18)	(5.14)	(4.95)
		orgi_tru	−0.1513 ***	−0.1222 **	−0.0880 *	−0.0250
			(−3.85)	(−2.74)	(−1.83)	(−0.42)
		media_tru	−0.1477 ***	−0.0716	−0.0643	−0.1587 **
			(−3.76)	(−1.61)	(−1.34)	(−2.66)
		sex	0.2764 ***	0.1078	0.2707 **	0.0671
			(3.22)	(1.11)	(2.58)	(0.52)
		age	0.0057	0.0117 **	0.0088	−0.0030
			(1.28)	(2.33)	(1.62)	(−0.45)
		edu	0.0863 ***	0.0162	0.1038 ***	0.0547
			(2.81)	(0.46)	(2.76)	(1.17)

续表

			总融资能力			
		变量	0.25	0.5	0.75	0.9
社会资本	关系维度	marriages	0.0192	0.2301	0.5792***	0.1999
			(0.12)	(1.32)	(3.07)	(0.86)
		family_size	0.0249	0.0561	−0.0185	−0.0508
			(0.79)	(1.57)	(−0.48)	(−1.06)
控制变量		nonfarm	0.0559	0.1410	−0.1296	−0.1959
			(0.56)	(1.26)	(−1.07)	(−1.3)
		skill	0.1953***	0.2102***	0.2353***	0.1962***
			(4.30)	(4.08)	(4.23)	(2.84)
		satisfaction	0.2856***	0.2715***	0.3690***	0.2307***
			(5.52)	(4.63)	(5.83)	(2.94)
		difficulty	−0.2252***	−0.2247***	−0.2051***	−0.2348***
			(−4.39)	(−3.86)	(−3.26)	(−3.01)
		needs	0.0512	0.0093	−0.1326**	0.0504
			(0.98)	(0.16)	(−2.07)	(0.63)
		troubles	0.0783*	0.0297	−0.0938*	0.0930
			(1.72)	(0.58)	(−1.68)	(1.35)
		con	5.8524***	6.7808***	7.8503***	9.5721***
			(13.05)	(13.34)	(14.28)	(14.06)
		N	582	582	582	582
		Pseudo R^2	0.42	0.4027	0.4205	0.4798

6.4.3 区域差异分析

基准回归结果表明，在整体层面上，社会资本的不同维度对科技创业农户的融资能力都存在显著影响。但是我国是一个发展中大国，区域发展十分不平衡，这可能导致社会资本对农户融资能力产生异质性影响。考虑到融资能力存在明显的地域差异，发达地区的融资能力通常较高。为了进一步验证社会资本对农户融资能力的影响是否存在地域差异，本章按照东部、中部、西部的地理位置把整体样本划分为三个区域，并参照基准回归模型再次进行拟合回归，结果如表6.8、表6.9、表6.10所示。

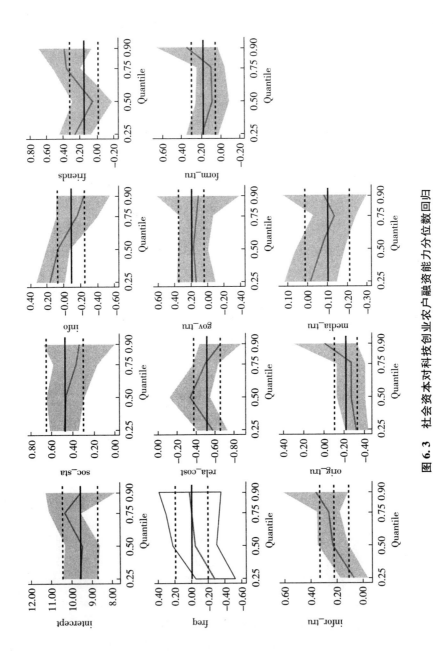

图6.3 社会资本对科技创业农户融资能力分位数回归

表6.8 正规渠道融资能力区域差异分析

			正规渠道融资能力		
		变量	西部	中部	东部
社会资本	结构维度	social_sta	0.4546***	0.1993**	0.6470**
			(2.86)	(2.61)	(2.10)
		info	−0.1781	0.0510	0.2286
			(−0.95)	(0.74)	(0.72)
		friends	0.2427	0.0693	0.9427**
			(1.60)	(1.20)	(2.35)
	网络投入	freq	0.0541	0.4471***	0.4614
			(0.31)	(4.56)	(1.04)
		rela_cost	−0.1323	−0.3402***	−0.0632
			(−0.82)	(−4.95)	(−0.21)
		gov_tru	0.4497***	0.2811***	−0.7986**
			(3.11)	(4.35)	(−2.10)
		form_tru	0.6998***	0.2020***	1.4713***
			(4.27)	(2.97)	(4.27)
	关系维度	infor_tru	−0.1620	−0.0221	−0.2478
			(−1.50)	(−0.50)	(−0.66)
		orgi_tru	−0.0794	−0.2953***	−2.0462***
			(−0.84)	(−5.57)	(−6.55)
		media_tru	0.0296	−0.1560***	−0.3225
			(0.28)	(−3.06)	(−1.38)
		sex	0.2528	−0.1063	−0.9259*
			(0.99)	(−1.15)	(−1.86)
		age	0.0028	0.0617***	0.0675***
			(0.24)	(7.24)	(2.96)
		edu	−0.0800	0.0871**	0.0111
			(−0.96)	(2.31)	(0.07)
		marriages	0.9855***	0.0107	0.8680
			(3.02)	(0.69)	(1.07)
		family_size	−0.2027**	−0.1605***	−0.0975
			(−2.34)	(−3.70)	(−0.46)

续表

		正规渠道融资能力		
	变量	西部	中部	东部
控制变量	nonfarm	-0.3001	0.8026***	-2.4788***
		(-1.23)	(6.75)	(-4.86)
	skill	-0.0320	0.1835***	0.9450***
		(-0.18)	(3.62)	(3.57)
	satisfaction	0.1126	0.1701**	0.9016***
		(0.55)	(2.26)	(3.24)
	difficulty	-0.1660	0.1977***	0.4167
		(-1.12)	(3.58)	(0.99)
	needs	0.6951***	0.1457***	1.6374***
		(3.98)	(3.29)	(4.12)
	troubles	0.4533***	0.2026***	-0.4438*
		(3.23)	(2.87)	(-1.65)
	con	2.3043*	5.0911***	-6.3475***
		(1.70)	(10.13)	(-3.37)
	Prob > F	0	0	0
	R^2	0.7831	0.9516	0.8074
	N	67	83	72

（1）正规渠道融资能力的区域差异分析。从结构维度来看，在中部和东部地区，社会地位在5%水平上显著影响农户正规渠道融资能力，与基准模型保持一致，但在西部地区，该水平高于整体样本。可能是因为西部地区发展相对落后，不同层级之间社会地位差异导致的社会网络资源差异比较明显，对农户正规渠道融资能力的影响也更大。东部地区亲朋好友数量在5%水平上显著影响农户正规渠道融资能力，但在中部和西部地区，该影响力已不再通过显著性检验。东部地区相对发展更早，农户社会网络中各成员的社会地位普遍高于经济发展落后地区，亲朋好友数量的增多，能显著增强农户所在社会网络的社会资本水平，嵌入在社会网络中的社会资源也更加丰富，更有利于农户寻找到符合正规金融机构要求的抵押物或合适的资产担保人，因此，东部地区亲朋好友数量对正规渠道融资能力的影响更加显著。从网络投入来看，在中部地区，资金投入和时间投入均在1%水平上显著影响农户正规渠道融资能力，且高于整体样本，而在西部和东部地区，该影响力未通过显著性检验。在发展相对落后的西部地区和发展相对领

先的东部地区，受网络成员同质性影响，加大社会网络的维护性投入虽然能够在一定程度上扩大社会网络，但未能带来社会资本的显著提高，对正规渠道融资能力的影响力较弱。而在中部地区，由于社会网络成员间的差异性较明显，加大社会网络的维护性投入在一定程度上能够提高网络的异质性资源，进而提升其正规渠道的融资能力。从关系维度来看，在中部和西部地区，政府信任在1%水平上显著影响农户正规渠道融资能力，且高于整体样本，东部地区该影响力则相对较弱。可能是因为在相对经济发达的东部地区，金融业更为发达，正规金融机构数量和金融产品的丰富度高于其他地区，农户获取正规金融资源的方式更为多样，而在相对落后的中部、西部地区，政府在农户获得正规金融政策及资源方面发挥着更为重要的引导作用，因此，政府信任在中部、西部地区对农户正规渠道融资能力有着更为显著的影响。

从控制变量来看，在经济发展相对较好的中部、东部地区，年龄和自身技术能力均在1%水平上显著影响农户的正规渠道融资能力，而西部地区未能通过显著性检验。对于相对发达的中东部地区来说，嵌入在农户社会网络中资源较丰富，随着年龄的增长，社会网络规模随之扩大，获得稀缺资源的能力进一步加强，更容易从正规渠道获取所需资源。在中部和东部地区，金融机构服务满意度和贷款难易程度均显著影响农户正规渠道融资能力，而西部地区该影响力已不再通过显著性检验，原因可能在于中东部地区经济发情况优于西部地区，农户社会网络中拥有更丰富的融资渠道，同时，正规金融机构也提供了更加多样的金融服务产品，此外，正规金融机构之间的竞争强度也更大，各金融机构争相为农户提供更加优质的服务，以及更加便利的融资贷款方式，降低农户从正规金融渠道获得资金支持的难度，进而提升农户的正规渠道融资能力。

（2）非正规渠道融资能力的区域差异分析。从结构维度来看，在东部地区，信息获取能力在5%水平上显著影响农户非正规渠道融资能力，且高于整体样本。在相对发达的东部地区，更强的信息获取能力有助于提升农户获取稀缺资源的能力，特别是发现优质的创业机会和获取最新创业技术，有效提高农户科技创业成功的概率，使农户从自身社会网络中获得更多的信任要素和资金支持，进而提高农户的非正规渠道融资能力。从关系维度来看，在中部和东部地区，政府信任和媒体信任在1%水平上显著负向影响农户非正规渠道融资能力，而西部地区该影响力未能通过显著性检验。原因可能在于中部、东部地区经济较发达，高风险的民间抵押担保投资活动更加活跃，近些年出现的民间抵押担保投资失败的案例也更多，民众损失较大，受政府引导以及媒体传播相关信息的影响，农户对民间金融借贷的风险意识更强，因此，在经济更加发达的中东部地区，政府信任和媒体信任在负向水平上显著影响农户的非正规渠道融资能力；而在经济发展相对落后的西部地区，受制于经济发展因素，民间抵押担保投资活动相对较少，抵押担保投资失败的案例发生较少，政府引导和媒体宣传对农户非正规渠道的风险意识影响较弱，因此，政府信任和媒体信任对农户非正规渠道融资能力影响弱于中东部地区。

从控制变量来看，在中部和东部地区，受教育程度均在10%水平上显著正向影响农户非正规渠道融资能力，与基准模型保持一致。受教育程度越高，农户越容易获得稀缺的技术资源，发现并利用优质创业资源的能力也越强，同时，农户掌握的技能水平越高，科技创业的成功概率也越高，获得非正规渠道融资的概率也越高。此外，区域经济越发达，农户社会网络中的非正规渠道越丰富，科技创业农户的非正规渠道融资能力也越强，因此，东部地区受教育程度对农户非正规渠道融资能力的影响大于中部和西部地区。在中西部地区，外出务工经历对农户非正规渠道融资能力有正向影响，但在东部地区，则在1%水平上显著负向影响农户非正规渠道融资能力。在经济相对落后的中部、西部地区，外出务工经历有助于增加农户对稀缺资源的获取能力，是农户拓展社会关系的重要途径。同时，外出务工期间积累的资金和技能有助于提升农户科技创业成功的概率，增加其通过社会网络获得非正规渠道融资的能力；对于经济发达的东部地区来说，农户通过外出打工对社会关系的拓展作用相对较弱，同时，得益于更好的受教育程度，东部地区农户外出打工可以获得更多的资金积累，对非正规渠道的融资需求相应减弱，因此，东部地区农户外出打工对非正规渠道融资能力有负向影响。在西部地区，贷款手续繁琐程度在1%水平上显著正向影响农户的非正规渠道融资能力，而在相对发达的中部和东部地区，则存在负向影响。由于区域经济发展差异，西部地区农户科技创业资金需求规模较小，更容易获得非正规金融机构的支持，手续相对更加简便，但在中东部地区，经济发展迅速，各个行业内竞争激烈，高风险的科技创业活动成功的难度更大，为了降低创业失败所带来的融资违约风险，基于社会网络信任担保机制的非正规金融机构对农户提出更高要求，相应的贷款手续更加繁琐，因此，在中部和东部地区，贷款手续繁琐程度负向影响农户的非正规渠道融资能力。

表6.9　非正规渠道融资能力区域差异分析

			非正规渠道融资能力		
		变量	西部	中部	东部
社会资本	结构维度	social_sta	0.4195 ***	0.3239 ***	0.2002 ***
			(4.30)	(3.98)	(3.35)

续表

			非正规渠道融资能力		
		变量	西部	中部	东部
社会资本	结构维度	info	0.0743	0.0896	0.1611 **
			(0.85)	(1.26)	(2.56)
		friends	0.2764 ***	0.1125 **	0.4460 ***
			(3.22)	(2.17)	(5.75)
	网络投入	freq	0.1146	0.1492 *	0.1298
			(1.09)	(1.74)	(1.53)
		rela_cost	-0.2844 ***	-0.2604 ***	-0.1718 ***
			(-3.39)	(-4.50)	(-3.02)
		gov_tru	-0.0509	-0.1594 ***	-0.4119 ***
			(-0.72)	(-3.14)	(-5.56)
		form_tru	0.0538	-0.0353	0.0223
			(0.72)	(-0.70)	(0.35)
	关系维度	infor_tru	0.3102 ***	0.4577 ***	0.5253 ***
			(3.28)	(9.76)	(7.45)
		orgi_tru	0.0182	-0.0850 *	-0.1810 ***
			(0.33)	(-1.78)	(-3.02)
		media_tru	-0.0445	-0.1420 ***	-0.3053 ***
			(-0.78)	(-2.81)	(-6.45)
		sex	-0.0922	-0.0440	-0.0609
			(-0.67)	(-0.50)	(-0.63)
		age	0.0053	0.0138 **	0.0109 **
			(0.76)	(2.41)	(2.45)
		edu	0.0102	0.0687 *	0.0954 ***
			(0.21)	(1.91)	(2.93)
		marriages	0.5440 **	0.4404 **	0.1518
			(2.05)	(2.35)	(1.02)
		family_size	-0.0749	-0.0739 **	0.0938 **
			(-1.59)	(-2.39)	(2.34)
控制变量		nonfarm	0.1642	0.3023 **	-0.5413 ***
			(1.10)	(2.67)	(-5.42)

续表

		变量	非正规渠道融资能力		
			西部	中部	东部
控制变量		skill	0.1362 *	0.1613 ***	0.0697
			(1.68)	(3.78)	(1.24)
		satisfaction	0.3001 ***	0.1029 **	0.1893 ***
			(3.16)	(2.07)	(3.61)
		difficulty	− 0.2273 ***	− 0.3979 ***	− 0.0732
			(− 2.96)	(− 7.68)	(− 0.88)
		needs	− 0.0425	− 0.2318 ***	0.5388 ***
			(− 0.49)	(− 4.46)	(7.08)
		troubles	0.4739 ***	− 0.1175 **	− 0.1002 *
			(5.84)	(− 2.16)	(− 1.84)
		con	6.0695 ***	10.3776 ***	7.1859 ***
			(7.56)	(18.6)	(16.21)
		Prob > F	0	0	0
		R-squared	0.6288	0.8540	0.9390
		N	211	194	138

（3）总融资能力的区域差异分析。从结构维度来看，在东部和西部地区，亲朋好友数量均在5%水平上显著正向影响农户的总融资能力，而中部地区，该影响未能通过显著性检验。对于东部地区来说，更多的亲朋好友数量不仅可以提升社会关系网络的规模，更能增加社会网络中嵌入的稀缺资源的数量和质量，有助于提高农户的正规和非正规渠道的融资能力。对于西部地区来说，受限于经济发展水平，对创业资金需求的规模较小，社会关系网络规模的提升，对农户非正规渠道融资能力的提升更加显著。对于中部地区来说，社会网络规模的扩大有利于提升非正规渠道融资能力，但农户创业融资需求较大，受制于网络成员间同质性的影响，对正规渠道融资能力的提升并不显著。因此，中部地区亲朋好友数量对农户总融资能力的影响没有东西部地区显著。从网络投入维度来看，在中部地区，时间投入在5%水平上显著正向影响农户的总融资能力，而东西部地区未通过显著性检验。可能是因为社会网络投入对各个区域农户的非正规渠道融资能力影响较为均衡，对正规渠道融资能力影响差异较大。在发展相对落后的西部地区和发展相对领先的东部地区，社会网络成员间的同质性较强，对农户正规渠道融资能力的影响力较弱。而在中部地区，由于社会

网络成员间的差异性较为明显，对农户的正规渠道融资能力影响较为显著，进而影响农户的总融资能力。从关系维度来看，在东部地区，政府信任和媒体信任均在1%水平上显著负向影响科技创业农户的总融资能力。非正规渠道融资规模占总融资规模比重较大，因此，在东部发达地区，由于非正规渠道金融活动更加活跃，民间抵押担保投资风险更大，导致资产损失的案例也更多，受政府和媒体宣传影响，农户对非正规金融借贷风险意识更强，政府信任和媒体信任对农户非正规渠道融资能力有显著的负向影响，进而影响农户的总融资能力。

从控制变量来看，在中部和东部地区，年龄和受教育程度均显著影响科技创业农户的总融资能力，而西部地区未能通过显著性检验。受区域经济发展影响，中东部地区农户的网络资源更为丰富，融资渠道更加多样，随着年龄的增长，农户社会网络规模逐渐扩大，对农户总融资能力的影响更加显著。同时，受教育程度越高的农户，获得稀缺资源的概率越大，对社会网络中稀缺资源的利用率越高，进行科技创业活动成功的可能性也越高，对科技创业农户的总融资能力影响更加显著。在中部和东部地区，自身技术和能力均在5%水平上显著正向影响农户的总融资能力，但在西部地区未能通过显著性检验。结合前文研究不难发现，自身技术和能力能显著提升东部地区农户的正规渠道融资能力和中部地区农户的正规、非正规渠道融资能力，但对西部地区农户的正规、非正规渠道融资能力，该因素影响力较弱，由于本书选取农户的正规、非正规渠道融资能力综合作为总融资能力，所以，自身技术和能力对中部和东部地区农户的总融资能力产生的影响大于西部地区。在东部地区，贷款满足需求程度在1%水平上显著正向影响农户的总融资能力，但在中部和西部地区，则呈负向影响。可能是因为对于经济发达的东部地区农户来说，社会网络中所嵌入的稀缺资源较多，能够更加容易发现并利用优质的创业机会和资源，科技创业所需的资金规模也更大，虽然融资渠道相比经济发展落后区域的农户更加丰富，但满足科技创业活动的资金缺口难度依然很大，因此东部地区贷款满足程度显著正向影响农户的总融资能力；对于经济发展相对落后的西部地区来说，受区域经济发展限制，农户选择的科技创业活动的规模相对较小，资金需求相比东部地区要小，更容易通过各个融资渠道的资金支持得到满足；对于中部地区来说，社会网络中嵌入的资源丰富程度优于西部地区，融资渠道更加多样，社会网络所带来的资源支持更加有力，同时，选择的科技创业活动规模小于东部地区，各渠道融资贷款满足科技创业资金缺口的可能性更大，因此，中部地区贷款满足需求程度在1%水平上显著负向影响农户的总融资能力。

表 6.10 总融资能力区域差异分析

		变量	总融资能力		
			西部	中部	东部
社会资本	结构维度	social_sta	0.4195 ***	0.2636 ***	0.2203 ***
			(4.57)	(3.09)	(3.25)
		info	0.0661	0.0990	0.0860
			(0.81)	(1.32)	(1.20)
		friends	0.2038 **	0.0823	0.5286 ***
			(2.58)	(1.50)	(6.10)
	网络投入	freq	0.0810	0.2104 **	0.0878
			(0.85)	(2.22)	(0.97)
		rela_cost	-0.2493 ***	-0.3147 ***	-0.1651 **
			(-3.12)	(-5.13)	(-2.54)
		gov_tru	0.0207	-0.1233 **	-0.4959 ***
			(0.31)	(-2.35)	(-6.14)
		form_tru	0.2024 ***	-0.0112	0.0360
			(2.97)	(-0.21)	(0.49)
	关系维度	infor_tru	0.2480 ***	0.2567 ***	0.4767 ***
			(3.53)	(5.37)	(5.92)
		orgi_tru	-0.0271	-0.0903 *	-0.3030 ***
			(-0.53)	(-1.83)	(-4.44)
		media_tru	-0.0460	-0.0673	-0.3411 ***
			(-0.86)	(-1.25)	(-6.63)
		sex	0.0790	-0.0121	-0.0402
			(0.62)	(-0.13)	(-0.36)
		age	0.0016	0.0203 ***	0.0132 **
			(0.26)	(3.39)	(2.61)
		edu	0.0110	0.1268 ***	0.1063 ***
			(0.24)	(3.33)	(2.93)
		marriages	0.5857 **	0.5459 **	0.2818 *
			(2.54)	(2.74)	(1.66)
		family_size	-0.0559	-0.0632 *	0.1011 **
			(-1.23)	(-1.93)	(2.21)

续表

		变量	总融资能力		
			西部	中部	东部
控制变量		nonfarm	−0.2235	0.3639***	−0.6514***
			(−1.59)	(3.03)	(−5.81)
		skill	0.1079	0.2209***	0.1434**
			(1.43)	(4.87)	(2.33)
		satisfaction	0.3172	0.2219	0.2197
			(3.49)	(4.20)	(3.72)
		difficulty	−0.2456***	−0.3255***	−0.0442
			(−3.38)	(−5.93)	(−0.47)
		needs	−0.0613	−0.2379***	0.6708***
			(−0.76)	(−4.33)	(7.80)
		troubles	0.5499***	−0.2011***	−0.0254
			(7.29)	(−3.60)	(−0.43)
		con	5.9913***	9.9338***	6.5762***
			(7.91)	(16.82)	(13.26)
		Prob > F	0	0	0
		R-squared	0.6811	0.8217	0.9346
		N	229	208	145

6.5　稳健性检验

上述回归可能会由双向因果关系而产生"伪回归"的可能性，由于社会资本能够通过嵌入在网络资源中的关系直接或者间接地影响科技创业农户的融资能力。相反，科技创业农户的融资能力反过来也会影响农户的融资能力，并且还存在一些不可观测的农户的个人特征变量和家庭特征变量也可能会影响二者之间的关系。这时，如果能够找到有效的替代变量，就能更好地避免内生性产生的干扰。参照钱龙（2016）的做法，本节分别使用"正规渠道融资金额占总融资金额的比例"以及"非正规渠道融资金额占总融资金额的比例"作为正规渠道融资能力和非正规渠道融资能力的替代变量，再次进行拟合回归。对比表6.4和表

6.11 不难发现，方程中绝大部分变量的显著性和影响系数与基准模型保持一致，说明模型较为稳健。采用替代变量法对正规渠道融资能力进行估计时，变量朋友数量（friends）、政府信任（gov_tru）的显著性有所差异外，其余变量系数显著性和影响方向并没有发生变化。另外，从控制变量来看，除了性别（sex）、年龄（age）在使用替代变量法估计以后导致显著性水平出现差异外，其余变量的符号和显著性并无明显变化。这种不明显的差异并未导致因替换因变量而产生根本性差异，因而模型的稳健性再次得到验证。

表 6.11　基于替代变量法的稳健性估计

		变量	正规渠道融资金额占总融资金额的比例	非正规渠道融资金额占总融资金额的比例
社会资本	结构维度	social_sta	0.3618*** (4.16)	0.4062*** (7.22)
		info	0.0394 (0.44)	−0.0842 (−1.60)
		friends	0.0457 (0.55)	0.2701*** (5.59)
	网络投入	freq	0.0093 (0.10)	0.1945*** (3.29)
		rela_cost	−0.1991*** (−2.86)	−0.2871*** (−6.45)
		gov_tru	0.2887*** (3.64)	−0.0556 (−1.33)
		form_tru	0.3983*** (5.49)	−0.0402 (−0.95)
	关系维度	infor_tru	−0.1554*** (−2.74)	0.4686*** (10.89)
		orgi_tru	−0.1978*** (−3.37)	−0.0413 (−1.14)
		media_tru	−0.0808 (−1.40)	−0.1473*** (−4.11)
		sex	0.2703** (2.07)	0.0602 (0.77)

续表

		变量	正规渠道融资金额占总融资金额的比例	非正规渠道融资金额占总融资金额的比例
社会资本	关系维度	age	0.0158 **	0.0028
			(2.25)	(0.67)
		edu	-0.0103	0.0162
			(-0.23)	(-0.58)
		marriages	0.6416 **	0.3496 **
			(2.75)	(2.44)
		family_size	0.0606	-0.0203
			(1.32)	(-0.71)
控制变量		nonfarm	-0.0991	0.0092
			(-0.71)	(-0.10)
		skill	0.0939	0.1190 ***
			(1.33)	(2.85)
		satisfaction	0.2187 **	0.2761 ***
			(2.22)	(5.93)
		difficulty	-0.0551	-0.2461 ***
			(-0.73)	(-5.30)
		needs	0.3994 ***	0.0113
			(5.01)	(0.24)
		troubles	-0.2626 ***	0.0519
			(-3.96)	(1.22)
		con	-4.4613 ***	7.5917 ***
			(-6.54)	(18.84)
		N	222	543
		Prob > F	0	0
		R-squared	0.4079	0.6225

6.6　本章小结

本章利用课题组的调研数据通过使用线性方程模型来实证检验社会资本对科技创业农户融资能力的影响机制及效应。由于本章是从三个维度来对社会资本进行测量的，不同维度的社会资本对科技创业农户融资能力的影响程度也不尽相同：①基准回归结果表明，社会资本对科技创业农户不同渠道的融资能力影响程度各异，其中对非正规渠道的融资能力影响作用更为显著。从结构维度来看，社会地位显著影响科技创业农户正规渠道、非正规渠道以及总融资能力，而亲朋好友数量对科技创业农户非正规渠道融资能力较为显著；从网络投入来看，资金投入显著影响科技创业农户正规渠道融资能力，而时间投入显著影响其非正规渠道融资能力；从关系维度来看，政府信任在 10% 水平上显著影响科技创业农户正规渠道融资能力，正规金融机构信任在 1% 水平上显著影响其正规渠道融资能力，非正规金融机构的信任在 1% 水平上显著影响其非正规渠道融资能力。②分位数回归结果表明，社会资本在不同渠道融资能力水平上的科技创业农户存在显著差异，对正规渠道融资能力较强的农户影响更显著，对非正规渠道融资能力较弱的农户影响更显著。从结构维度来看，社会地位对东中西部农户的融资能力都存在显著影响，而亲朋好友的数量对东中西部地区农户的非正规渠道融资能力较为显著；从网络投入来看，资金投入对中部地区正规渠道融资能力较为显著，对东西部已不再通过显著性检验；从关系维度来看，政府和正规金融机构的信任对正规渠道融资能力的影响不存在明显差异，但其对科技创业农户的总融资能力差异显著。③分区域回归结果表明，社会资本对不同区域科技创业农户的正规渠道融资能力、非正规渠道融资能力以及总融资能力存在显著差异，其中对中部、东部地区的影响显著高于西部地区。从结构维度来看，社会地位在各个分位点显著影响科技创业农户正规渠道、非正规渠道以及总融资能力。而信息获取在中高分位点对科技创业农户非正规渠道融资能力较为显著，并且随着分位点的提高显著水平也在不断逐步提高。亲朋好友数量在各个分位点对科技创业农户的总融资能力较为显著。从网络投入来看，资金投入在各个分位点对科技创业农户正规渠道融资能力呈显著正向影响，而对其非正规渠道融资能力和总融资能力在各分位点呈现显著负向影响。从关系维度来看，政府和正规金融机构的信任在各分位点显著影响科技创业农户正规渠道融资能力，且呈逐步上升的趋势。而非正规金融机构的信任在各分位点显著影响其非正规渠道融资能力。整体来看，非正规金融机构的信任在各分位点对科技创业农户总的融资能力影响最大。

第7章 社会资本对农户科技创业绩效影响的实证研究

在第 6 章的分析中，本书探讨了社会资本对农户科技创业融资能力的影响，并得出了相应的结论。与此同时，我们也应当认识到社会资本对农户科技创业绩效有至关重要的影响，而且融资能力通常也会影响到农户的科技创业绩效。在第 3 章的理论框架分析中，我们也推断，社会资本可能会通过融资能力影响农户的科技创业绩效。本章在综合前文理论分析的基础上，采用实证检验的方式来验证社会资本对农户科技创业绩效的影响效果以及融资能力的中介传导机制，具体内容主要围绕以下两个方面来展开：一是社会资本对农户科技创业绩效的影响；二是验证融资能力是否在二者之间存在中介作用。

7.1 问题的提出

科技创业是一条可持续、有前途的农业发展道路，科技创业农户所拥有的社会资本对其创业活动提供了重要保障。创业资源理论强调，人力资源、金融资源以及社会资本等是创业资源理论涉及的主要内容，创业者所拥有的资源条件对创业绩效能够产生深远影响。社会资本理论主要强调企业的绩效和竞争优势不但受企业内部的资源条件所影响，而且嵌入在企业关系网络中的资源和能力也对其创业绩效产生重要影响（Dyer & Singh，1998），它是对创业资源理论的拓展和延伸。人力资源是影响创业绩效的又一重要因素，主要包括创业者的个人禀赋及特质等因素（Casson & Giusta，2007；Kader，2009；郭红东、周蕙珺，2013；张益丰等，2014），那些拥有丰富人力资源的创业者更容易取得良好的创业绩效（Santarelli & Tran，2013；朱红根，2012），比如，创业主体所拥有的创业经验以及创业经历等因素都会对创业绩效的提高产生促进作用。同时，资金要素在创业生产的过程中也具有十分重要的作用，它能够持续推动创业活动的发展。资金要素的有效投入能够积极调动创业者所拥有的技术能力和生产工具等要素（黄志玲，2013；张海宁，2013）。实际上，创业者的创业行为就是通过建立、发展、维护和利用自身的社会资本来获取创业绩效的系统过程。创业者通过嵌入在社会关系网络中的网络资源不但可以获取创业资源，还能够降低那些新创企业的运营风险和交易成本，进而提升行为主体的创业绩效（Chung et al.，2000）。创业行为的网络化模式具有创新性特征，行为主体可以通过网络能力这一渠道建立与外部的联系，同时从中取得各种资源、技巧和能力，进而影响创业绩效（张宝建等，2015）。

但是，我们也必须看到，由于农户受自身素质与条件的限制，在实现农户科技创业活动的可持续发展道路上仍旧充斥着众多障碍和束缚。当前，市场竞争的趋势越来越激烈，从事科技创业的农户仍需不断弥补和突破自身的"短板"和"瓶颈"。例如，农户对于社会资本的认识不足，利用自身的社会资本来获取资金、市场、技术、信息的能力并不高。因此，如何使农户从这一困境中走出来就显得尤为重要，且有关这一领域的研究也成为当今学者关注的重点。尤其是在我国创业农户在数量上已经占有很大一部分比例这一现实国情下，由于政策上的缺陷以及科技创业农户自身实力的束缚，可供他们开发和利用的资源并不充裕。农户的科技创业活动能否健康持续地发展壮大很大程度上依赖于他们获取战略性资源的程度，而且这也是衡量创业主体能否在现实环境中生存发展的重要指标（张方华，2004）。因此，那些从事科技创业活动的农户要与整体的创业环境进行良性互动，而不是去被动地适应我国经济发展、社会转型这一大背景。此外，那些取得创业成功的创业者一般能够有效地对企业自身和外部的资源进行整合。因此，对于科技创业农户来说，要不断学习和提高从自身社会资本中获取和利用内外部资源的能力，最终提高在市场竞争中的优势。

现实情境下，突破自身资源限制是改善科技创业农户技术能力结构的重要前提。基于资源基础理论视角来研究创业绩效，主要强调企业所拥有的内部与外部资源对企业自身生存和发展产生的重要影响，重点关注创业绩效对资源的依存关系，创业者自身所拥有资源的优劣在一定程度上决定了企业的成长方式（黄洁，2014）。黄洁所提出的创业资源主要指在创业过程中能够投入和使用的有形或者无形的资源，具有竞争优势的创业资源往往具有价值性、稀缺性和难以模仿性的特点。她认为，从事创业活动的主体资源异质性对创业绩效起着决定性作用，并强调资源整合对创业绩效产生的影响。创业主体的资源决定着创业绩效，充裕的创业资源对创业绩效的提高具有显著的促进作用；反之，那些拥有创业资源较为匮乏的创业主体其发展和壮大则会受到极大阻碍。基于此，科技创业农户要充分整合与利用社会网络资源，进而提高创业绩效。事实上，创业主体在从事创业活动这一过程中通常会从嵌入在社会网络中的各种资源来获取创业所需社会资本，通过一系列的内化行为转化为自身的创业资源，社会网络是创业者获取创业所需资源的一种重要方式，而社会资本则反映了创业者通过社会关系网络取得创业资源的一种个人能力。以人际关系为基础的社会资本通常表现出强连带性、频发的义务性以及功能复用性的特征，这就需要创业主体去有目的建立和维系。林南（2001）把社会资本作为投资在社会关系网络中的一种资源，以期得到应有的市场回报。

社会资本理论强调，创业活动这一经济行为是嵌入在动态的社会网络之中的。创业主体要想实现自身的发展壮大，关键还是要搭建好基于关系网络的管理架构。基于社会资本视角下的创业绩效不同于以往的研究，主要强调企业的社会属性。一方面指出，企业在网络位置中的重要作用，强调企业只有通过社会关系网络才能取得重要的信息；另一方面强调，社会关系网络通过降低信息的不对称性而减少道德风险，最终降低交易成本。社会资本越丰富，嵌入在科技创业农户社会网络中的资源充裕，进而从社会网络中获取稀缺资源的能力就越强。基于此，本章在第 6 章的研究基础上，进一步探讨社会资本对农户科技创业绩效的影响，并通过中介效应模型来验证融资能力是否为中介变量对创业绩效产生影响。本章将利用 Ordered Probit 模型、分位数回归以及中介效应模型来分析社会资本对创业绩效能够产生哪些影响，以及验证融资能力在社会资本与创业绩效这一过程中是否产生中介作用。

7.2　研究设计

7.2.1　变量定义

（1）因变量：创业绩效。由于农村、农民以及农业的特殊性，农户科技创业绩效与普通企业的创业绩效相比，存在其固有的特点和差异，因此，针对农户个人创业的特点，本章主要采用农户个体层面的指标来衡量创业绩效。根据本章的研究目标并借鉴张应良（2013）、张益丰（2014）、张鑫（2015）等的研究，采用财务绩效来衡量科技创业农户的创业绩效，具体通过采用科技创业农户的家庭收入来测量。由于科技创业农户的形式较多，且创业规模也参差不齐，不同创业农户的成长性存在较大差异，财务数据也就不具备可比性。为了能够如实反映科技创业农户的创业绩效，这里把连续的数值型财务绩效进一步处理成非连续的分类变量，并把科技创业农户的家庭收入由低到高分为 10 个等级，具体如表 7.1 所示。

表7.1 创业绩效的界定与测量

类别	类型名称	测量
创业绩效	财务绩效	您家创业收入有多少？ 1 = 小于 0.5 万元，2 = 大于 0.5 万元小于 1 万元，3 = 大于 1 万元小于 2 万元，4 = 大于 2 万元小于 3 万元，5 = 大于 3 万元小于 4 万元，6 = 大于 4 万元小于 6 万元，7 = 大于 6 万元小于 8 万元，8 = 大于 8 万元小于 10 万元，9 = 大于 10 万元小于 20 万元，10 = 大于 20 万元

（2）控制变量：为了提高拟合回归的可信性，参照已有研究，本章还引入了科技成果来源这一控制变量。课题组问卷调查设计科技创业农户的科技来源主要分为：A = 自己创新发明，B = 中专学校，C = 高职学校，D = 大学，E = 农科院等专业机构，F = 科研中介机构，G = 政府科技服务站。由于 A 为内部来源，其余为外部来源，本研究设内部来源 = 1，外部来源 = 0，进一步判断哪种科技来源对农户科技创业绩效的作用更显著，具体如表 7.2 所示。

表7.2 科技来源的界定与测量

类别	类型名称	测量
控制变量	科技来源	1 = 内部来源（A = 自己创新发明） 0 = 外部来源（B = 中专学校，C = 高职学校，D = 大学，E = 农科院等专业机构，F = 科研中介机构，G = 政府科技服务站）

7.2.2 模型选取与设定

在对农户进行问卷调查时，考虑到农户在做问卷时通常把收入进行取整填写，这样一来就造成了零碎收入难以统计的现象，且创业收入较高的农户在填写收入时会比较保守，而创业收入较低的农户又容易产生臆达现象（王春超，2013）。为了能够真实反映科技创业农户的创业绩效以及规避农户因主观意识而产生的数据误差，不同于以往的研究，本章把连续数值型变量划分为非连续型的分类变量。由于本书将创业绩效 y^*（单位为元）分为 10 个存在一定顺序又相互排斥的等级，适用于 Ordered Probit 模型。模型的具体表达式如下：

$$y_i^* = \alpha_i + \beta X_i + \varepsilon_i \quad i = 1, 2, \cdots, n \tag{7.1}$$

其中，i 是从事科技创业活动的农户样本，X_i 是一组对科技创业农户创业绩效产生影响的自变量，α_i 为常数项，β 是对应于 X_i 的一组未知系数，ε_i 是误差项。由于 ε_i 的分布函数已经设定，这里就可以通过极大似然函数建立 Ordered

Probit 模型，Ordered Probit 的对数似然函数如式（7.2）所示：

$$\ln L = \sum_{i=1}^{N} \sum_{j=1}^{10} \ln\left[F(\partial_j - \alpha_i - x'_i\beta) - F(\partial_{j-1} - \alpha_i - x'_i\beta) \right] \tag{7.2}$$

通过最大似然函数（7.2）可以估计出 Ordered Probit 模型中的参数 ∂_i 和系数 β。通过对式（7.2）的推导可以得出，估计系数 β 就是科技创业农户创业绩效模型中式（7.1）的系数 β，且两者相同。根据本章的研究目的并拓展现有的研究经验，本章采用的基础计量模型设定如下：

$$Performance = \alpha_0 + \alpha_1 \times Social\_Capital + \alpha_2 \times Individual + \varepsilon_i \tag{7.3}$$

其中，科技创业农户的创业绩效 $Performance$ 为因变量；$Social\_Capital$ 代表社会资本为自变量，具体从网络结构特征、关系特征以及网络投入这三个方面选取 10 个测量指标，$Individual$ 代表以农户个人特征为代表的控制变量，α 表示待估参数向量，ε_i 为残差项。

7.2.3　数据的进一步处理

由于社会资本涉及的指标过多，为了后续做中介效应时能够节省篇幅，本章通过利用因子分析法来提取社会资本不同维度的变量。结果 KMO 检验和 Bartlett 球形检验，KMO 系数为 0.834，Bartlett 球形检验值为 1884.042，其相位的伴概率 P 值为 0，小于 0.01 的显著性水平，表示能够拒绝偏相关系数为 0 和相关系数矩阵为单位阵的原假设，说明指标之间具有复杂的统计相关关系，所以原有变量可以作因子分析（如表 7.3 所示）。

表 7.3　KMO 和 Bartlett 球形检验

取样足够度的 Kaiser – Meyer – Olkin 度量		0.834
Bartlett 球形检验	近似卡方	1884.042
	Df	45
	Sig.	0.000

通过主成分分析法进行公因子提取，以相关系数矩阵为基础并结合因子提取结果共提取了三个公因子，且这三个公因子能够反映社会资本变量 61.196% 的信息，对信息的解释程度超过了 60%，因此提取 3 个因子是合适的（如表 7.4 所示）。由于在正交旋转前 3 个因子的意义不够清楚，因此在使用最大方差法对因子载荷矩阵进行正交旋转时，使其因子载荷向 0 和 1 两个方向转换，旋转后的成分矩阵如表 7.5 所示。

表7.4 解释的总方差

成分	初始特征值			提取平方和载入		
	合计	方差的 %	累积 %	合计	方差的 %	累积 %
1	3.691	36.909	36.909	3.691	36.909	36.909
2	1.254	12.538	49.448	1.254	12.538	49.448
3	1.175	11.748	61.196	1.175	11.748	61.196
4	0.903	9.034	70.230			
5	0.753	7.531	77.761			
6	0.630	6.296	84.057			
7	0.561	5.608	89.665			
8	0.421	4.214	93.879			
9	0.345	3.455	97.333			
10	0.267	2.667	100.000			

提取方法：主成分分析。

表7.5 公因子方差

	初始	提取
社会地位 F_1	1.000	0.735
信息获取 F_2	1.000	0.663
好友数量 F_3	1.000	0.683
联系频率 F_4	1.000	0.709
人情支出 F_5	1.000	0.723
政府信任 F_6	1.000	0.587
银行信任 F_7	1.000	0.689
非银行信任 F_8	1.000	0.503
组织信任 F_9	1.000	0.528
媒体信任 F_{10}	1.000	0.299

提取方法：主成分分析。

根据主成分得分系数，将反映结构特征的社会地位、信息获取两个变量归结为第一个因子，并命名为结构维度因子；把反映网络投入的好友数量、联系频率、人情支出三个变量归结为第二个因子，并命名为网络投入维度因子；把反映关系特征的政府信任、正规金融机构信任、非正规金融机构信任、组织信任、媒体信任归结为第三个因子，并命名为关系维度因子。下面通过利用 SPSS 软件计算得出三个公因子的因子得分，并按照各个因子的方差贡献率作为权重进行加权平均并排序。

接下来借鉴 Thomson（1951）的方法来计算因子得分，按照各个因子的方差贡献率加权求和，得出结构维度因子、网络投入维度因子和关系维度因子，具体计算公式如式（7.4）所示：

$$index_i = \sum_{i=1}^{n}\left(f_i \cdot \frac{\lambda_i}{\sum_{i=1}^{n}\lambda_i} \right) \tag{7.4}$$

其中，$index$ 为综合指数，n 为保留的因子个数，λ_i 为第 i 个因子的方差贡献率，f_i 为第 i 个因子的因子得分，成分得分系数如表 7.6 所示。

结构因子综合指数（$index1$）涉及 2 个成分（社会地位、信息获取）并加权：

$$index1 = 0.738 F_1 + 0.802 F_2$$

投入因子综合指数（$index2$）涉及 3 个成分（亲朋好友数量、联系频率、人情支出）并加权：

$$index2 = 0.793 F_3 + 0.831 F_4 + 0.714 F_5$$

信任因子的综合指数（$index3$）涉及 5 个成分（政府信任、正规金融机构信任、非正规金融机构信任、组织信任、媒体信任）并加权：

$$index3 = 0.716 F_5 + 0.660 F_6 + 0.818 F_7 + 0.581 F_8 + 0.581 F_9 + 0.695 F_{10}$$

表 7.6　成分矩阵[a]

	成分		
	1	2	3
社会地位 F_1	0.738	0.034	−0.435
信息获取 F_2	0.802	−0.036	−0.138
亲朋好友数量 F_3	0.009	0.793	0.232
联系频率 F_4	−0.013	0.831	0.139
人情支出 F_5	−0.290	0.714	0.275
政府信任 F_6	0.274	0.388	0.716
银行信任 F_7	0.136	0.359	0.660
非银行信任 F_8	−0.336	−0.229	0.818
组织信任 F_9	−0.211	−0.019	0.581
媒体信任 F_{10}	0.374	−0.092	0.695

提取方法：主成分。a. 已提取了 3 个成分。

7.3　描述性统计分析

数据的来源与介绍已在第 1 章做了具体描述，这里不再赘述，但此处对本章即将使用的各项指标和定义进行简要介绍，具体内容如表 7.7 所示。本章借鉴张应良（2013）、张益丰（2014）、张鑫（2015）等研究的基础上，采用科技创业农户的家庭收入来考察其创业绩效，将科技创业农户的创业绩效由低到高分为 10 个等级，具体的测量情况如表 7.7 所示。

表 7.7　各项指标的定义和统计描述

变量	符号	定义	平均值	标准差	最小值	最大值	样本量
创业绩效	performance	您家创业收入有多少？	5.9433	2.5341	1	10	582
社会资本							
社会地位	social_sta	所处层级，底层 =1，顶层 =5	2.9251	0.8718	1	5	582
信息获取	info	从其他农户那里获取的信息与资源，非常少 =1，非常多 =5	3.0827	1.0221	1	5	582
亲朋好友	friends	亲朋好友数量，非常少 =1，非常多 =5	3.5335	1.1921	1	5	582
联系频率	freq	与亲朋好友联系频率，从不 =1，每年数次 =2，每月数次 =3，每周数次 =4，每天 =5	3.2028	0.9919	1	5	582
人情支出	rela_co	人情支出占家庭总支出的比重，非常少 =1，较少 =2，一般 =3，较多 =4，非常多 =5	2.3838	0.9334	1	5	582
政府信任	gov_tru	国家和政府对本地从事创业活动提供的支持，非常少 =1，较少 =2，一般 =3，较多 =4，非常多 =5	3.0709	0.9295	1	5	582
银行信任	form_tru	银行等正规金融机构对创业提供的资金支持，非常少 =1，较少 =2，一般 =3，较多 =4，非常多 =5	2.7297	1.0483	1	5	582
非银行信任	infor_tru	小额贷款等非正规金融渠道的民间借贷组织对创业提供的资金支持，非常少 =1，较少 =2，一般 =3，较多 =4，非常多 =5	3.039	1.1347	1	5	582

续表

变量	符号	定义	平均值	标准差	最小值	最大值	样本量
组织信任	orgi_tru	合作社、科研机构等组织对创业活动提供的技术帮助，非常少=1，较少=2，一般=3，较多=4，非常多=5	2.9438	1.0977	1	5	582
媒体信任	media_tru	电视、广播等媒体对创业提供的支持，非常少=1，较少=2，一般=3，较多=4，非常多=5	2.8253	1.1029	1	5	582
控制变量							
性别	sex	男性=1，女性=0	0.6365	0.4814	0	1	582
年龄	age	2013－出生年份	42.6367	10.4	22	62	582
文化程度	edu	小学及以下=1，初中=2，中专=3，高中=4，大专=5，本科=6，研究生及以上=7	3.6427	1.4368	1	7	582
是否结婚	marriages	已婚=1，未婚=0	0.9064	0.2915	0	1	582
家庭人数	family_size	当前家庭人数	3.9874	1.2897	1	12	582
外出务工	nonfarm	是否拥有外出打工经历，是=1，否=0	0.7029	0.4573	0	1	582
技术能力	skill	个人掌握的技术和能力程度，非常低=1，较低=2，一般=3，较高=4，非常高=5	3.4172	1.0700	1	5	582
过去经验	experience	个人拥有的经验，非常少=1，较少=2，一般=3，较多=4，非常多=5	3.4789	1.1264	1	5	582
科技成果来源	sources	科技创业所运用的科技成果来源，1=内部来源，0=外部来源	0.4053	0.4913	0	1	582

7.4　实证结果与分析

7.4.1　基准回归

根据本书的实证计量模型，在 Stata 14.0 软件中进行 Ordered Probit 模型分析，模型 1 是社会资本因素等主要变量对农户科技创业绩效的回归，模型 2 是引入控制变量之后对农户科技创业绩效的回归。模型 1 和模型 2 整体在 1% 的显著性水平上通过 F 检验，且模型 1 的判定系数 R^2 值达到 0.2917，模型 2 的判定系数 R^2 值达到 0.3532，表明本模型通过了诊断检验，具有良好的估计性质，这就表明了模型中的解释变量在一定程度上对农户科技创业绩效产生影响。并且随着控制变量的加入，拟合优度提高了 6%，说明模型得到了良好的控制，模型的回归结果如表 7.8 所示。

表 7.8　社会资本对创业绩效影响的估计结果

		解释变量	模型 1	模型 2
社会资本	结构维度	social_sta	0.9922 *** (13.43)	0.6972 *** (8.41)
		info	0.8927 *** (13.53)	0.6926 *** (9.25)
		friends	0.1044 * (1.90)	0.0806 (1.42)
	网络投入	freq	− 0.0652 (− 0.96)	− 0.1049 (− 1.47)
		rela_cost	− 0.1977 *** (− 3.90)	− 0.2306 *** (− 4.25)
		gov_tru	0.0413 (0.86)	0.1049 ** (2.03)
		form_tru	0.0252 (0.61)	− 0.0199 (− 0.45)
	关系维度	infor_tru	− 0.1849 *** (− 4.34)	− 0.2316 *** (− 5.05)
		orgi_tru	0.2627 *** (5.16)	0.1156 ** (2.07)
		media_tru	− 0.0648 (− 1.61)	− 0.0350 (− 0.83)
		sex		0.1038 (1.12)
		age		0.0094 * (1.96)
		edu		0.2993 *** (7.06)
		marriages		− 0.3472 ** (− 2.24)
		family_size		0.0102 (0.29)

续表

		解释变量	模型1	模型2
控制变量		nonfarm		0.1511
				(1.46)
		skill		−0.0596
				(−1.00)
		experience		0.6912***
				(10.77)
		sources		−0.0899
				(−0.98)
		LR chi2 (10)	801.3	933.61
		Pseudo R²	0.2917	0.3532
		N	582	582

从结构维度来看，社会地位在1%的水平上显著正向影响科技创业农户的创业绩效，可见，那些处于高社会阶层的农户越容易获取创业资源，也就越有利于取得较高的创业绩效。这主要是因为农户的社会地位反映了嵌入在社会网络中信息和资源的质量，处于较高社会阶层的农户更容易获取科技创业所需的资源和信息，且获取一些稀缺资源的可能性更大，从而增加其获取高创业绩效的概率。信息获取能力也在1%水平上显著影响创业绩效，从其他农户那里获取的信息和资源越丰富，其社会资本就越雄厚，嵌入在社会网络中稀缺资源越丰富，从网络中获取稀缺资源的能力就越强，对其创业成功的帮助就越大，创业绩效就越高。从网络投入这一维度来看，资金投入在1%水平上显著影响农户科技创业绩效。人情支出较高的科技创业农户有利于拓宽其网络规模，社会网络规模越大，嵌入其中的网络资源越丰富，农户越容易获得创业活动所需的各种信息和稀缺资源，有利于提升创业成功的可能性，进而获取高创业绩效的概率就越大。同时，创业绩效越高，家庭总收入越多，人情支出占家庭总支出比重越低，因此，资金投入对农户的科技创业绩效存在显著负向影响。而时间投入对农户创业绩效的影响不显著，主要是因为与社会网络成员间的互动越频繁，越有助于社会网络规模的扩大，社会网络成员同质性对提升创业绩效的作用并不明显。从关系特征维度来看，政府信任在5%水平上显著正向影响创业绩效，原因可能在于政府掌握着很多的信息和资源，尤其是一些引导性政策的提出，有利于农户将创业成果转化为现实绩效，因此对农户的科技创业绩效有显著正向影响。组织信任同样显著正向影响农户的科技创业绩效，主要是因为合作社、科研机构对农户创业活动给予的科研成果和技术支持，弥补了农户科技创业活动中技术方面的短板，对创业活动有显著帮助，因而显著正向影响创业绩效。而正规金融机构信任虽然可以提供一

定的资金支持，但对于科技创业农户来说，如何将创业成果转化为现实绩效才是关键，因此，正规金融机构信任发挥的作用范围存在一定的局限性，并没有直接对创业绩效产生显著影响。非正规金融机构信任则在1%水平上显著负向影响农户科技创业绩效，由于非正规金融机构多源于农户自身的社会网络，这样就有助于降低信息搜索和监督成本，但需要注意的是这种信任多建在血缘、亲缘关系基础上，受网络成员自身局限性影响，对农户科技创业成果转化的帮助并不大，反而会对农户科技创业活动及成果转化形成一定的干扰和阻碍，因此，非正规金融机构信任负向影响农户的科技创业绩效。

接下来进一步了解控制变量对农户科技创业绩效的影响：

受教育程度在1%水平上显著正向影响农户科技创业绩效，农户受教育程度越高越容易学习和掌握一定的技术能力和资源，同时也具有较强的资源整合能力，而充裕的创业资源能够有效提升创业绩效，因此，受教育水平显著正向影响农户的科技创业绩效。性别、年龄、家庭人数等人口统计学特征变量虽然在一定程度上影响农户的创业绩效，但已不是影响创业绩效的主要因素，创业者特质不是先天决定的，创业能力是可以后天习得的（高静，2015）。过去经验在1%水平上显著正向影响农户的科技创业绩效，原因可能在于，不管该经验是来自农户自身历史经验，还是社会网络中其他成员的分享经验，过往经验均有助于农户发现稀缺资源，规避经营风险，进而降低农户的科技创业风险，提高农户科技创业活动成功的可能性。科技成果来源负向影响科技创业农户的创业绩效，基于研究设定即为外部科技成果来源对科技创业农户的创业绩效影响更加显著，结合我国国情不难发现，农户从事科技创业活动，受自身及社会网络成员的局限性影响，科技技术及科技成果是自身的"短板"，因此，从事科技创业活动所需的科技成果多来源于外部机构，与前文组织信任结论一致。

7.4.2 分位数回归

Ordered Probit 回归仅仅描述了社会资本对农户科技创业绩效均值的影响，无法反映影响其分布的形状、刻度以及其他方面的内容。为了弥补这一缺陷，此处将根据创业绩效的条件分位数对社会资本进行分位数回归，这样一来，不但能够更准确地描述社会资本不同维度对创业绩效影响的变化范围以及条件分布形状，还能够捕捉其尾部特征。当社会资本各个维度对不同创业绩效的分布产生不同影响时，分位数回归就能更全面地刻画分布特征，从而得到全面的分析。表7.9给出了分位数回归的25、50、75以及90等分位点的回归结果。下面我们将从结构维度、网络投入与关系维度三个角度来阐述分位数回归的结果。

表7.9 社会资本对创业绩效影响的分位数回归

		变量	0.25	0.5	0.75	0.9
社会资本	结构维度	social_sta	0.6270***	0.7861***	0.9030***	0.7938***
			(4.21)	(9.10)	(17.46)	(8.62)
		info	0.8322***	0.7580***	0.6727***	0.5949***
			(6.26)	(9.83)	(14.57)	(7.24)
		friends	0.1964*	0.2060***	0.0807**	0.0016
			(1.86)	(3.37)	(2.21)	(0.03)
	网络投入	freq	−0.1911	−0.2490***	−0.0491	0.0522
			(−1.44)	(−3.24)	(−1.07)	(0.64)
		rela_cost	−0.1722*	−0.1561**	0.0123	0.1184*
			(−1.72)	(−2.69)	(0.35)	(1.91)
		gov_tru	0.0464	0.1004*	0.0953***	0.0958
			(0.49)	(1.82)	(2.88)	(1.63)
		form_tru	0.0189	−0.0465	0.0393	−0.0538
			(0.23)	(−0.99)	(1.39)	(−1.07)
	关系维度	infor_tru	−0.3451***	−0.1261**	−0.0368	−0.0559
			(−4.09)	(−2.58)	(−1.26)	(−1.07)
		orgi_tru	0.0260	0.0746	0.1718***	0.0943
			(0.25)	(1.23)	(4.73)	(1.46)
		media_tru	−0.1146	−0.0128	−0.0421	−0.0501
			(−1.45)	(−0.28)	(−1.53)	(−1.02)
		sex	0.2465	0.1841*	−0.0076	0.0235
			(1.42)	(1.83)	(−0.13)	(0.22)
		age	0.0059	−0.0045	0.0032	−0.0038
			(0.66)	(−0.87)	(1.05)	(−0.68)
		edu	0.2775***	0.2713***	0.1138***	0.1405***
			(3.56)	(6.01)	(4.21)	(2.92)
		marriages	−0.3978	0.0222	−0.1958*	−0.8778***
			(−1.36)	(0.13)	(−1.92)	(−4.84)
		family_size	−0.0539	0.0023	0.0285	0.0642
			(−0.81)	(0.06)	(1.24)	(1.57)

续表

		变量	0.25	0.5	0.75	0.9
控制变量		nonfarm	0.0831	−0.0124	0.0334	−0.2119*
			(0.43)	(−0.11)	(0.50)	(−1.78)
		skill	−0.1314	−0.0499	0.0677*	0.1750**
			(−1.18)	(−0.77)	(1.75)	(2.54)
		experience	0.6648***	0.4996***	0.4305***	0.4990***
			(5.95)	(7.72)	(11.10)	(7.23)
		sources	−0.1309	−0.1531	−0.0042	0.0523
			(−0.76)	(−1.54)	(−0.07)	(0.49)
		_cons	−1.0468	−1.2332***	−1.8168***	−0.4380
			(−1.57)	(−3.18)	(−7.83)	(−1.06)
		Pseudo R^2	0.5265	0.5864	0.6188	0.641
		N	582	582	582	582

从结构维度来看，社会地位和信息获取在各个分位点显著影响农户科技创业绩效，可见对于较高社会层级的农户来说，更容易获取科技创业活动所需的信息和资源。同时，社会网络规模越大，获取信息和资源的能力越强，有助于农户获得最新的市场信息、先进的生产技术，增强农户抵御风险的能力，提升农户的科技创业绩效。亲朋好友数量在25、50、75分位点显著影响农户的科技创业绩效，而在高分位点未通过显著性检验，大体呈下降趋势。对于中低分位点农户来说，亲朋好友数量的增加有助于扩大其社会网络规模，提高嵌入在社会网络中稀缺资源的丰富程度，有利于提升其创业绩效，但对于高创业绩效的科技创业农户来说，亲朋好友对其创业绩效的获取已无太大帮助，因此，在高分位点亲朋好友数量对创业绩效的影响力弱于中低分位点农户。从网络投入来看，时间投入和资金投入在中低分位点负向影响农户的科技创业绩效，但在高分位点正向影响创业绩效。本书认为，与社会网络成员间的互动越频繁，越有利于农户社会网络规模的扩大，维护社会网络所投入的时间增多，进而干扰农户科技创业的投入性，整体负向影响科技创业绩效，同时，随着社会网络规模的扩大，嵌入社会网络中的稀缺资源丰富程度越高，有助于提升农户科技创业成功的概率，提升创业绩效，家庭总收入也就越多，维护社会网络的资金投入占家庭总支出占比就降低。对于高分位点农户来说，随着创业绩效的提高，农户自身社会网络中的稀缺资源日益丰富，社会资本对农户获取高经济效益的帮助就越大，维护社会网络的投入有助于提升其科技创业绩效，因此，时间投入对农户科技创业绩效的影响力逐步趋正，

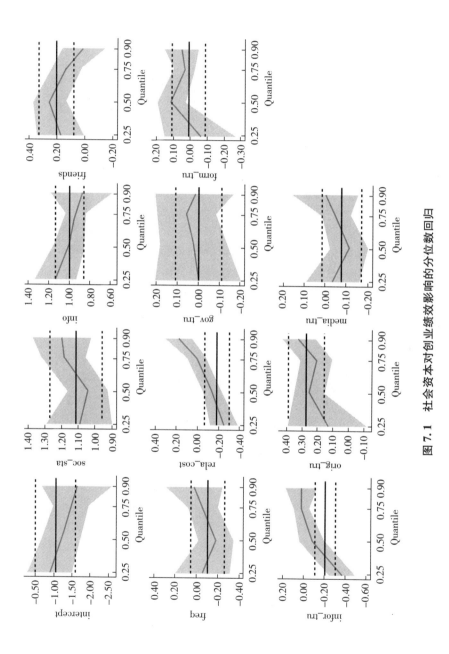

图 7.1　社会资本对创业绩效影响的分位数回归

同时，随着科技创业农户社会网络规模的逐渐扩大，维护社会网络所投入的资金也就越多，虽然创业绩效越高家庭总收入越高，但是科技创业农户维护社会网络所投入的资金也相应提高，人情支出占家庭总收入的比例也随之增大，因此，网络投入对高分位农户的科技创业绩效影响力趋正。从关系特征来看，政府信任在50和75分位点显著影响农户的科技创业绩效，可见对于中分位点农户来说，拥有更多政府支持的农户更容易迈入高绩效水平阶段，而在我国，很多资源掌握在各级政府手中，拥有政府支持的农户更容易得到所需的稀缺资源和信息，提升其科技创业活动的绩效。非正规金融机构信任在25和50分位点在5%水平上显著影响农户科技创业绩效，随着创业绩效的提升，该影响力趋弱，原因可能是对于中低分位点的科技创业农户来说，源于社会网络的非正规金融机构支持往往会对其科技创业活动提出各种帮助和指导，而基于血缘、亲缘的社会组织成员间对稀缺资源的获取能力的差异性不强，因此，这种支持对农户科技创业绩效提升的作用并不大，而随着创业绩效的提升，非正规金融机构支持对农户科技创业绩效的干扰力减弱，因此，非正规金融机构信任在中低分位点显著影响农户的科技创业绩效。组织信任于75分位点在1%水平上显著正向影响农户的科技创业绩效，对于中分位点科技创业农户来说，合作社、科研机构等组织提供的技术支持使农户更容易进入高绩效水平，而对于高分位点农户来说，组织信任提供的技术支持已不能满足其创业活动的需要，进而寻找其他渠道的技术支持，因此，组织信任对高分位点农户科技创业绩效的影响力弱于中分位点农户。

从控制变量来看，受教育程度和过去经验在各个分位点均在1%水平上显著正向影响农户科技创业绩效，与基准模型保持一致。对于各个分位点的农户来说，受教育程度越高，其掌握的科技技术水平也越高，获取稀缺的技术资源的能力越强，同时，农户对各种创业资源的整合能力也越强，而充裕的创业资源能够有效提升创业绩效，因此，受教育水平显著正向影响农户的科技创业绩效；过往经验均有助于农户规避创业活动中的经营风险，同时提升农户发现稀缺资源的能力，提高农户科技创业活动成功的可能性，因此，过去经验显著正向影响农户的科技创业绩效。婚姻状况在75和90分位点在10%水平上显著负向影响农户科技创业绩效，对于中高分位点农户来说，婚姻可以有效扩大农户的社会网络规模，但随着科技创业绩效的提升，农户在社会网络中的地位逐步提升，对社会网络中其他成员承担的责任和义务也随之增加，降低了农户对科技创业活动的专注力，基于姻缘的社会网络成员对农户的期望和要求也越大，对农户科技创业活动的干扰也加大，因此，婚姻状况对农户科技创业绩效的负向影响逐步增大。技术能力在75和90分位点显著正向影响农户的科技创业绩效，对于中高分位点农户来说，自身在社会网络中的地位越高，所掌握的稀缺资源越丰富，自身技术和能力有助于提升农户对稀缺资源的利用能力，而充分利用和整合社会网络资源有利于提高农户的科技创业绩效。科技成果来源在 90 分位点正向影响农户的科技创业绩效，在中低分位点则负向影响，即对于中低分位点农户来说，外部科技成果来源对农户科技创业绩效的影响更加显著，而高分位点农户的科技成果更多来源于内部。对于中低分位点农户来说，从外部引进科技成果来源有助于降低创业资金投入和科技技术成本，利于科技创业初期经营活动的开展，但随着科技创业绩效的提升和创业活动规模的扩大，外部引进科技成果已不足以满足自身创业发展需求，因此，需要加大自身科技研发的投入，进而形成自身的异质性竞争优势，进一步提高创业绩效。

7.4.3　区域差异分析

以往的研究较少关注不同区域农户的社会资本对创业绩效的影响可能存在的差异，本章按照东部、中部和西部将整体划分为三个分样本，以考察不同区域背景下，社会资本对农户科技创业绩效产生的差异化影响，拟合结果如表 7.10 所示。从结构维度来看，社会地位均显著影响东部、中部、西部三大区域科技创业农户的创业绩效，但在影响力度上，社会地位对东部地区科技创业农户创业绩效的影响最大，中部地区次之，对西部地区的影响最小。这表明，随着区域经济的发展，在农户社会网络中嵌入的稀缺资源和信息就越丰富，科技创业农户可开发和利用的资源就越多，更容易提升农户创业活动中的自身优势，提高农户科技创业的成功性，而创业资源的异质性对科技创业农户创业绩效起着决定性作用，因此，区域经济越发达，社会资本对创业绩效的影响力越大。在东部地区，亲朋好友数量在 1% 水平上显著影响农户的科技创业绩效，而在中部、西部地区未通过显著性检验，东部区域经济更为发达，农户社会网络中嵌入的稀缺资源更加丰富，随着亲朋好友数量的提升，有助于扩大农户的社会网络规模，农户社会资本的提升更加明显，越有利于农户创业绩效的提升。从网络投入维度来看，整体上存在明显的区域差异。在中部和东部地区，时间投入负向影响农户科技创业绩效，而在西部地区，该影响力为正向。在相对落后的西部地区，农户通过加强与社会网络成员间的互动，有利于扩大其社会网络规模，可有效提升对嵌入在社会网络中的稀缺资源和信息的利用能力，因此，对农户科技创业绩效呈正向影响。资金投入在各个区域均负向影响农户创业绩效，但中部地区该影响力强于东西部地区。原因可能是，加大社会网络的资金投入，有利于提升社会网络规模，提升获取稀缺资源的能力，进而提升农户科技创业绩效，随着科技创业绩效的提升，农户家庭总收入增加，人情支出占家庭总支出的比重减少。对于经济落后的西部地区来说，农民家庭总收入增加幅度小于其他地区，人情支出整体也偏少，该影响力弱于其他地区；对于中部地区来说，由于经济较发达，维护社会网络所带来的绩效增加更为显著，家庭收入增长幅度高于西部地区，因此，人情支出在5%上显著影响创业绩效；对于经济发达的东部地区来说，虽然维护社会网络所带来的创业绩效增加较为突出，但受区域发展影响，人情支出整体要高于其他地区，占家庭总支出的比例并没有明显差异，其对创业绩效的影响弱于中部地区。从关系维度来看，区域差异也较为显著，在经济更为发达的东部地区，政府信任、正规金融机构信任和非正规金融机构信任均在5%水平上显著影响农户科技创业绩效，在中西部地区则不显著。在经济发展程度较高的东部地区，政府所掌握的稀缺资源和信息也更加丰富，为农户可提供科技创业选择的方向和机会也越多，相关政策和引导也较多，对农户科技创业绩效的提升作用大于中部、西部地区。正规金融机构信任意味着正规金融机构对农户科技创业的支持，在经济发达的东部地区，正规金融机构更加成熟，能为农户提供更加多样的金融工具和风险管控，有助于农户降低创业风险，提升创业成功的可能性，提高农户的科技创业绩效。在经济发展相对落后的中部、西部地区，组织信任在1%水平上显著影响农户的金融创业绩效，而对东部地区的影响则不显著，由于东部地区拥有经济发展优势，科技创业农户获取创业所需的科学技术渠道更加多元化，对合作社、农科所的科技技术依赖程度弱于中部、西部地区，因此，组织信任对农户科技创业绩效的影响力弱于中西部地区。媒体信任在1%水平上负向影响东部地区农户科技创业绩效，而在中部、西部地区则不显著，可能是因为东部地区获取科技创业所需信息的渠道更加多样，已不局限于传统的电视、报纸、广播等媒体渠道，同时，由于经济发达的因素，媒体的自我约束力较弱，东部地区农户对传统媒体的信任度远低于落后的中部、西部地区，因此，媒体信任对农户科技创业绩效存在显著的负向影响力。

表 7.10　社会资本对创业绩效影响的区域差异

变量	西部		中部		东部	
social_sta	0.7505 ***	0.3281 **	3.0076 ***	6.5407 ***	2.5643 ***	6.0165 ***
	(6.95)	(2.72)	(10.42)	(3.54)	(7.44)	(4.89)
info	0.4901 ***	0.2655 **	2.9513 ***	7.3323 ***	2.9669 ***	5.5988 ***
	(5.43)	(2.55)	(10.42)	(3.46)	(7.99)	(5.28)
friends	−0.0188	−0.0723	−0.1640	−0.2219	0.7469 ***	2.3744 ***
	(−0.21)	(−0.77)	(−1.25)	(−0.58)	(3.45)	(3.79)
freq	0.0694	0.1786	0.3134	−0.3615	−0.4068 *	−2.4881 ***
	(0.67)	(1.58)	(1.62)	(−0.46)	(−1.86)	(−3.68)

续表

变量	西部		中部		东部	
rela_cost	−0.1545*	−0.1529	0.3988**	1.3713**	−0.5521***	−0.3509
	(−1.82)	(−1.64)	(2.72)	(2.50)	(−3.33)	(−0.93)
gov_tru	−0.0528	−0.1100	0.0404	−0.4727	0.3860**	1.5747***
	(−0.73)	(−1.36)	(0.31)	(−1.16)	(1.99)	(3.03)
form_tru	0.0037	0.0648	0.2255**	0.3773	0.1831	1.0763**
	(0.05)	(0.79)	(2.59)	(1.20)	(1.51)	(3.45)
infor_tru	−0.0674	−0.1237	0.2872**	1.2811***	0.3468*	0.8676**
	(−0.95)	(−1.62)	(2.61)	(3.04)	(1.81)	(2.32)
orgi_tru	0.3044***	0.1641**	0.6159***	2.9009***	1.9973***	1.9144**
	(4.30)	(2.11)	(4.12)	(3.05)	(5.86)	(2.68)
media_tru	0.0270	0.0462	−0.3309***	0.2622	−0.4964***	−1.0327***
	(0.47)	(0.75)	(−3.18)	(0.86)	(−3.53)	(−3.25)
sex		−0.0164		−0.9468		−0.1710
		(−0.11)		(−1.52)		(−0.33)
age		0.0082		0.0295		0.0740***
		(1.09)		(0.70)		(3.10)
edu		0.2203***		3.5591***		0.4706*
		(3.85)		(3.08)		(1.82)
marriages		−0.2548		−4.5546**		−0.1479
		(−1.00)		(−2.12)		(−0.22)
family_size		0.0847		0.7241**		0.5401**
		(1.57)		(2.53)		(2.10)
nonfarm		−0.1457		3.5862**		1.4212***
		(−0.88)		(2.63)		(2.92)
skill		0.2077**		8.4945***		−0.3466
		(2.57)		(3.09)		(−0.85)
experience		1.0820***		5.2056***		2.8531***
		(10.52)		(2.90)		(3.86)
sources		−0.0125		4.5817**		2.5601***
		(−0.09)		(2.71)		(3.19)
LR chi2 (10)	168.64	290.18	588.41	738.62	587.01	640.31
Pseudo R²	0.1592	0.2942	0.6933	0.8891	0.7582	0.8438
N	229	229	208	208	145	145

从控制变量来看，年龄在1%水平上显著正向影响东部地区农户的科技创业绩效，高于整体样本。随着年龄的增长，农户社会网络规模不断扩大，而东部地区农户社会网络中嵌入的稀缺资源更加丰富，稀缺资源的质量也高于中西部地区，因此，对农户科技创业绩效的影响高于中西部地区。受教育程度和自身技术能力均在5%水平上显著影响中西部地区农户的科技创业绩效，而对东部地区的影响不显著。在经济发展相对落后的中部、西部地区，受教育程度越高，农户掌握的科技水平就越高，自身掌握的技术和能力越强，与其他同行业竞争者间的异质性就越明显，而资源异质性对创业绩效起着决定性的作用，因此，对农户科技创业绩效的影响力就更加显著。对于东部地区来说，社会整体的受教育程度较高，各成员间的受教育程度差异性较小，对于科技创业所需的技术和能力来说，更倾向于利用周围专业的机构和人员，对自身所需技术和能力的需求减弱，因此，受教育程度和自身技术能力对东部地区农户科技创业绩效影响并不大。外出务工经历均在5%水平上显著正向影响中东部农户的科技创业绩效，而对西部地区的影响不显著。可能是因为外出务工经历可有效提升农户对稀缺资源的获取能力，同时拓展农户的社会网络关系，增加其社会资本，外出务工期间掌握的技术能力、商业运作模式、商业网络关系等信息能有效提升农户科技创业绩效，对于西部地区农户来说，受教育水平及自身能力影响，外出务工多从事技术含量低的体力活动，外出务工期间所掌握的技术和能力对科技创业活动的影响作用较小，因此，西部地区外出务工经历对农户科技创业绩效的影响力较弱。在西部地区，农户科技成果来源负向影响创业绩效，而在中部和东部地区，科技成果来源均在5%水平上显著正向影响创业绩效，即中部和东部地区农户科技创业所需的科技成果多来自内部，而西部地区则多来自外部。结合区域经济发展不难看出，经济较落后的西部地区，农户自身科技成果资源匮乏，求助于外部科研机构可有效降低创业成本和技术成本，有利于农户科技创业活动的发展，而在经济相对发达的中、东部地区，社会网络中嵌入的稀缺资源更加丰富，农户自身进行科技研发的环境更加适宜，科技研发成功的可能性也更大，将成果运用到创业活动中可有效提升农户科技创业资源的异质性，提升农户科技创业绩效，因此，科技创业成果来源更多来自内部。

7.5 融资能力的中介效应分析

嵌入在关系网络中的社会资本通常会对农户的创业绩效产生影响，这一点已经得到部分文献的证实（张应良，2015；高静，2015；张鑫，2016）。在第3章的机理分析中，我们也推断，社会资本可能会通过农户的融资能力来影响其创业绩效，即融资能力可能是一个潜在的中介变量（mediator）。对于中介效应的研究，需要借助管理学与心理学领域中经常使用的中介效应方程来进行分析验证。为了验证融资能力是否为社会资本影响农户科技创业绩效的中介变量，本章参照Baron 和 Kenny（1986）、温忠麟（2004）以及卢海阳、钱文荣（2016）的做法，拟通过以下三个方程进行检验。

$$Performance = c \times Social\_Capital + \partial_i^1 x_i + \varepsilon_1 \tag{7.5}$$

$$Financing\_Capacity = a \times Social\_Capital + \partial_i^2 x_i + \varepsilon_3 \tag{7.6}$$

$$Performance = c' \times Social\_Capital + b \times Financing\_Capacity + \partial_i^3 x_i + \varepsilon_3 \tag{7.7}$$

方程（7.5）分析的是主要变量社会资本对农户科技创业绩效的影响，系数 c 为主要变量对因变量的总效应。方程（7.6）是对主要变量社会资本对中介变量融资能力的影响，系数 a 为主要变量社会资本对中介变量融资能力的效应。方程（7.7）是同时分析主要变量和中介变量对因变量的影响，系数 c' 为控制中介变量的影响后，主要变量对因变量的直接效应，ε_1、ε_2、ε_3 是残差项，方程（7.5）、方程（7.6）与方程（7.7）的关系如图 7.2 所示。

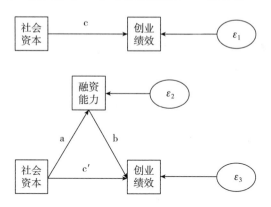

图 7.2　融资能力中介模型示意

传统的中介效应检验方法是通过逐步判断 c、a、c' 和 b 四个系数的显著性和数值变化来验证是否通过检验（温忠麟等，2004；钱龙、钱文荣，2015）。具体步骤为：第一步是对方程（7.5）中的系数 c 进行检验（检验 H_0：$c = 0$），当 c 通过显著性检验时，则进入第二步，若没有通过显著性检验则停止。第二步是检验方程（7.6）中 a（检验 H_0：$a = 0$）和方程（7.7）中 b（检验 H_0：$b = 0$），Hayes（2009）又称为联合显著性检验。当 a 和 b 同时显著时，则说明中介效应显著，进入第三步。如果有一个不显著，则说明该检验功效较低，进入第四步。第三步是检验方程（7.7）中系数的显著性。当 c' 不显著时称之为完全中介效应，当 c' 显著时则称为部分中介效应。第四步是做 Sobel 检验。若结果显著，则说明中介效应显著，否则中介效应不显著，检验结束（1982，Sobel）。

近年来，随着学者们对中介效应分析进一步深入的研究和发展，逐步检验法已不需要通过显著性水平，且 Sobel 检验法的有效性低于 Bootstrap 检验法（温忠麟、叶宝娟，2014）。一种更为有效的检验步骤如下：第一步，检验方程（7.5）的系数 c，如果显著，则说明具有中介效应；若 c 不显著，则按遮掩效应处理。这里需要注意的是，无论 c 是否显著，后续的检验都需要继续进行。第二步，对方程（7.6）的系数 a 和方程（8.3）的系数 b 依次进行检验，如果两个系数都显著，则中介效应显著，进行第四步。如果有一个不显著，则转到第三步。第三步，用 Bootstrap 检验法直接验证 $H_0：ab = 0$。如果不显著，则停止分析；如果显著，则中介效应显著，进行第四步。第四步，检验方程（7.7）中的系数 c' 是否显著。如果显著则表示直接效应显著，进行第五步。如果不显著，说明只有中介效应。第五步，比较 ab 和 c 的符号，如果是同号，则为部分中介效应，若符号相异，则属于遮掩效应（如图 7.3 所示）。

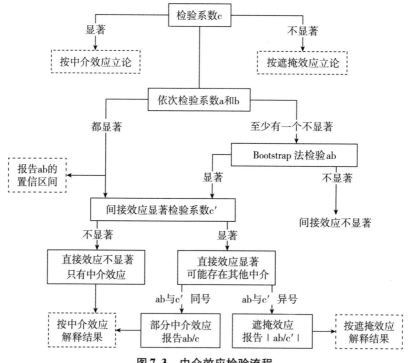

图7.3　中介效应检验流程

为了验证社会资本是否通过融资能力这一中介变量来影响农户的科技创业绩效，首先对模型中所涉及的变量进行中心化处理。并分别运行方程（7.5）、方程（7.6）、方程（7.7），由于方程（7.5）的回归结果与基准模型差异不大，因而只在表7.9中显示方程（7.6）和方程（7.7）的回归结果。考察总融资能力作为中介变量是否对社会资本的结构维度因子和创业绩效之间存在中介效应时，结果显示（如表7.11所示），对于创业绩效来说，社会资本的结构维度因子通过显著性水平检验（c显著），即直接效应显著。接着进入第二步，社会资本的结构维度因子正向显著促进农户的总融资能力（a显著），且中介变量总融资能力通过了显著性检验（b显著），则中介效应显著，转到第四步。模型2中结构维度因子的影响系数（c′）通过显著性检验，说明直接效应显著。因而，对于创业绩效而言，中介效应存在，社会资本的结构维度因子会通过总融资能力这一中介来影响科技创业农户的创业绩效。进行第五步。比较ab和c的符号，结果发现符号相同，则说明总融资能力属于部分中介效应。

表7.11　社会资本结构维度因子对创业绩效影响：融资能力的中介效应

变量	模型 1	模型 2	模型 3
结构维度	0.407 ***	0.776 ***	0.219 ***
	(0.086)	(0.146)	(0.080)
sex	0.076	0.019	0.072
	(0.105)	(0.179)	(0.096)
age	0.016 ***	− 0.004	0.017 ***
	(0.005)	(0.009)	(0.005)
edu	0.467 ***	0.286 ***	0.397 ***
	(0.045)	(0.076)	(0.041)
marriage	− 0.279	0.113	− 0.307 *
	(0.180)	(0.306)	(0.165)
familysize	− 0.020	0.007	− 0.022
	(0.040)	(0.068)	(0.037)
nonfarm	0.139	0.106	0.113
	(0.113)	(0.191)	(0.103)
skill	0.062	0.545 ***	− 0.070
	(0.065)	(0.111)	(0.061)
experience	0.986 ***	0.643 ***	0.831 ***
	(0.062)	(0.106)	(0.059)

续表

变量	模型 1	模型 2	模型 3
source	− 0. 121	− 0. 214	− 0. 069
	(0. 104)	(0. 177)	(0. 095)
总融资能力			0. 242 ***
			(0. 022)
常数项	− 0. 566	4. 585 ***	− 1. 674 ***
	(0. 415)	(0. 703)	(0. 392)
样本量	582	582	582

接下来考察总融资能力作为中介变量对社会资本网络投入维度因子和创业绩效之间时是否存在中介效应，结果显示（如表 7. 12 所示），对于创业绩效来说，社会资本的网络投入维度因子通过了显著性水平检验（c 显著），即直接效应显著。接着进入第二步，反映社会资本网络投入维度的因子不显著（a 不显著），但是中介效应总融资能力通过了显著性检验（b 显著），进入第三步。用 Boot-strap 法直接检验 H_0：ab = 0，结果发现（如表 7. 13 所示），ab 显著，可以说明总融资能力的中介效应显著。进入第四步，此时，社会资本网络投入维度因子的影响系数 c′显著，说明直接效应显著，进行第五步。比较 ab 和 c 的符号，结果发现符号相同，则说明总融资能力属于部分中介效应。

表 7. 12　社会资本网络投入维度因子对创业绩效影响：融资能力的中介效应

变量	模型 1	模型 2	模型 3
网络投入	0. 117 **	0. 001	0. 116 **
	(0. 053)	(0. 091)	(0. 048)
sex	0. 149	0. 126	0. 116
	(0. 106)	(0. 182)	(0. 096)
age	0. 016 ***	− 0. 005	0. 017 ***
	(0. 005)	(0. 009)	(0. 005)
edu	0. 527 ***	0. 409 ***	0. 423 ***
	(0. 043)	(0. 074)	(0. 040)
marriage	− 0. 319 *	0. 037	− 0. 328 **
	(0. 183)	(0. 313)	(0. 165)

续表

变量	模型 1	模型 2	模型 3
familysize	0.013	0.061	− 0.003
	(0.040)	(0.069)	(0.036)
nonfarm	0.264 **	0.232	0.205 *
	(0.117)	(0.200)	(0.105)
skill	0.182 ***	0.796 ***	− 0.020
	(0.060)	(0.103)	(0.057)
experience	1.114 ***	0.881 ***	0.890 ***
	(0.057)	(0.098)	(0.055)
source	− 0.107	− 0.238	− 0.046
	(0.106)	(0.182)	(0.096)
总融资能力			0.254 ***
			(0.021)
常数项	− 1.834 ***	2.261 ***	− 2.409 ***
	(0.331)	(0.566)	(0.302)
样本量	582	582	582

表7.13　系数 a×b 的 Bootstrap 估计

	系数值	Bootstrap 标准误	z 值	P 值
a×b	0.329	0.079	4.165	0.000

　　相似地，考察总融资能力作为中介变量对反映社会资本关系维度因子和创业绩效之间是否存在中介效应，结果显示（如表7.14所示），对于创业绩效来说，社会资本关系维度的因子通过了显著性水平检验（c 显著），即直接效应显著。接着进入第二步，反映社会资本关系维度因子不显著（a 不显著），但是中介效应总融资能力通过了显著性检验（b 显著），进入第三步，用 Bootstrap 法直接检验 H_0：ab = 0，结果发现（如表7.15所示），ab 显著，可以说明总融资能力的中介效应显著。进入第四步，此时，社会资本关系维度的因子的影响系数 c′ 显著，说明直接效应显著，进入第五步。比较 ab 和 c 的符号，结果发现符号相同，则说明总融资能力属于部分中介效应。

表 7.14   社会资本关系维度因子对创业绩效影响：融资能力的中介效应

变量	模型 1	模型 2	模型 3
关系维度	-0.132 **	-0.006	-0.131 ***
	(0.054)	(0.092)	(0.048)
sex	0.121	0.125	0.089
	(0.106)	(0.182)	(0.096)
age	0.015 ***	-0.005	0.016 ***
	(0.005)	(0.009)	(0.005)
edu	0.519 ***	0.408 ***	0.415 ***
	(0.043)	(0.074)	(0.040)
marriage	-0.365 **	0.035	-0.374 **
	(0.184)	(0.314)	(0.165)
familysize	0.012	0.061	-0.003
	(0.040)	(0.069)	(0.036)
nonfarm	0.257 **	0.233	0.197 *
	(0.115)	(0.198)	(0.104)
skill	0.187 ***	0.796 ***	-0.015
	(0.060)	(0.103)	(0.057)
experience	1.088 ***	0.880 ***	0.864 ***
	(0.058)	(0.100)	(0.056)
source	-0.135	-0.239	-0.074
	(0.106)	(0.181)	(0.095)
总融资能力			0.254 ***
			(0.021)
常数项	-1.617 ***	2.268 ***	-2.194 ***
	(0.337)	(0.576)	(0.307)
样本量	582	582	582

表 7.15   系数 a × b 的 Bootstrap 估计

	系数值	Bootstrap 标准误	z 值	P 值
a × b	0.353	0.087	4.057	0.000

相似地，根据前述步骤，本书还对正规渠道融资能力和非正规渠道融资能力作为中介变量分别反映社会资本结构特征、网络投入、关系特征三个维度的因子

与创业绩效的中介作用，由于篇幅限制，笔者将检验结果展示如下（见表7.16），不再一一展示表格详细内容。从分析结果来看，对于创业绩效来说，正规渠道融资能力和非正规渠道融资能力都存在显著的中介效应。

表7.16 创业绩效：正规渠道融资能力与非正规渠道融资能力中介效应

对象	中介变量	结构维度		网络投入		关系维度	
	融资能力	直接效应是否显著	是否存在中介效应	直接效应是否显著	是否存在中介效应	直接效应是否显著	是否存在中介效应
创业绩效	正规渠道	是	是	是	是	是	是
	非正规渠道	是	是	是	是	是	是

7.6　本章小结

本章从理论上分析了社会资本对农户科技创业绩效的影响机制，利用课题组2013年的调研数据实证检验了社会资本对农户科技创业绩效的直接影响和融资能力的间接传导机制。研究结果显示：①基准回归结果表明，网络资源和关系网络的动员能够提高农户的科技创业绩效。具体地，从结构维度来看，社会地位与信息获取能力在1%水平上显著影响农户的科技创业绩效，而亲朋好友数量对创业绩效的影响并不显著；从网络投入来看，人情支出对农户的科技创业绩效呈显著负向影响；从关系维度来看，非正规金融机构的信任对农户的科技创业绩效呈显著负向影响，而正规金融机构的信任已不再显著。②分位数回归结果表明，社会资本能够助推科技创业农户向高绩效区间迈进，具体来看，结构维度在各个分位点均对农户的科技创业绩效存在显著影响；从网络投入的维度来看，时间投入和资金投入均在中低分位点显著影响农户的科技创业绩效，而在高分位点不存在显著关系；从关系维度来看，各类信任水平在中低分位点显著影响农户的科技创业绩效，而在高分位点对创业绩效并不存在显著影响。③分区域回归结果表明，社会资本对东部地区农户科技创业绩效的影响显著高于中西部地区。从结构维度来看，社会地位与信息获取能力对科技创业绩效的影响区域差异并不明显，而亲朋好友数量对东部地区农户的科技创业绩效影响较为显著；从网络投入来看，时间投入对东部地区农户的科技创业绩效影响较为显著，而对中西部地区并不存在显著影响；从关系维度来看，各类信任水平在东部地区对农户的科技创业绩效影响较为显著，而对于中西部地区，组织信任和媒体支持对其创业绩效存在显著影响。④对融资能力的中介效应进行验证性分析时发现，无论是正规渠道融资能力还是非正规渠道融资能力，抑或是总的融资能力都通过了验证性检验，说明融资能力对社会资本和创业绩效之间的中介作用显著。

第8章 研究结论与政策建议

农户的科技创业行为催生了各种经济实体以及各种新型的农业经营模式，如家庭农场、合作社、科技企业等，并且为我国未来农村的发展引领方向。聚焦这一领域，本书从社会资本的角度进行深入的分析研究工作，不仅具有十分重要的意义，而且也十分有趣。本章根据前文的理论与实证研究，首先，对本书的研究结论进行总结；其次，基于社会资本的视角针对研究结论提出本书的政策建议，旨在提升农户的科技创业意愿、融资能力以及创业绩效；最后，在此基础上对本书进行研究展望，指出需要与可进一步研究的方向。

8.1 研究结论

（1）农户的科技创业活动具有特殊性与复杂性，需要正式制度和非正式制度的协同支持。农户科技创业是集科技、资源、机会与科技创业农户有机结合的一种系统性行为，具有高风险性、投资周期长、市场波动性大和消息不确定性等特点，造成了金融机构的大量"惜贷"现象。这就需要有足够的市场空间和政府提供必要的政策和资金援助，更需要社会服务部门提供技术、市场信息、管理咨询以及投融资等社会化服务，促进科技与创业的有效结合，推进农户科技创业进程，实现农村产业结构的优化升级。

（2）社会资本从多维度影响农户的科技创业活动，对农户科技创业具有综合效应。本书拓展了社会资本理论对农户创业领域的研究，通过比较社会资本结构维度、网络投入以及关系维度的作用差异，来揭示不同维度的社会资本对农户科技创业意愿、融资能力以及创业绩效的影响方向和力度。综合考察农户科技创业发展对资金和技术需求的变化以及社会资本不同维度为科技创业农户带来资金和技术供给的变化。在研究创业绩效时引入"融资能力"这一中介变量，进而从社会资本的不同维度来分析其对农户科技创业绩效产生的内在影响机制。

（3）社会资本通过其资本属性的资源获取功能以及制度属性的行为约束功能来影响农户的科技创业意愿，且影响作用十分显著。从第3章的机理分析可以发现，社会资本可以通过其资本属性与制度属性两个途径来影响农户的科技创业意愿：一是资本属性的资源获取功能，资本属性能够通过自身所具有的资源传递功能来获取那些极具价值的稀缺资源，以此来提高农户科技创业的积极性；二是制度属性的行为约束功能，制度属性能够通过该属性自身的激励诱导和监督奖惩功能来规范农户的创业环境，增强农户的努力程度，进而提高农户科技创业成功的概率。通过构建有序多分类回归模型（Ordered Logit Model）、分位数回归模型以及分区域回归模型，分析了社会资本对农户科技创业意愿的影响，研究发现，社会资本的不同维度对农户科技创业意愿均存在显著影响；社会资本总体上对不同科技创业意愿水平上的农户具有显著的正向影响；不同区域农户的社会资本对其科技创业意愿的影响存在显著差异，其中对西部地区的影响显著高于中东部地区。

（4）社会资本的资本属性具有抵押替代功能，并能够通过该功能提高科技创业农户的融资能力，尤其是非正规渠道的融资能力。通过采用普通最小二乘法（OLS）、分位数回归以及分区域回归来实证检验社会资本对融资能力的作用机制，研究结果显示：社会资本对科技创业农户不同渠道的融资能力影响程度各异，其中对非正规渠道的融资能力影响更为显著；社会资本对不同渠道融资能力水平的科技创业农户存在显著差异，对正规渠道融资能力较强的农户影响更显著，对非正规渠道融资能力较弱的科技创业农户影响更显著；不同区域科技创业农户的社会资本对其融资能力也存在显著差异，其中对中东部地区的影响显著高于西部地区。

（5）我国科技创业农户正规渠道的融资能力十分薄弱，且地区间融资能力的差异十分显著，发展极不平衡。调查发现，我国不少地区科技创业农户的融资结构基本格局是：自有资金、合伙人以及民间借贷融资大约占93.9%，而向银行等正规金融机构贷款仅占34.6%。从地区来看，东部地区科技创业农户对金融服务的需求规模较小，供给较多；中部地区的科技创业农户对金融服务需求规模较大，但是金融机构的供给不足；而西部地区的科技创业农户对金融服务需求规模较大，且供给结构单一。

（6）网络资源和网络关系的充分利用可以显著提高农户科技创业绩效，使科技创业农户向高绩效的创业区间迈进，政治资源和组织资源不但能够改善和提高科技创业农户的融资能力和创业绩效，而且不同渠道的融资能力对创业绩效产生的作用也不尽相同。通过采用有序多分类（Ordered Probit Model）和 Bootstrap

检验，分析社会资本对创业绩效的影响，以及融资能力是否在两者之间产生中介作用。实证分析结果显示：从结构维度来看，社会地位和信息获取能力显著影响农户科技创业绩效，而亲朋好友数量对创业绩效并无显著影响；从网络投入维度来看，资金投入显著影响农户科技创业绩效，而时间投入对创业绩效的影响并不显著；从关系维度来看，非正规金融机构的信任和组织信任显著影响农户科技创业绩效。在基准回归的基础上通过 Bootstrap 检验来验证融资能力是否在社会资本和创业绩效之间产生中介作用，实证结果显示，正规渠道融资能力、非正规渠道融资能力与总的融资能力在两者之间均存在部分中介效应。

（7）随着市场化经济的不断发展，农户的科技创业行为呈现出新趋势以及新特征，为其发展带来新的机遇与挑战。农户的创业行为呈现出一些新的趋势和特征，如农户的管理水平与技术能力不断提高、市场需求的不断变化、劳动力成本的不增加、创业领域与规模逐渐深化和扩大、创业形式逐渐由传统的"劳动密集型"向"技术以及资金密集型"转变等。随着农户创业呈现出新特征与新趋势，农户科技创业同样也面临着新的特征与挑战。首先，科技创业农户的社会资本呈现出网络密度变小、规模变大、网络资源丰富化的趋势；其次，农户科技创业的绩效并不高，尤其是财务绩效，一半以上农户的科技创业收益仅有 3 万 ~ 4 万元；最后，农户的社会资本没有引起足够的重视，也没有得到有效利用，现有支持科技创业的政策更多的是对资金的扶持和提供优惠的税收政策，却忽视了对农户社会资本的利用和动员。

8.2　政策建议

8.2.1　推进区域农村科技创业服务组织建设，汇集社会力量参与程度

农村科技创业服务组织是一种新事物，近年来，尽管科技部和各地科技部门出台了一系列的支持科技特派员与农户创业的指导性文件，在一定程度上推动了农村科技创业服务组织的成立与建设，但由于组织在实际运行过程中涉及很多机制和影响因素，包括科技供给机制、合作机制、利益分配机制，资金、信息、人才等科技服务组织发展的保障因素，以及农业部门、科技部门、科研院所等协调因素。这就要求各地科技创业服务组织建立更完善的制度安排，规范和引导相关部门出台适应本地区科技创业农户发展的制度和政策体系。科技特派员作为农村科技服务体系的一个极为重要的优势就在于其能够提供多元化服务，提倡组织服

务的多元化，积极推动社会力量的广泛参与。因此，应积极推进农业创业协会、专业科技协会、社会团体、科技开发实体、中介组织、社会团体等各种形式的组织参与到农村科技服务体系的建设中来，形成结构多元、分布立体、覆盖率高的科技型组织服务网络。

8.2.2 优化创业环境，使政府能够灵活把控介入与退出机制

创业环境对农户的科技创业活动能够产生直接影响，技术环境、人才环境、融资环境以及文化环境等都可能对农户的科技创业结果带来差异（王飞绒，2005；柳燕，2007）。创业活动的成功与否与从事科技创业农户的自身发展状况以及所选择创业领域的发展环境具有十分紧密的联系，因此，营造良好的创业环境以及提高农户自身的创业能力能够有效促进农户科技创业活动的成功。此外，为了给农户营造良好的科技创业氛围还要加强政府职能部门的宣传工作，组织电视、网络、报刊等形式的媒体进行普及和宣传，传播科技创业活动的典型经验与重要成果，进而提高社会各界对农户科技创业行为的信任度与认知度，使其认识到科技创业活动为我国解决"三农"问题以及消除城乡"二元经济结构"所起的重要作用。政府在推动农户的科技创业行为所发挥的重要作用是有目共睹的，从制度设计到政策支持都为农户的科技创业活动提供政策和资金上的帮助。但是，由于农户的科技创业行为也是一种市场机制的产物，需要遵循市场发展规律，这就要求政府在发挥介入机制时，还要选择退出机制，在农户进行科技创业的起步阶段，需要政府提供一些政策上的支持来帮助农户获取创业机会以及改善农户的创业条件；同时，随着农户的科技创业活动逐渐步入正轨以及不断发展和完善，科技创业成果的实现最终需要市场主体来实现，这时，政府已经无法满足不断发展的需要，因此政府就需要选择退出机制。

我国农户的科技创业活动区域差异十分明显，有东部沿海发达地区的活跃地带，也有需要政府政策支持的中部、西部不活跃地区，本书认为，对于科技创业活动活跃的东部地区，党和政府的工作重点应该放在服务方面，通过提升产业的科技含量来提高其竞争实力。政府的行为就像经济学领域中"挤出效应"与"挤入效应"所说的一样，如果政府调动很多财政资源与政策支持来推进农户科技创业，则可能产生个人投资和民间投资减少的现象。相反，在创业机会与资源缺乏、创业活动不活跃的中西部地区，政府应该更多地提供政策和资金的支持。例如，通过引导多种资源促进农户开展科技创业实体，这样不但不会减少民间投资，还能够为私人投资营造良好的经济环境，从而提升科技水平与产业规模，扩大实体或个人投资，这一现象就是前文所说的"挤入效应"。

8.2.3　利用网络资源，引导农户通过自身关系网络提高科技创业行为表现

基于自身条件的限制，科技创业农户的物质资本与人力资本较为匮乏，因此，积极倡导科技创业农户进行社会资本的积累，从而使其能够获取科技创业所需的稀缺资源和技术，进而提高资源配置效率和技术水平。除此之外，还要逐步引导农户在科技创业过程中利用其自身的社会资本来取得能够与其初始创业资源相匹配的稀缺资源。从科技创业农户的角度来分析并结合实证研究结果，本书从创业意愿、融资能力以及创业绩效三个方面提出了提高农户科技创业行为表现的三点建议：

第一，从创业意愿的角度来分析，由于网络资源、信任程度以及联系频率均对农户的创业意愿具有特殊作用，因此，农户在科技创业的初期一方面要引导科技创业农户积极建立与维护网络中拥有较高社会地位个体的联系，例如政府职员、银行职员、科研人员以及取得成功的创业者，通过他们的桥梁作用来获取自身创业所需的资源和信息，进而提高创业活力；另一方面，注重培养和构建科技创业农户的人际网络，并根据实际情况来调整关系网络的经济和时间投入，从而提高资源的多样性、异质性以及获取的可能性。

第二，从融资能力的角度来分析，由于网络资源、网络投入、非正规金融机构的支持对科技创业农户融资能力有显著的影响，因此，在农户科技创业的初期一方面要引导科技创业农户保持与网络资源中层级较高的个体的联系，整合创业资源，寻找资金来源渠道；另一方面，金融机构不但能够带动农村地区产业结构的调整和升级，还可以促进科技创业农户取得规模经济，非正规金融机构对农户的融资能力影响更显著，所以要引导科技创业农户转变融资方式，在积极从非正规金融机构获取贷款的同时还要不断与正规金融机构维持联系，以期获取低成本的正规贷款。

第三，从创业绩效的角度来分析，由于网络资源的质量能够显著影响农户的科技创业绩效，并且那些具备政治资源和组织资源的科技创业农户更容易达到高水平的创业绩效阶段。处于较高社会阶层的组织或个体不但可以提供稀缺资源，还可以帮助科技创业农户打开市场销路，从而提高经营绩效。由于正规渠道的融资能力对农户的科技创业绩效具有中介效应，因此农户在进行科技创业的准备阶段要积极展开与正规金融机构的沟通与合作，争取获取低成本的正规贷款。

8.2.4　构建多维关系网络，提高科技创业农户网络规模和质量

基于不同维度的社会资本对农户科技创业行为所产生的影响是不同的，科技创业农户要从自身需要出发，建立和维系能够满足自身需求的关系网络。依据前

文的实证分析结果，本书从以下四个方面对政府提出培育和维护科技创业农户网络关系的政策建议：

第一，从政治关系的角度来分析，引导农户构建与维系良好的政治关系，科技创业农户的政治网络资源越丰富、与政府机构的关系越密切、网络成员的政治与社会地位越高，则科技创业农户所能利用的社会资本就越充裕。当今社会，资源和权力一般掌握在职能部门手中，政府掌控着特权以及稀缺资源，科技创业农户的政治资源能够为其发展带来潜在优势。所以，科技创业农户要不断加强与政府的联系，积极建立与维护和政府职员的沟通与交流，构建持久良性的政企关系。

第二，从人际关系的角度来分析，引导科技创业农户合理构建与维系网络关系，识别和利用嵌入在关系网络中的潜在资源。尽管社会资本蕴含在主体的关系网络之内，但是主体并不能够直接使用或占有，而是需要主体通过动员这些关系来获取部分潜在资源。因此，人际交往不但能够为积累社会资本和维系关系网络提供途径和保障，而且是关系的重要属性之一。在我国农村社会，婚丧嫁娶等社交场合都是构建和维护人际关系的重要途径。同时，科技创业农户还要根据实际情况合理的经营社会网络，适当地进行时间和资金的投入，有针对性地维系关系网络并从中获取所需资源，从而实现网络效益的最大化。

第三，从金融关系的角度来分析，政府要引导科技创业农户与金融机构的工作人员保持交流与联系。鉴于那些创业规模较小、技术含量较低的创业农户信息获取与收集的难度较大，银行贷款存在较大风险，如果农户能与银行保持密切的联系则有可能降低贷款过程中的信息不对称现象，从而降低信贷风险。同时政府还要联合社会力量，充分发挥社会资本的桥梁作用，积极构建多样化的存贷模式，发挥民间金融等非正规渠道的融资方式，拓宽融资渠道，从而满足农户的资金需求。

第四，从组织关系的角度来分析，社会组织能够拓宽科技创业农户的网络规模、积累更多的社会资本以及提高网络资源的异质性，因此要积极引导和宣传科技创业农户参加一些专业化的合作组织和协会等。健全、良好的社会组织体系能够有助于科技创业农户社会资本的积累，它不但能够对信息进行有效的传递，还能够使个体之间建立信任、互惠的交往结构，从而有助于合作精神的培养。所以引导科技创业农户适当地参与一些合作组织与协会能够增强农户的组织关系资本，提供良好的信息交流平台。

8.2.5 提升金融政策扶持，实现创业金融政策与农村科技政策协调配合

改善农户的科技创业金融服务政策，不但需要产业政策与财政政策的配合与

协调，而且需要相关科技政策的接入和支持，具体来看，与农户科技创业金融政策相匹配的科技政策主要包含以下三点：

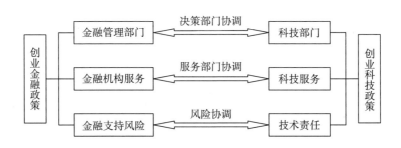

图 8.1 农村科技创业金融政策与科技政策的协调配合

第一，金融机构、监管部门以及科技部门的协调配合。农户科技创业是一种集劳动力、资金、市场和技术于一体的系统性活动，其中，资金和技术需要科技创业农户从外部进行输入。如果抛去相关的科技应用与服务，仅仅通过金融途径来解决资金问题，农户的科技创业活动则无法达到其预期目标，此外，还有可能加重金融系统给科技创业带来的风险。一方面，对农户科技创业行为的金融政策支持中，要构建创业金融政策与创业科技政策的协调配合。例如，金融监管部门如央行和银监会等就负责出台创业金融政策，而国家科技部门就负责出台创业科技政策。另一方面，在促进农户科技创业行为中，金融监管部门与国家科技部门就要建立决策协同机制，从而实现信息与资源的共享，金融和科技联合商讨和决议支持农户科技创业的重要事宜。科技部根据农村科技发展需要以及农业现代化的发展趋势，动员和组织科研机构、高等院校参与规模较大企业的技术攻关与创新，把成熟的科技成果向农户推广，使其转化为现实生产力。

第二，信贷发放与技术供给服务部门协调配合。信贷机构与科技服务部门的协调是金融和科技联合支持农户科技创业的重要层次。信贷机构首先要了解农户的技术运用、技术储备以及后续的服务保障状况才能决定为科技创业农户提供贷款。由于资金和技术都是影响创业成功与否的关键性因素，因此，如果没有科技作为保障，则农户的科技创业活动就势必不能成功，这样一来，对农户的信贷发放就有可能产生巨大风险。所以，构建科研机构、金融机构和科技创业农户的对接机制，可以保证农户能够及时掌握资金与科技，并且对农户科技创业具有举足轻重的意义。例如采取"高校 + 银行 + 农户"的合作共担模式，通过合作决策与合作监督来实现最终目标。

第三，金融支持与技术责任追究协调配合。在农户的科技创业行为中，由于技术不成熟、利用假技术、技术服务不足等都能够导致创业的失败，进而引发信贷风险，威胁银行、民间金融机构的利益。因此，要构建完备的金融服务和技术服务的利益共同体来规避由于技术短缺造成的信贷风险，不断加强技术应用与技术服务供给的责任追究，促进信贷机构与技术服务部门的资金供给、技术供给、信息共享以及风险防范机制，最终达成利益共享、责任与风险共担。

8.2.6 完善法律法规，引导非正规金融机构合理有序地发展

根据前文的实证分析结果可知，非正规金融机构能够显著影响农户的科技创业的融资能力，进而影响农户的科技创业行为。但是我们也应该意识到，受市场化经济的不断发展、农民的流动性不断增加等一系列因素的影响，科技创业农户关系网络的稳定性也在逐步降低，科技创业潜在的风险在不断提高。与此同时，非正规金融在我国法律上一直未得到认可，导致交易双方的合法权益无法得到保障，赋予非正规金融的合法地位以及制定相关的法律政策显得迫在眉睫。基于上述分析，在非正规金融发展的进程中要充分发挥社会资本的积极作用，构建良好的非正规金融和社会资本的发展环境，为社会资本在非正规金融的发展过程中提供充足的空间。同时，政府机构还要不断完善法律法规，为非正规金融的运作提供一个规范的发展空间，还要制定其明确的经营准则，对非正规金融机构的组织形式、业务范围以及财务制度等制定出规范化的标准，使其能够在法律允许的范围内参与金融市场的活动。除此之外，对不同性质和不同规模的非正规金融机构进行分类管理和相互激励的管理体制，使其朝着健康、规范、有序的方向发展，从而降低潜在的金融风险，为科技创业农户创造良好的融资环境。

不规范的民间金融制度及其长期处于被压制的状态是我国民间金融制度演变过程的一大显著特征。因此，要想发挥以民间金融为代表的非正规金融的作用，首先要深化民间金融的改革和整合，并对非正规金融的显著作用给予肯定，构建以诚信为本的良好金融环境；其次还要鼓励和支持民间中介机构的建立与发展，合理有序地引导其进入金融服务市场；最后还要掌控和了解民间资本的流动方向，鼓励和引导其投资领域和渠道。综上所述，建立和完善我国非正规金融体系能够改善科技创业农户的金融选择，并为科技创业活动提供充足的资金支持。

8.2.7 建立信息平台，加快信息交流服务与信用体系征信制度

对于科技创业农户来说，尽管政府提供的税收优惠政策以及各种资金支持对其发展至关重要，但是社会资本在其创业行为以及贷款融资过程中的作用也不容忽视。因此，在制定相关政策时，要从科技创业农户关系网络的需求出发，搭建良好的互动交流平台，聚集闲散的创业要素来发挥协同功能，增加创业成功的可能性，从而提高农户的科技创业意愿、拓宽农户的融资渠道、促进产业结构的持

续升级，使创业绩效由低绩效的规模不经济转向高绩效的规模经济。

第一，要积极建立信息交流平台，建立和提升科技创业农户的社会资本。建立、完善和创新农村地区的网络交流体系，为科技创业农户提供一个广阔而且易参与的信息交流平台，使其充分融入这一交流平台，从而构建人际交流的信任体系。同时，还要发挥政府在新农村建设和城镇化过程中的主导作用，拓宽农户封闭、狭窄的关系网络。除此之外，还要提高农村地区民生领域的公共开支，减少一些社会性和制度性的排斥，例如通过实行科技特派员制度、文化科技下乡、建设农村书屋等方式来提高网络资源的利用率和摄取量以及科技创业的技术指导。

第二，要通过农户的社会资本构建信用平台，从而完善农村地区的征信体系。通过新农村建设这一发展契机为基础来建立涵盖农户社会资本的信用等级评价机制，转变以往传统的过度依赖农户的经济条件和以往的信用记录进行评判的信用评价体系。例如，举办农户良好信用的评选机制，对于那些按时还款、信誉良好的农户采取激励措施，如物质和精神上的奖励、提高信用额度等；把农户与其家庭的信用记录和补贴、贷款、就业、扶贫、上学以及征兵入伍相结合。与此同时，还要曝光一些失信农户，发挥警醒作用，使其他农户能够更加注重自己的声誉和行为。

第三，积极开辟和寻找具有发展潜力的科技创业项目，优化农户的科技创业形式。由于科技创业农户自身人力资本以及政治资源具有局限性，这时就需要政府对科技创业农户指引发展方向，引导其选择一些具有发展潜力的创业项目。例如各级政府应该及时采集和发布市场形势、产业政策以及投资政策，并结合区域特色发展当地经济，构建能够发挥区域优势的产业集群。由于科技创业农户比城市创业者具有更为丰富的农业生产、生活以及经验技术，因此在农业科技创业领域存在明显优势，这样一来就要鼓励和支持农户在农业领域进行科技创业，发挥农户的行业优势，从而能大大提高创业成功的可能性以及农民收入。

8.3 有待进一步研究问题

由于笔者研究能力以及篇幅限制，尚有一些有价值的研究内容未在本书中进行进一步探讨，可以成为未来该领域继续研究的方向，具体有以下几个方面：

第一，农户的科技创业行为除了包含创业意愿、融资能力以及创业绩效这三个要素之外，创业机会识别、创业模式、创业行业等要素也不容忽视。因此，扩展农户科技创业行为研究范围，可对进一步研究社会资本对农户科技创业行为的作用机理做出更为全面的研究。

第二，由于农户连续微观数据的收集具有困难性以及农户科技创业行为的复杂性，本书以选择科技创业农户为研究样本，并未涉及现在没有从事科技创业活动而今后又有意愿进行创业活动的农户，这样一来就未能全面反映农户的科技创业情况，以后的研究还有待于进一步扩展样本研究范围。

第三，本书所进行的农户实地调研获取的是截面数据，缺乏反映农户社会资本以及科技创业行为的动态变化数据，由于受调研条件的限制难以对农户进行跟踪调查，这就很难避免部分实证结果产生偏差，而且部分研究结论很难得到直接的数据检验支持，因此有必要对后续的研究中进行进一步完善，从而提高研究结论以及政策建议的严谨性和适用性。

第四，农户的科技创业行为最终成果需要通过对创业绩效的经济性考核来实现，而从创业开始到创业绩效产生大概需要 3～5 年的时间，而课题组所调研的对象主要集中在创业初期的农户，对科技创业农户后续的创业活动以及创业绩效并无法获知，因此后续的研究中有必要对此进行进一步完善。

第五，本书对农户社会资本的考察还不够系统，并未考察农户在科技创业过程中社会资本的实际使用情况，例如农户与政府职员、银行职员以及民间放贷者的互动关系对科技创业行为的影响，而这些互动关系能够对科技创业过程产生直接的影响，由于问卷设计的缺陷导致难以获取相关数据。因此，后续的研究需要对社会资本的嵌入情况做进一步的深入分析。

参考文献

［1］白俊红，江可申，李婧．应用随机前沿模型评测中国区域研发创新效率［J］．管理世界，2009（10）：51－61.

［2］鲍盛祥，张情，魏浩等．基于回归分析法的贫困连片山区农民土地流转意愿实证研究［J］．中南民族大学学报（自然科学版），2014，33（3）.

［3］边燕杰，张文宏．经济体制、社会网络与职业流动［J］．中国社会科学，2001，2（10）：77－89.

［4］边燕杰．城市居民社会资本的来源及作用：网络观点与调查发现［J］．中国社会科学，2004（3）：136－146.

［5］波茨亚历山德罗，李惠斌，杨雪冬．社会资本：在现代社会学中的缘起和应用［M］．北京：社会科学文献出版社，2000.

［6］蔡秀，肖诗顺．基于社会资本的农户借贷行为研究［J］．农村经济与科技，2009，20（7）：84－85.

［7］刘民权，徐忠，俞建拖．信贷市场中的非正规金融［J］．世界经济，2003（7）：61－80.

［8］曾淼，刘发志，曾磊．国外农民合作经济组织发展中的政府行为比较及其启示［J］．金融与经济，2007（9）：75－78.

［9］曾亚敏，张俊生．中国上市公司股权收购动因研究：构建内部资本市场抑或滥用自由现金流［J］．世界经济，2005，28（2）：60－68.

［10］陈浩义，马瑞川，毛荐其．技术创新过程中企业信息能力构成及进化机理研究［J］．情报理论与实践，2011，34（10）：24－27.

［11］陈卓，续竞秦，吴伟光．农村居民主观幸福感影响分析——来自浙江省4县（市）的证据［J］．农业技术经济，2016（10）：38－48.

［12］程昆，潘朝顺，黄亚雄．农村社会资本的特性、变化及其对农村非正规金融运行的影响［J］．农业经济问题，2006（6）：31－35.

［13］池军．重新审视特质论、认知论及有效导向理性工具对创业者及创业

过程的作用 [J]. 现代财经, 天津财经大学学报, 2010 (10): 69-75.

[14] 褚保金, 莫媛. 金融市场分割下的县域农村资本流动——基于江苏省39 个县(市)的实证分析 [J]. 中国农村经济, 2011 (1): 88-96.

[15] 褚保金, 卢亚娟, 张龙耀. 信贷配给下农户借贷的福利效果分析 [J]. 中国农村经济, 2009 (6): 51-61.

[16] 达凤全. 论社员家庭副业的客观基础 [J]. 农业经济问题, 1980 (10): 11-15.

[17] 戴亦一, 张俊生, 曾亚敏, 潘越. 社会资本与企业债务融资 [J]. 中国工业经济, 2009 (8): 99-107.

[18] 丁冬, 傅晋华, 郑风田. 社会资本、民间借贷与新生代农民工创业 [J]. 华南农业大学学报, 2013 (9): 50-56.

[19] 杜润生. 杜润生自述: 中国农村体制变革重大决策纪实 [M]. 北京: 人民出版社, 2005.

[20] 段锦云, 韦雪艳. 新生代农民工创业意向现状及其影响因素的质性研究 [J]. 苏州大学学报(自然科学版), 2012, 1: 017.

[21] 方明月. 资产专用性、融资能力与企业并购——来自中国 A 股工业上市公司的经验证据 [J]. 金融研究, 2011 (5): 156-170.

[22] 方阳娥, 鲁靖. 农户特征、金融结构与我国农村经济发展的金融支持 [J]. 南京审计学院学报, 2006, 3 (3): 30-34.

[23] 房路生. 企业家社会资本与创业绩效关系研究 [D]. 西安: 西北大学, 2010.

[24] 费孝通. 乡土中国 [M]. 北京: 中华书局, 2013.

[25] 费孝通. 费孝通文集 [M]. 北京: 北京群言出版社, 1999.

[26] 甘宇. 中国农户生产性投资面临的融资约束研究 [J]. 金融理论与实践, 2016 (2): 68-71.

[27] 高静, 张应良. 基于1990-2011 年统计数据的农户创业、分工演进、交易效率与农村经济增长分析 [J]. 西南大学学报(自然科学版), 2014, 36 (5): 113-119.

[28] 耿献辉, 周应恒. 农民的人脉关系、市场导向与经营绩效 [J]. 农业经济问题, 2014 (1): 71-78.

[29] 龚小琴, 江柯. 促进重庆市农民创业培训对策研究 [J]. 吉林农业, 2012 (1): 9.

[30] 桂勇, 陆德梅, 朱国宏. 社会网络、文化制度与求职行为: 嵌入问题 [J]. 复旦学报(社会科学版), 2003 (3): 16-21.

［31］郭红东，周惠珺．先前经验、创业警觉与农民创业机会识别——一个中介效应模型及其启示［J］．浙江大学学报（人文社会科学版），2013（4）．

［32］郭军盈．促进西部农民创业的引导措施［J］．经济研究参考，2006（71）：17–17．

［33］郭群成，郑少峰．返乡农民工经验异质性与团队化创业实证研究［J］．软科学，2010（12）：93–97．

［34］郭熙保，张克中．社会资本、经济绩效与经济发展［J］．经济评论，2003（2）：3–7．

［35］郭熙保．社会资本与经济发展（笔谈）社会资本理论的兴起：发展经济学研究的一个新思路［J］．江西社会科学，2006（12）：7–13．

［36］郭晓丹，宋维佳．战略性新兴产业的进入时机选择：领军还是跟进［J］．中国工业经济，2011，5：119–128．

［37］郭星华，郑日强．农民工创业：留城还是返乡？——对京粤两地新生代农民工创业地选择倾向的实证研究［J］．中州学刊，2013（2）：64–69．

［38］国家统计局．2016年全国农民工检测调查报告［R］．2015–04–29．

［39］韩力争．大学生创业动机水平调查与思考［J］．江苏高教，2005（2）：103–105．

［40］韩炜，杨俊，包凤耐．初始资源、社会资本与创业行动效率——基于资源匹配视角的研究［J］．南开管理评论，2013（3）：149–160．

［41］郝洪国．论社员家庭副业［J］．农业经济（中国人民大学书报社复印资料），1982（2）：24．

［42］何得桂．农业科技推广服务创新的"农林科大模式"［J］．中国科技论坛，2012（11）：155–158．

［43］贺莎莎．农户借贷行为及其影响因素分析——以湖南省花岩溪村为例［J］．中国农村观察，2008（1）：39–50．

［44］侯英，陈希敏．声誉、借贷可得性、经济及个体特征与农户借贷行为［J］．农业技术经济，2014（9）．

［45］胡荣．社会资本与中国农村居民的地域性自主参与［J］．社会学研究，2006，2：61–85．

［46］黄春燕，蒋乃华．社会资本与农民就业转移［J］．2007年江苏省哲学社会科学界学术大会论文集，2007．

［47］黄洁．返乡农民工创业者的创业资源对创业绩效的影响［J］．农业技术经济，2014（4）：80–88．

［48］黄洁．农村微型企业社会资本的特点及成因：基于对案例的分析［J］．

中国农村观察，2012（2）：2-11.

[49] 黄少安，张岗. 中国上市公司股权融资偏好分析 [J]. 经济研究，2001，11（1）：77-83.

[50] 黄勇，谢朝华. 城镇化建设中的金融支持效应分析 [J]. 理论探索，2008（3）：91-93.

[51] 黄志玲. 教育自我雇佣收入及其城乡差异 [J]. 农业经济问题，2013（6）：89-94.

[52] 黄中伟. 非均衡博弈：浙江农民创业的原动力 [J]. 企业经济，2004（5）：108-109.

[53] 黄祖辉，刘西川，程恩江. 贫困地区农户正规信贷市场低参与程度的经验解释 [J]. 经济研究，2009，4：116-128.

[54] 江立华，陈文超. 返乡农民工创业的实践与追求——基于六省经验资料的分析 [J]. 社会科学研究，2011（3）：91-97.

[55] 蒋德勤. 高校创新创业教育师资队伍建设探析 [J]. 中国高等教育，2011（10）：34-36.

[56] 蒋剑勇，钱文荣，郭红东. 社会网络、社会技能与农民创业资源获取 [J]. 浙江大学学报（人文社会科学版），2013，1（85）：100.

[57] 焦豪. 双元型组织竞争优势的构建路径：基于动态能力理论的实证研究 [J]. 管理世界，2011（11）：76-91.

[58] 金烨，李宏彬. 非正规金融与农户借贷行为 [J]. 金融研究，2009（4）：63-79.

[59] 寇恩惠，刘柏惠. 城镇化进程中农民工就业稳定性及工资差距——基于分位数回归的分析 [J]. 数量经济技术经济研究，2013，30（7）：3-19.

[60] 李爱喜. 社会资本对农户信用行为影响的机理分析 [J]. 财经论丛，2014（1）：49-55.

[61] 李弼程，黄洁，高世海等. 信息融合技术及其应用 [M]. 北京：国防工业出版社，2010，235：236.

[62] 李丹，张兵. 社会资本能持续缓解农户信贷约束吗 [J]. 上海金融，2013（10）：9-14.

[63] 李京. 企业社会资本对企业成长的影响极其优化——基于社会资本结构主义观思想 [J]. 经济管理，2013（7）：56-64.

[64] 李军. 新农村建设中的社会资本问题刍议 [J]. 中共南京市委党校南京市行政学院学报，2006（3）：84-88.

[65] 李利明，曾人雄. 1979~2006中国金融大变革 [M]. 上海：上海人民

出版社，2007.

［66］李路路．社会资本与私营企业家——中国社会机构转型的特殊动力 [J]．社会学研究，1995（6）：46－58.

［67］李平．陕北农民创业问题研究［D］．咸阳：西北农林科技大学，2007.

［68］李瑞琴．农户农业生产要素可得性及其对农业收入的影响研究［D］．重庆：西南大学，2015.

［69］李涛．社会资本与弱势群体社会流动机制选择［J］．江汉论坛，2012（2）：134－139.

［70］李霞，盛怡，毛雪莲．社会资本对企业创业导向和创业绩效的中介效应［J］．经营与管理，2007（6）：42－43.

［71］李晓红，黄春梅．社会资本的经济学界定、构成与属性［J］．当代财经，2007（3）：17－20.

［72］李宇，张雁鸣．网络资源、创业导向与在孵企业绩效研究——基于大连国家级创业孵化基地的实证分析［J］．中国软科学，2013（8）：98－110.

［73］梁强，刘嘉琦，周莉等．家族二代涉入如何提升企业价值——基于中国上市家族企业的经验研究［J］．南方经济，2013（12）：51－62.

［74］梁爽，张海洋，平新乔等．财富、社会资本与农户的融资能力［J］．金融研究，2014（4）：83－97.

［75］林斐．对90年代回流农村劳动力创业行为的实证研究［J］．人口与经济，2004（2）：50－54.

［76］林丽琼．农村中小企业正规信贷融智的障碍及其破解—— 一个社会资本的理论分析框架［J］．内蒙古农业大学学报，2009（6）：56－58.

［77］林南，恩赛尔，沃恩．社会资源和关系的力量：职业地位获得中的结构性因素［J］．国外社会学，1999，3（6）.

［78］林南．社会资本理论研究简介［J］．社会科学论丛，2007（1）：1－32.

［79］林毅夫，孙希芳．信息、非正规金融与中小企业融资［J］．经济研究，2005（7）：35－77.

［80］刘成玉，黎贤强，王焕印．社会资本与我国农村信贷风险控制［J］．浙江大学学报（人文社会科学版），2011（3）：106－113.

［81］刘冬梅，郭强．我国农村科技政策：回顾、评价与展望［J］．农业经济问题，2013（1）：43－48.

［82］刘米娜，杜俊荣．转型期中国城市居民政府信任研究——基于社会资本视角的实证分析［J］．公共管理学报，2013，10（2）：64－74.

［83］刘民权，徐忠，俞建拖．信贷市场中的非正规金融［J］．世界经济，

2003，26（7）：61－73.

[84] 刘西川，程恩江. 贫困地区农户的正规信贷约束：基于配给机制的经验考察 [J]. 中国农村经济，2009（6）：37－50.

[85] 柳燕. 创业环境、创业战略与创业绩效关系的实证研究 [D]. 长春：吉林大学，2007.

[86] 龙丹，张玉利，李姚矿. 经验与机会创新性交互作用下的新企业生成研究 [J]. 管理科学，2013，26（5）：1－10.

[87] 龙勇，常青华. 高新技术企业创新类型、融资方式与联盟战略关系的实证研究 [J]. 管理工程学报，2010（2）：13－21.

[88] 卢海阳，郑逸芳，钱文荣. 农民工融入城市行为分析——基于1632个农民工的调查数据 [J]. 农业技术经济，2016（1）：26－36.

[89] 卢燕平. 社会资本与金融发展的实证研究 [J]. 统计研究，2005（8）：30－34.

[90] 罗家德，郑孟育. 派系对组织内一般信任的负面影响 [J]. 管理学家（学术版），2009（3）：3－13.

[91] 罗建华，黄玲. 中小企业非正规金融内生成长分析——基于社会资本视角 [J]. 经济与管理，2011，25（1）：40－45.

[92] 罗明忠，卢颖霞，卢泽旋. 农民工进城、土地流转及其迁移生态——基于广东省的问卷调查与分析 [J]. 农村经济，2012（2）：109－113.

[93] 罗明忠，邹佳瑜，卢颖霞. 农民的创业动机、需求及其扶持 [J]. 农业经济问题，2012，2：14－19.

[94] 罗婷，朱青，李丹. 解析 R＆D 投入和公司价值之间的关系 [J]. 金融研究，2009（6）：100－110.

[95] 马宏. 社会资本、金融发展与经济增长——基于中国东中西部省际数据的实证检验比较 [J]. 经济问题，2013（9）：32－35.

[96] 马宏. 社会资本与中小企业融资约束 [J]. 经济问题，2010（12）：68－72.

[97] 马九杰，吴本健. 移动金融与普惠金融研究——互联网金融创新对农村金融普惠的作用、经验、前景与挑战 [J]. 农村金融研究，2014（8）：4－11.

[98] 马晓河，王为农. 当前乡镇企业发展面临的问题与对策思路 [J]. 中国农村经济，1998（4）：21－25.

[99] 买忆媛，周嵩安. 创新型创业的个体驱动因素分析 [J]. 科研管理，2010（5）：11－21.

[100] 聂富强，崔亮，艾冰. 贫困家庭的金融选择：基于社会资本视角的分

析 [J]. 财贸经济, 2012 (7): 49-55.

[101] 彭新敏, 吴晓波, 吴东. 基于二次创新动态过程的企业网络与组织学习平衡模式演化——海天1971～2010年纵向案例研究 [J]. 管理世界, 2011 (4): 138-149.

[102] 彭艳玲, 孔荣. 农民创业意愿活跃程度及其影响因素研究——基于需求与供给联立方程模型 [J]. 经济与管理研究, 2013 (4): 45-51.

[103] 平新乔, 张海洋, 郝朝艳等. 农民金融约束的形成原因探究 [J]. 经济学动态, 2012, 4: 10-14.

[104] 平新乔, 梁爽, 张海洋等. 财富、社会资本与农户的融资能力 [J]. 金融研究, 2014 (4): 83-97.

[105] 钱龙, 钱文荣, 陈方丽. 农户分化、产权预期与宅基地流转 [J]. 中国土地科学, 2015, 29 (9): 19-26.

[106] 钱水土, 周永涛. 区域技术进步与产业升级的金融支持——基于分位数回归方法的经验研究 [J]. 财贸经济, 2010, 9: 29-36.

[107] 钱再见. 中国社会弱势群体及其社会支持政策 [J]. 江海学刊, 2002 (3): 97-103.

[108] 乔梁. 中国农村个体经济研究 [D]. 济南: 山东师范大学, 2000.

[109] 秦剑. 突破性创新: 国外理论研究进展和实证研究综述 [J]. 技术经济, 2013, 31 (11): 21-30.

[110] 权英. 企业战略联盟中信任培育研究 [J]. 经济研究导刊, 2009 (26): 13-15.

[111] 任芃兴, 陈东平. 农村民间借贷行为中农户社会资本匹配研究——关系嵌入视角 [J]. 现代财经, 天津财经大学学报, 2014 (9): 78-88.

[112] 邵明灿, 周建涛, 李德新, 孔有力. 破解农业科技成果转化应用难题的深层次思考 [J]. 农业科技管理, 2013 (2): 55-58.

[113] 邵文国. 谈谈农村"两户"的消费 [J]. 财贸研究, 1984, 3: 30-31.

[114] 石军伟, 付海艳. 社会结构、市场结构与企业技术创新 [J]. 经济学家, 2007, 6 (6): 56-62.

[115] 石俊国, 吴非, 侯泽敏. 不同类型的技术创新对产业国际竞争优势的影响——基于制造业面板数据的分阶段回归分析 [J]. 技术经济, 2014, 33 (3): 33-39.

[116] 石智雷, 谭宇, 吴海涛. 返乡农民工创业行为与创业意愿分析 [J]. 中国农村观察, 2010 (5): 25-37.

[117] 世界银行. 2000/2001年世界发展报告——与贫困作斗争(中文版)

[M]. 北京：中国财政经济出版社，2001.

[118] 宋丽娜，田先红. 论圈层结构——当代中国农村社会结构变迁的再认识 [J]. 中国农业大学学报（社会科学版），2011，28（1）：109-121.

[119] 粟芳，初立苹. 中国商业银行综合融资能力测度及影响因素分析 [J]. 金融经济学研究，2014，29（2）：62-74.

[120] 孙颖，林万龙. 市场化进程中社会资本对农户融资的影响——来自 CHIPS 的证据 [J]. 农业技术经济，2013（4）：26-34.

[121] 谭劲松，简宇寅，陈颖. 政府干预与不良贷款 [J]. 管理世界，2012，7：29-43.

[122] 谭云清，马永生，李元旭. 社会资本、动态能力对创新绩效的影响：基于我国国际接包企业的实证研究 [J]. 中国管理科学，2013，21（11）：784.

[123] 唐远雄，才凤伟. 农民工创业意愿及其影响因素研究——基于甘肃省调查数据的实证分析 [J]. 宁夏社会科学，2013（3）：61-66.

[124] 田庆刚，冉光和，秦红松. 农村家庭资产金融价值开发对农户经济行为的影响研究——基于重庆市 1046 户农户的调查数据 [J]. 管理世界，2015（10）：180-181.

[125] 童馨乐，褚保金，杨向阳. 社会资本对农户借贷行为影响的实证研究——基于八省 1003 个农户的调查数据 [J]. 金融研究，2011（12）：177-191.

[126] 万宝瑞. 实现农业科技创新的关键要抓好五大转变 [J]. 农业经济问题，2012（10）：4-7.

[127] 汪三贵，刘湘琳，史识洁等. 人力资本和社会资本对返乡农民工创业的影响 [J]. 农业技术经济，2010（12）：4-10.

[128] 王春超，周先波. 社会资本能影响农民工收入吗——基于有序响应收入模型的估计和检验 [J]. 管理世界，2013（9）：55-70.

[129] 王飞绒，池仁勇. 发达国家与发展中国家创业环境比较研究 [J]. 外国经济与管理，2005，27（11）：41-48.

[130] 王洪生，张玉明. 科技型中小企业云融资模式研究——基于云创新视角 [J]. 科技管理研究，2014，34（13）：76-81.

[131] 王甲有. 论社员家庭副业的性质和作用 [J]. 学术论坛，1980（2）：12-15.

[132] 王思斌. 中国人际关系初级化与社会变迁 [J]. 管理世界，1996，3：184-191.

[133] 魏凤，闫凡燕. 西部返乡农民工创业模式选择及其影响因素分析——

以西部五省 998 个返乡农民工创业者为例 ［J］. 农业技术经济，2012 （9）：66 - 74.

［134］魏喜武. 创业警觉性研究前沿探析与相关命题的提出 ［J］. 外国经济与管理，2009 （5）：8 - 14.

［135］温忠麟，叶宝娟. 中介效应分析：方法和模型发展 ［J］. 心理科学进展，2014，22 （5）：731 - 745.

［136］温忠麟，张雷，侯杰泰等. 中介效应检验程序及其应用 ［J］. 心理学报，2004，36 （5）：614 - 620.

［137］巫景飞，何大军，林暐等. 高层管理者政治网络与企业多元化战略：社会资本视角——基于我国上市公司面板数据的实证分析 ［J］. 管理世界，2008 （8）：107 - 118.

［138］吴东武. 抵押贷款、社会资本与农户贷款可得性的实证研究——基于电白县农户的调查数据 ［J］. 当代财经，2014 （7）：52 - 63.

［139］吴文锋，吴冲锋，芮萌. 中国上市公司高管的政府背景与税收优惠 ［J］. 管理世界，2009，3 （134，142）.

［140］吴象. 中国农村改革实录 ［M］. 杭州：浙江人民出版社，2001.

［141］伍考克麦克尔，李惠斌，杨雪东. 社会资本与经济发展：一种理论综合与政策构架 ［A］. 2000.

［142］武丽娟，徐璋勇，靳共元. 中国农业金融组织体系创新路径探讨 ［J］. 投资与合作（学术版），2014 （12）：52 - 52.

［143］谢雅萍，黄美娇. 社会网络、创业学习与创业能力——基于小微企业创业者的实证研究 ［J］. 科学学研究，2014，3 （3）：400 - 410.

［144］熊秋芳，文静，沈金雄. 依托科技创新推进我国油菜产业发展 ［J］. 农业经济问题，2013 （1）：86 - 91.

［145］徐璋勇，杨贺. 农户信贷行为倾向及其影响因素分析——基于西部 11 省（区）1664 户农户的调查 ［J］. 中国软科学，2014 （3）：45 - 56.

［146］薛冬辉. 政治关联对中国民营企业融资能力影响研究 ［D］. 天津：南开大学，2012.

［147］严奉宪，刘诗慧. 基于农户需求的农业减灾公共品供给效率研究——以湖北省三个县市为例 ［J］. 农村经济，2015 （11）：9 - 14.

［148］严奉宪，向绍阳. 农村社区治理机制对农业减灾公共品供给效果的影响研究 ［J］. 华中农业大学学报（社会科学版），2015 （3）：58 - 63.

［149］杨刚. 科技与金融相结合的机制与对策研究 ［D］. 长春：吉林大学，2006.

［150］杨俊，张玉利．基于企业家资源禀赋的创业行为过程分析［J］．外国经济与管理，2004（2）：2-6.

［151］杨汝岱，陈斌开，朱诗娥．基于社会网络视角的农户民间借贷需求行为研究［J］．经济研究，2011（11）：116-129.

［152］杨瑞龙，刘刚．企业的异质性假设和企业竞争优势的内生性分析［J］．中国工业经济，2002（1）：88-95.

［153］摇姗娜．科技金融的结合机制与政策研究［D］．杭州：浙江大学，2011.

［154］易法敏，文晓巍．新经济社会学中的嵌入理论研究评述［J］．经济学动态，2009（8）：130-134.

［155］余秀娟．论心理资本与农民创业［J］．内蒙古农业大学学报，2011（5）：49-52.

［156］袁崇法．专业户是当前农村先进生产力的代表［N］．光明日报，1984-07-16（第3版）.

［157］翟浩淼，陈宗霞，张卫国．科技创业农户初始创业资本对创业意愿的影响研究——来自川渝381个样本农户的调查［J］．科研管理，2016，37（9）：98-104.

［158］张宝建，孙国强，裴梦丹，齐捧虎．网络能力、网络结构与创业绩效——基于中国孵化产业的实证研究［J］．南开管理评论，2015（2）：39-50.

［159］张斌，李作战．企业社会资本对企业二次创业的影响研究［J］．企业活力，2011（8）：65-69.

［160］张伯伟，田朔，许家云．汇率变动、融资能力与中国企业出口［J］．山西财经大学学报，2015（3）：11-21.

［161］张方华．知识型企业的社会资本与技术创新绩效研究［J］．杭州：浙江大学，2004.

［162］张改清．中国农村民间金融的内生成长——基于社会资本视角的分析［J］．经济经纬，2008（2）：129-131.

［163］张广胜，柳延恒．人力资本、社会资本对新生代农民工创业型就业的影响研究——基于辽宁省三类城市的考察［J］．农业技术经济，2014（6）：4-13.

［164］张国胜，陈瑛．社会成本、分摊机制与我国农民工市民化——基于政治经济学的分析框架［J］．经济学家，2013，1（1）：77-84.

［165］张海宁等．金融约束与家庭创业收入：城乡差异与政策取向［J］．江海学刊，2013（4）：84-90.

［166］张海洋．中国省际工业全要素R&D效率和影响因素：1999~2007

[J]. 经济学季刊, 2010, 9 (3): 1029-1050.

[167] 张建杰. 农户社会资本及对其信贷行为的影响——基于河南省397户农户调查的实证分析 [J]. 农业经济问题, 2008 (9): 28-34.

[168] 张克中, 郭熙保. 社会资本与经济发展: 理论及展望 [J]. 当代财经, 2004 (9): 5-9.

[169] 张平, 于珊珊, 邬德林. 政策视角下我国农业科技国际合作效果评价研究 [J]. 科技进步与对策, 2014 (7): 120-124.

[170] 张青, 曹尉. 社会资本对个人网络创业绩效影响的实证研究 [J]. 研究与发展管理, 2010 (2): 34-42.

[171] 张荣刚, 梁琦. 社会资本网络: 企业集群融资的环境基础与动力机制 [J]. 宁夏社会科学, 2006 (1): 51-54.

[172] 张文宏. 社会资本: 理论争辩与经验研究 [J]. 社会学研究, 2003, 4: 23-35.

[173] 张小娅, 熊威. 科技创业与科技创业经济的内涵与特征 [J]. 科技创业月刊, 2008, 21 (7): 24-25.

[174] 张鑫, 谢家智, 张明. 社会资本、借贷特征与农民创业模式选择 [J]. 财经问题研究, 2015 (3): 104-112.

[175] 张鑫. 社会资本和融资能力对农民创业的影响研究 [D]. 重庆: 西南大学, 2015.

[176] 张秀娥, 张峥, 刘洋. 返乡农民工创业动机及激励因素分析 [J]. 经济纵横, 2010 (6): 50-53.

[177] 张益丰, 郑秀芝. 企业家才能、创业环境异质性与农民创业 [J]. 中国农村观察, 2014 (3): 21-30.

[178] 张应良, 陈海莲, 卢旭. 农户创业活动的多重功效及其传导机理——重庆例证 [J]. 重庆工商大学学报 (社会科学版), 2012, 29 (3): 57-64.

[179] 张应良, 高静, 张建峰. 创业农户正规金融信贷约束研究——基于939份农户创业调查的实证分析 [J]. 农业技术经济, 2015 (1): 64-74.

[180] 张应良, 汤莉. 农民创业绩效影响因素的研究——基于对东部地区284个创业农民的调查 [J]. 华中农业大学学报 (社会科学版), 2013 (4): 19-24.

[181] 张玉利, 陈立新. 中小企业创业的核心要素与创业环境分析 [J]. 经济界, 2004, 3: 29-34.

[182] 张玉利, 李乾文. 公司创业导向、双元能力与组织绩效 [J]. 管理科学学报, 2009, 12 (1).

[183] 张玉利,杨俊,任兵.社会资本、先前经验与创业机会——一个交互效应模型及其启示 [J].管理世界,2008 (7):91-102.

[184] 赵昌文,杨记军,夏秋.中国转型期商业银行的公司治理与绩效研究 [J].管理世界,2009 (7):46-55.

[185] 赵浩兴,张巧文.农村微型企业创业者人力资本对创业绩效的影响研究——以创业效能感为中介变量 [J].科技进步与对策,2013,30 (12):151-156.

[186] 赵浩兴.农民工创业地点选择的影响因素研究——来自沿海地区的实证调研 [J].中国人口科学,2012 (2):103-110.

[187] 赵瑞.社会资本视角下企业融资行为研究 [D].厦门:华侨大学,2012.

[188] 甄峰,翟青,陈刚等.信息时代移动社会理论构建与城市地理研究 [J].地理研究,2012,31 (2):197-206.

[189] 郑建君.政治沟通在政治认同与国家稳定关系中的作用——基于6159名中国被试的中介效应分析 [J].政治学研究,2015 (1):86-103.

[190] 郑康.从中部某村家庭收支情况窥视我国农村经济问题及对策研究 [J].商业现代化,2012 (23):238-239.

[191] 郑世忠,乔娟.农户借贷行为的影响因素分析 [J].中国农业经济评论,2007,5 (3):304-315.

[192] 郑世忠,乔娟.农户社会资本及其对借贷行为的影响 [J].乡镇经济,2007 (12):64-67.

[193] 钟王黎,郭红东.农民创业意愿影响因素调查 [J].华南农业大学学报 (社会科学版),2010,9 (2):23-27.

[194] 周菁华.农民创业绩效的影响因素分析——基于366个创业农民的调查数据 [J].江西财经大学学报,2013 (3):77-84.

[195] 周穗明.世界社会主义发展的当前趋势 [J].科学社会主义,2010 (4):122-127.

[196] 周亚虹,许玲丽.民营企业 R & D 投入对企业业绩的影响——对浙江省桐乡市民营企业的实证研究 [J].财经研究,2007,33 (7):102-112.

[197] 周亚越,俞海山.区域农村青年创业与创业文化的实证研究——以宁波为例 [J].中国农村经济,2005 (8):37-44.

[198] 周业安.金融抑制对中国企业融资能力影响的实证研究 [J].经济研究,1999 (2):13-20.

[199] 周晔馨,叶静怡.社会资本在减轻农村贫困中的作用:文献述评与研

究展望 [J]. 南方经济, 2014 (7): 35 -58.

[200] 周晔馨. 社会资本在农户收入中的作用——基于中国家计调查 (CHIPS2002) 的证据 [J]. 经济评论, 2013 (4): 47 -57.

[201] 朱红根, 康兰媛, 翁贞林等. 劳动力输出大省农民工返乡创业意愿影响因素的实证分析——基于江西省 1145 个返乡农民工的调查数据 [J]. 中国农村观察, 2010 (5): 38 -47.

[202] 朱红根, 康兰媛. 金融环境、政策支持与农民创业意愿 [J]. 中国农村观察, 2013 (5): 24 -33.

[203] 朱红根, 解春燕. 农民工返乡创业企业绩效的影响因素分析 [J]. 中国农村经济, 2012 (4): 36 -46.

[204] 朱志仙, 张广胜. 人力资本、社会资本与农民工职业分层 [J]. 沈阳农业大学学报 (社会科学版), 2014 (4): 385 -390.

[205] Adler P S, Kwon S W. Social Capital: Prospects for a New Concept [J]. Academy of Management Review, 2002, 27 (1): 17 -40.

[206] Ahlstrom D, Bruton G D. Venture Capital in Emerging Economies: Networks and Institutional Change [J]. Entrepreneurship Theory and Practice, 2006, 30 (2): 299 -320.

[207] Aldrich H, Zimmer C, Sexton D, et al. The Art and Science of Entrepreneurship [J]. Ballinger, Cambridge, MA, 1986: 3 -23.

[208] Alegre J, Chiva R. Assessing the Impact of Organizational Learning Capability on Product Innovation Performance: An Empirical Test [J]. Technovation, 2008, 28 (6): 315 -326.

[209] Allen F, Qian J, Qian M. Law, Finance and Economic Growth in China [J]. Journal of Financial Economics, 2005, 77 (12): 57 -116.

[210] Ardichvili A, Cardozo R, Ray S. A Theory of Entrepreneurial Opportunity Identification and Development [J]. Journal of Business Venturing, 2003, 18 (1): 105 -123.

[211] Arenius P, De Clercq D. A Network-based Approach on Opportunity Recognition [J]. Small Business Economics, 2005, 24 (3): 249 -265.

[212] Arrow K. Economic Welfare and the Allocation of Resources for Invention [M] //The Rate and Direction of Inventive Activity: Economic and Social Factors. Princeton University Press, 1962: 609 -626.

[213] Aryeetey E, Nissanke M. Financial Integration and Development: Liberalization and Reform in Sub-Saharan Africa [M]. Routledge, 2005.

[214] Baker S H, Williams D S, Aldrich H C, et al. Ldentification and Localization of The Carboxysome Peptide Csos and Its Corresponding Gene in Thiobacillus Neapolitanus [J]. Archives of Microbiology, 2000, 173 (4): 278 - 283.

[215] Barney J B, Ketchen Jr D J, Wright M. The Future of Resource-based Theory: Revitalization or Decline? [J]. Journal of Management, 2011, 37 (5): 1299 - 1315.

[216] Barney J. Firm Resources and Sustained Competitive Advantage [J]. Journal of Management, 1991, 17 (1): 99 - 120.

[217] Baron R A, Ensley M D. Opportunity Recognition as the Detection of Meaningful Patterns: Evidence from Comparisons of Novice and Experienced Entrepreneurs [J]. Management Science, 2006, 52 (9): 1331 - 1344.

[218] Baron R M, Kenny D A. The Moderator - mediator Variable Distinction in social Psychological Research: Conceptual, Strategic, and Statistical Considerations [J]. Journal of Personality and Social Psychology, 1986, 51 (6): 1173.

[219] Beck T, Clarke G, Groff A, et al. New Tools in Comparative Political Economy: The Database of Political Institutions [J]. The World Bank Economic Review, 2001, 15 (1): 165 - 176.

[220] Bharadwaj S. Social Capital of Young Technology Firms and their IPO Values: The Complementary Role of Relevant Absorpotive Capacity [J]. Journal of Marketing, 2011, 75 (6): 87 - 104.

[221] Bird, B. Implementing Entrepreneurial Ideas: The Case for Intention [J]. Academy of Manageent Review, 1988, 13 (3): 442 - 453.

[222] Birney E, Stamatoyannopoulos J A, Dutta A, et al. Identification and Analysis of Functional Elements in 1% of the Human Genome by the ENCODE Pilot Project [J]. Nature, 2007, 447 (7146): 799 - 816.

[223] Blackler F. Knowledge, Knowledge Work and Organizations: An Overview and Interpretation [J]. Organization studies, 1995, 16 (6): 1021 - 1046.

[224] Bodlaj M. Do Managers at Two Hierarchical Levels Differ in How they Assess Their Company's Market Orientation? [J]. Journal for East European management studies, 2012: 292 - 312.

[225] Bosma N., Hessels J. & Schutjens V. Entrepreneurship and Role Models [J]. Journal of Economic Psychology, 2012, 22 (2): 410 - 424.

[226] Bosma N., Van Praag C. M, Thurik A. R. and De Wit G. The Value of Human and Social Capital Investment for the Business Performance of Start-ups [J]. 2004, 23 (3): 227 - 236.

[227] Bourdieu P, Nice R. The Production of Belief: Contribution to an Economy of Symbolic Goods [J]. Media, Culture & Society, 1980, 2 (3): 261 –293.

[228] Bourdieu P. The Forms of Capital, Richaidson J Handbook of Theory and Research for the Sociology of Education [M]. New York: Greenwood Press, 1985.

[229] Brehm J, Rahn W. Individual-level Evidence for the Causes and Consequences of Social Capital [J]. American Journal of Political Science, 1997: 999 – 1023.

[230] Brush C G, Vanderwerf P A. A comparison of Methods and Sources for Obtaining Estimates of New Venture Performance [J]. Journal of Business Venturing, 1992, 7 (2): 157 – 170.

[231] Câmara F, Simões V. Market Linking and Market Learning: Social Net Works in SMEs Internationalization [C] //Artigo Apresentado Na "3ª Iberian International Business Conference", Aveiro. 2007, 19 (20): 10.

[232] Campins-Martı M, Cheng H K, Forsyth K, et al. Recommendations Are Needed for Adolescent and Adult Pertussis Immunisation: Rationale and Strategies for Consideration [J]. Vaccine, 2001, 20 (5): 641 – 646.

[233] Carland J W, Hoy F, Boulton W R, et al. Differentiating Entrepreneurs from Small Business Owners: A Conceptualization [J]. Academy of Management Review, 1984, 9 (2): 354 – 359.

[234] Casson and Giusta. Entrepreneurship and Social Capital Analyzing the Impact of Social Networks on Entrepreneurial Activity from a Rational Action Perspective [J]. International Small Business Journal, 2007, 25 (3): 220 – 244.

[235] Casson M, Della Giusta M. Entrepreneurship and Social Capital Analysing the Impact of Social Networks on Entrepreneurial Activity from a Rational Action Perspective [J]. International Small Business Journal, 2007, 25 (3): 220 – 244.

[236] Chakravarty. Relationships and Rationing in Consumer Loans [J]. Journal of Business, 1999, 74 (4): 37 – 128.

[237] Chandler G N, Jansen E. The Founder's Self-assessed Competence and Venture Performance [J]. Journal of Business Venturing, 1992, 7 (3): 223 – 236.

[238] Cloodt M, Hagedoorn J, Van Kranenburg H. Mergers and Acquisitions: Their Effect on the Innovative Performance of Companies in High-tech Industries [J]. Research Policy, 2006, 35 (5): 642 – 654.

[239] Coe N M, Hess M, Yeung H W C, et al. "Globalizing ' Regional Development: A Global Production Networks Perspective [J]. Transactions of the Institute of British geographers, 2004, 29 (4): 468 – 484.

[240] Coleman J S. Foundation of Social Theory [M]. Cambridge, MA: Harvard University Press, 1990: 62 – 90.

[241] Coleman W D, Skogstad G D. Policy Communities and Public Policy in Canada: A Structural Approach [M]. Mississauga, Ont: Copp Clark Pitman, 1990.

[242] Cooper A C, Woo C Y, Dunkelberg W C. Entrepreneurship and the Initial Size of Firms [J]. Journal of Business Venturing, 1989, 4 (5): 317 – 332.

[243] Cooper R G, Kleinschmidt E J. New Product Performance: Keys to Success, Profitability & Cycle Time Reduction [J]. Journal of Marketing Management, 1995, 11 (4): 315 – 337.

[244] Cuervo A. Individual and Environmental Determinants of Entrepreneurship [J]. International Entrepreneurship and Management Journal [J]. 2005, 1 (3): 293 – 311.

[245] Dayasindhu N. Embeddedness, Knowledge Transfer, Industry Clusters and Global Competitiveness: A Case Study of the Indian Software Industry [J]. Technovation, 2002, 22 (9): 551 – 560.

[246] Dhanaraj C, Lyles M A, Steensma H K, et al. Managing Tacit and Explicit Knowledge Transfer in IJVs: The Role of Relational Embeddedness and the Impact on Performance [J]. Journal of International Business Studies, 2004, 35 (5): 428 – 442.

[247] Dollinger S J. Need for uniqueness, Need for Cognition, and Creativity [J]. The Journal of Creative Behavior, 2003, 37 (2): 99 – 116.

[248] Dyer J H, Singh H. The Relational View: Cooperative Strategy and Sources of Interorganizational Competitive Advantage [J]. Academy of Management Review, 1998, 23 (4): 660 – 679.

[249] Dyer J H. Specialized Supplier Networks as a Source of Competitive Advantage: Evidence from the Auto Industry [J]. Strategic Management Journal, 1996: 271 – 291.

[250] Eckhardt J T, Shane S A. Opportunities and Entrepreneurship [J]. Journal of Management, 2003, 29 (3): 333 – 349.

[251] Eldridge J E. Non-government Organizations and Democratic Participation in Indonesia [M]. Oxford: Oxford University Press, 1995.

[252] Esteban S. Static and Dynamic Analysis of an Unconventional Plane-Flying wing [C] //AIAA Atmospheric Flight Mechanics Conference and Exhibit, 2001: 4010.

[253] Evans D S, Jovanovic B. An Estimated Model of Entrepreneurial Choice under Liquidity Constraints [J]. Journal of Political Economy, 1989, 97 (4): 808 – 827.

[254] Evans D S, Leighton L S. Some Empirical Aspects of Entrepreneurship [J]. The American Economic Review, 1989, 79 (3): 519 – 535.

[255] Figueiredo R B, Cetlin P R, Langdon T G. Using Finite Element Modeling to Examine the Flow Processes in Quasi-constrained High – pressure Torsion [J]. Materials Science and Engineering: A, 2011, 528 (28): 8198 – 8204.

[256] Fishkin J, Keniston K, McKinnon C. Moral Reasoning and Political Ideology [J]. Journal of Personality and Social Psychology, 1973, 27 (1): 109.

[257] Frontiers of Development Economics: The Future in Perspective [M]. World Bank Publications, 2001.

[258] Fuentes M., Ruiz Arroyo M. & Bojica A. M. Prior Knowledge and Social Networks in the Exploitation of Entrepreneurial Opportunities [J]. International Entrepreneurship and Management Journal, 2010, 6 (4): 481 – 501.

[259] Fukuyama F. Trust: The Social Virtues and the Creation of Prosperity [J]. Ovbis, 1995.

[260] Fuller-Love N. Formal and Informal Networks in Small Businesses in the Media Industry [J]. International Entrepreneurship and Management Journal, 2009, 5 (3): 271 – 284.

[261] G. Impavido. Credit Rationing, Group Lending and Optimal Group Size [J]. Annals of Public and Cooperative Economics, 1998, 69 (2): 243 – 260.

[262] Gaglio C M, Taub R P. Entrepreneurs and Opportunity Recognition [J]. Frontiers of Entrepreneurship Research, 1992, 12: 136 – 147.

[263] Gazdar A F, Carney D N, Bunn P A, et al. Mitogen Requirements for the in Vitro Propagation of Cutaneous T-cell [J]. Blood, 1980, 55 (3): 409.

[264] Gimeno J., Folta R., Cooper A., Woo C. Survial of the Fittest? Entrepreneurial Human Capital and the Persistence of Underperforming Firms [J]. Small Business, 2000, 42 (1): 750 – 783.

[265] Gouldner A. W. The Norm of Reciprocity: A Preliminary Statement [J]. American Sociological Review, 1960, 25 (2): 161 – 178.

[266] Gouldner H P. Dimensions of Organizational Commitment [J]. Administrative Science Quarterly, 1960: 468 – 490.

[267] Granovetter M S. The Strength of Weak Ties [J]. American Journal of Sociology, 1973, 78 (6): 1360 – 1380.

[268] Granovetter M. Economic Action and Social Structure: The Problem of Embeddedness [J]. American Journal of Sociology, 1985, 91 (3): 481 –510.

[269] Granovetter M. Getting a Job: A Study of Contacts and Careers [M]. University of Chicago Press, 1995.

[270] Griffin A, Hauser J R. Integrating R & D and Marketing: A Review and Analysis of the Literature [J]. Journal of Product Innovation Management, 1996, 13 (3): 191 –215.

[271] Guiso L. , Sapienza P. & Zingales L. The Role of Social Capital in Financial Development [R]. Working Paper, 2001.

[272] Gurley J G, Shaw E S. Financial Structure and Economic Development [J]. Economic Development and Cultural Change, 1967, 15 (3): 257 –268.

[273] Gurley J G, Shaw E S. Money in a Theory of Finance [M]. Brookings Inst Press, 1960.

[274] Hansen E L. Entrepreneurial Networks and New Organization Growth [J] . Entrepreneurship Theory and Practice, 1995, 19 (4): 7 –19.

[275] Harper D. Institutional Conditions for Entrepreneurship [J]. Advances in Austrian Economics, 1998, 5: 241 –275.

[276] Hayami Y. Social Capital, Human Capital and the Community Mechanism: Toward a Conceptual Framework for Economists [J]. The Journal of Development Studies, 2009, 45 (1): 96 –123.

[277] Helliwell J F, Putnam R D. Economic Growth and Social Capital in Italy [J]. Eastern Economic Journal, 1995, 21 (3): 295 –307.

[278] Hoang H, Antoncic B. Network-based Research in Entrepreneurship: A critical Review [J]. Journal of Business Venturing, 2003, 18 (2): 165 –187.

[279] Holcombe R G. Entrepreneurship and Economic Growth [J]. The Quarterly Journal of Austrian Economics, 1998, 1 (2): 45 –62.

[280] Hopp C. & Stephan U. The Influence of Socio-Cultural Environments on the Performance of Nascent Entrepreneurs: Community Culture, Motivation, Self-Efficacy and Start-Up Success [J]. Entrepreneurship & Regional Development, 2012, 24, (10): 917 –945.

[281] Iakovleva T. Theorizing on Entrepreneurial Performance [C] //1ère Conference Européenne d'été, Valence, France, online adgang: http://www. Epi-entrepreneurship. Com/doc/IAKOVLEVA. Pdf (Retrieved on June 5th 2003). 2002.

[282] Janczak S. The Strategic Decision-making Process in Organizations [J].

Problems and Perspectives in Management, 2005, 3 (1): 58 – 70.

[283] Johannisson B. The Dynamics of Entrepreneurial Networks [M]. Nascent Entreprenourship, 1996.

[284] Johnson J D, Donohue W A, Atkin C K, et al. Differences between formal and Informal Communication Channels [J]. The Journal of Business Communication (1973), 1994, 31 (2): 111 – 122.

[285] Jongman R H G, Külvik M, Kristiansen I. European Ecological Networks and Greenways [J]. Landscape and Urban Planning, 2004, 68 (2): 305 – 319.

[286] Kader et al. Success Factors for Small Rural Entrepreneurs under the One-District-One -Industry Progranmme in Malaysia [J]. Contemporary Management Research, 2009, 5 (2): 147 – 162.

[287] Karlan D S. Social Connections and Group Banking [J]. The Economic Journal, 2007, 117 (517): F52 – F84.

[288] Karlan D, Zinman J. Expanding Credit Access: Using Randomized Supply Decisions to Estimate the Impacts [J]. Review of Financial Studies, 2009: hhp092.

[289] Katz J, Gartner W B. Properties of Emerging Organizations [J]. Academy of Management Review, 1988, 13 (3): 429 – 441.

[290] Kaushik S K. et al. How Higher Education in Rural India Helps Human Rights and Entrepreneurship [J]. Journal of Asian Economics, 2006, 17 (12): 147 – 162.

[291] Keast R, Mandell M P, Brown K, et al. Network Structures: Working Differently and Changing Expectations [J]. Public Administration Review, 2004, 64 (3): 363 – 371.

[292] Kirzner I M. Entrepreneurial Discovery and the Competitive Market Process: An Austrian Approach [J]. Journal of Economic Literature, 1997, 35 (1): 60 – 85.

[293] Kline C. The Role of Entrepreneurial Climate in Rural Tourism Development [M]. Raleigh: North Carolina State University, 2007.

[294] Knack S, Keefer P. Does Social Capital Have an Economic Payoff? A Cross-country Investigation [J]. The Quarterly Journal of Economics, 1997, 112 (4): 1251 – 1288.

[295] Knoke D. Organizational Networks and Corporate Social Capital [M] // Corporate Social Capital and Liability. Springer US, 1999: 17 – 42.

[296] Koka B R, Prescott J E. Strategic Alliances As Social Capital: A Multidimensional View [J]. Strategic Management Journal, 2002, 23 (9): 795 – 816.

[297] Krueger N F, Carsrud A L. Entrepreneurial Intentions: Applying the Theory of Planned Behavior [J]. Entrepreneurship & Regional Development, 1993, 5 (4): 315 – 330.

[298] Latham G P, Yukl G A. A review of Research on the Application of Goal Setting in Organizations [J]. Academy of Management Journal, 1975, 18 (4): 824 – 845.

[299] Leana C R, Van Buren H J. Organizational Social Capital and Employment Practices [J]. Academy of Management Review, 1999, 24 (3): 538 – 555.

[300] Lerner M, Brush C, Hisrich R. Israeli Women Entrepreneurs: An Examination of Factors Affecting Performance [J]. Journal of Business Venturing, 1997, 12 (4): 315 – 339.

[301] Lewis P, Chamlee-Wright E. Social Embeddedness, Social Capital and the Market Process: An Introduction to the Special Issue on Austrian Economics, Economic Sociology and Social Capital [J]. The Review of Austrian Economics, 2008, 21 (2 – 3): 107 – 118.

[302] Li H, Atuahene-Gima K. Product Innovation Strategy and the Performance of New technology Ventures in China [J]. Academy of Management Journal, 2001, 44 (6): 1123 – 1134.

[303] Lin N. A Network Theory of Social Capital [J]. Handbook on Social Capital, 2005.

[304] Littunen H. Networks and Local Environmental Characteristics in the Survival of New Firms [J]. Small Business Economics, 2000, 15 (1): 59 – 71.

[305] Loury G C. Why Should We Care about Group Inequality [J]. Social Philosophy and Policy, 1987, 5 (1): 249 – 271.

[306] Lumpkin G T, Dess GG. Clarifying the Entrepreneurial Orientation Construct and Linking It to Performance [J]. Academy of Management Review, 1996, 21 (1): 135 – 172.

[307] Lunn D J, Thomas A, Best N, et al. WinBUGS-a Bayesian Modelling Framework: Concepts, Structure, and Extensibility [J]. Statistics and Computing, 2000, 10 (4): 325 – 337.

[308] M. K. Hassan. The Microfinance Revolution and the Grameen Bank Experience in Bangladesh [J]. Financial Markets, Institutions & Instruments, 2002, 11 (3): 205 – 265.

[309] Madajewicz, S. Joint Liability versus Individual Liability in Credit Con-

tracts [J]. Journal of Economic Behavior & Organization, 2010, 94 (10): 1 – 17.

[310] Maldonado T, Vera D M, Keller R T. Reconsidering Absorptive Capacity: A Meta-Analysis to Improve Theoretical Foundations and Measures [C] //Academy of Management Proceedings. Academy of Management, 2015, 2015 (1): 15545.

[311] Marx K. El Capital [8volúmenes] [J]. 1876.

[312] McElwee G. Farmers As Entrepreneurs: Developing Competitive Skills [J]. Journal of Developmental Entrepreneurship, 2006, 11 (3): 187 – 206.

[313] McGrath M P, Bogat G A. Motive, intention, and Authority: Relating Developmental Research to Sexual abuse Education for Preschoolers [J]. Journal of Applied Developmental Psychology, 1995, 16 (2): 171 – 191.

[314] Mescon T S, Montanari J R. The Personalties of Independent and Franchise Entrepreneurs, An Empirical Analysis of Concepts [C] //Academy of Management Proceedings. Academy of Management, 1981, 1981 (1): 413 – 417.

[315] Moore G. Structural Determinants of Men's and Women's Personal Networks [J]. American Sociological Review, 1990: 726 – 735.

[316] MorrisM. Entrepreneurial Intensity: Sustainable Advantages for Individuals [M]. Organizations & Societies [M]. Westport CT: Quorum Books, 1998.

[317] Mosakowski E. Entrepreneurial Resources, Organizational Choices, and Competitive Outcomes [J]. Organization Science, 1998, 9 (6): 625 – 643.

[318] Myroshnychenko V, Rodríguez-Fernández J, Pastoriza-Santos I, et al. Modelling the Optical Response of Gold Nanoparticles [J]. Chemical Society Reviews, 2008, 37 (9): 1792 – 1805.

[319] Myths explored [J]. International Journal of Entrepreneurial Behavior & Research, 2006, 12 (1): 21 – 39.

[320] Nahapiet J, Ghoshal S. Social Capital, Intellectual Capital, and the Organizational Advantage [J]. Academy of Management Review, 1998, 23 (2): 242 – 266.

[321] National Innovation Systems: A Comparative Analysis [M]. Oxford University Press, 1993.

[322] Norman D A. Affordance, Conventions, and Design [J]. Interactions, 1999, 6 (3): 38 – 43.

[323] Onyx J, Bullen P. Measuring Social Capital in Five Communities [J]. The Journal of Applied Behavioral Science, 2000, 36 (1): 23 – 42.

[324] Ordonez de Pablo's P. Intellectual Capital Reports in India: Lessons from a Case Study [J]. Journal of Intellectual Capital, 2005, 6 (1): 141 – 149.

［325］ Owen A L, Videras J. Reconsidering Social Capital: A Latent Class Approach ［J］. Empirical Economics, 2009, 37 (3): 555.

［326］ Parker S. The Economics of Self-employment and Entrepreneurship ［M］. Cambridge University Press, 2004.

［327］ Paulson A L, Townsend R M, Karaivanov A. Distinguishing Limited Liability from Moral Hazard in a Model of Entrepreneurship ［J］. Journal of Political Economy, 2006, 114 (1): 100 – 144.

［328］ Paulson A L, Townsend R. Entrepreneurship and Financial Constraints in Thailand ［J］. Journal of Corporate Finance, 2004, 10 (2): 229 – 262.

［329］ Perception, Opportunity, and Profit: Studies in the Theory of Entrepreneurship ［M］. Chicago: University of Chicago Press, 1979.

［330］ Polanyi K. The Great Transformation: Economic and Political Origins of Our Time ［J］. Rinehart, New York, 1944.

［331］ Poon S, Jevons C. Internet - enabled International Marketing: A Small Business Network Perspective ［J］. Journal of Marketing Management, 1997, 13 (1 – 3): 29 – 41.

［332］ Portes A. Economic Sociology and the Sociology of Immigration: A Conceptual Overview ［M］. na, 1995.

［333］ Putnam R D. Bowling Alone: America's Declining Social Capital ［J］. Journal of Democracy, 1995, 6 (1): 65 – 78.

［334］ Pyysiäinen J, Anderson A, McElwee G, et al. Developing the Entrepreneurial Skills of Farmers: Some, 2006.

［335］ Raider H J, Burt R S. Boundaryless Careers and Social Capital ［J］. The Boundaryless Career: A New Employment Principle for a New Organizational Era, 1996, 42 (2): 187 – 200.

［336］ Realizing Investment Value ［M］. Pitman, 1994.

［337］ Renzulli L A, Aldrich H, Moody J. Family Matters: Gender, Networks, and Entrepreneurial Outcomes ［J］. Social Forces, 2000, 79 (2): 523 – 546.

［338］ Robichaud Y, McGraw E, Alain R. Toward the Development of a Measuring Instrument for Entrepreneurial Motivation ［J］. Journal of Developmental Entrepreneurship, 2001, 6 (2): 189.

［339］ Robinson P B, Stimpson D V, Huefner J C, et al. An Attitude Approach to the Prediction of Entrepreneurship ［J］. Entrepreneurship Theory and Practice, 1991, 15 (4): 13 – 31.

[340] Romanelli E. Environments and Strategies of Organization Start-up: Effects on Early Survival [J]. Administrative Science Quarterly, 1989: 369 - 387.

[341] Ruíz P, Martínez R, Rodrigo J. Intra-organizational Social Capital in Business Organizations. A Theoretical Model with a Focus on Servant Leadership As Antecedent [J]. Ramon Llull Journal of Applied Ethics, 2010, 1 (1): 43 - 59.

[342] SA Chung, H Singh. Complementary, Status Similarity and Social Capital as Drivers of Alliance Formation [J]. Strategic Management Journal, 2000, 21 (1): 1 - 22.

[343] Samuelson P A. Foundations of Economic Analysis [M]. Harvard University Press, 1948.

[344] Santarelli, E. and Tran, H. T. The Interplay of Human and Social Capital in Shaping Entrepreneurial Performance [J]. Small Business Economy, 2013 (4): 435 - 458.

[345] Sarason Y, Dean T, Dillard J F. Entrepreneurship as the Nexus of Individual and Opportunity: A Structuration View [J]. Journal of Business Venturing, 2006, 21 (3): 286 - 305.

[346] Schumpeter J A. The Theory of Economic Development: An Inquiry into Profits, Capital, Credit, Interest, and the Business Cycle (1912/1934) [J]. 1961.

[347] Senjem J. C. , K. Reed. Social Capital and Network Entrepreneurs: Frontiers of Entrepreneurship Research [M]. Wellesley: Babson College, 1996.

[348] Shane S, Cable D. Network Ties, Reputation, and the Financing of New ventures [J]. Management Science, 2002, 48 (3): 364 - 381.

[349] Shane S, Stuart T. Organizational Endowments and the Performance of University Start-ups [J]. Management Science, 2002, 48 (1): 154 - 170.

[350] Shane S, Venkataraman S. The Promise of Entrepreneurship As a Field of Research [J]. Academy of Management Review, 2000, 25 (1): 217 - 226.

[351] Shaw E S. Financial Deepening in Economic Development [M]. Oxford University Press, 1973.

[352] Smith K A, Lachman L B, Oppenheim JJ, et al. The Functional Relationship of the Interleukins [J]. Journal of Experimental Medicine, 1980, 151 (6): 1551 - 1556.

[353] Smith S B, Gill C A, Lunt D K, et al. Regulation of Fat and Fatty Acid Composition in Beef Cattle [J]. Asian-Australasian Journal of Animal Sciences, 2009, 22 (9): 1225 - 1233.

［354］ Sobel M E. Asymptotic Confidence Intervals for Indirect Effects in Structural Equation Models ［J］. Sociological Methodology, 1982, 13: 290 – 312.

［355］ Stam W, Arzlanian S, Elfring T. Social Capital of Entrepreneurs and Small Firm Performance: A Meta-analysis of Contextual and Methodological Moderators ［J］. Journal of Business Venturing, 2014, 29 (1): 152 – 173.

［356］ Stiglitz J E, Weiss A. Credit Rationing in Markets with Imperfect Information ［J］. The American Economic Review, 1981, 71 (3): 393 – 410.

［357］ Swedberg R. Entrepreneurship: The Social Science View ［M］. Oxford University Press, 2000.

［358］ Timmons J A, Spinelli S. New venture creation: Entrepreneurship for the 21st Century ［M］. Mcgraw – hill, 1999.

［359］ Timmons J. A. New Venture Creation (4th ed.) ［M］. Irwin, IL: Burr Ridge, 1994.

［360］ Uzzi B, Gillespie J J. Knowledge Spillover in Corporate Financing Networks: Embeddedness and the Firms Debt Performance ［J］. Strategic Management Journal, 2002, 23 (7): 595 – 618.

［361］ Uzzi B. Social Structure and Competition in Interfirm Networks: The Paradox of Embeddedness ［J］. Administrative Science Quarterly, 1997: 35 – 67.

［362］ VanBastelaer T. Imperfect Information, Social Capital and the Poor's Access to Credit ［J］. European Sociologicad Review, 1999.

［363］ WatsonJ. Modeling the Relationship between Networking and Firm Performance ［J］. Journal of Business Venturing, 2007.

［364］ Weber J. Managers' Moral Reasoning: Assessing Their Responses to Three Moral Dilemmas ［J］. Human Relations, 1990, 43 (7): 687 – 702.

［365］ Wernerfelt B. A Resource – based View of the Firm ［J］. Strategic Management Journal, 1984, 5 (2): 171 – 180.

［366］ Whiteley P F. The Origins of Social Capital ［J］. Social Capital and European Democracy, 1999: 25 – 44.

［367］ Wood C M. Marketing and E-commerce As Tools of Development in the Asia-Pacific Region: A Dual Path ［J］. International Marketing Review, 2004, 21 (3): 301 – 320.

［368］ Woolcock M. Social Capital and Economic Development: Toward A theoretical Synthesis Andpolicy Framework ［J］. Theory and Society, 1998, 27 (2): 151 – 208.

[369] Wu J, Shanley M T. Knowledge Stock, Exploration, and Innovation: Research on the United States Electromedical Device Industry [J]. Journal of Business Research, 2009, 62 (4): 474 – 483.

[370] Zaheer A, McEvily B, Perrone V. Does Trust Matter? Exploring the Effects of Interorganizational and Interpersonal Trust on Performance [J]. Organization Science, 1998, 9 (2): 141 – 159.

[371] Zahra S A. Environment, Corporate Entrepreneurship, and Financial Performance: A Taxonomic Approach [J]. Journal of Business Venturing, 1993, 8 (4): 319 – 340.

[372] Zukin S, DiMaggio P J. Structure of Capital [J]. Cambridge, UK: Cambridge University Press, 1990, 1 (3): 5.

[373] Katz J. Gartner W. Organization Level Perspectives on Organization Creation. Working Paper #619. University of Pennsylvania [J]. Department of Management, Wharton School, Philadelphia, 1988, (3): 429 – 442.

[374] McGrath M P. Bogat G A. Motive, Intention and Authority: Relating Developmental Research to Sexual Abuse Education for Preschoolers [J]. Journal of Applied Developmental Psychology, 1995, 2: 171 – 191.

[375] Latham & Yukl. Effects of Assigned and Participative Goal Setting on Performance and Job Satisfaction [J]. Journal of Applied Psychology, 1976 (2): 166 – 171.

[376] Baron R A. & Tang J. Entrepreneurs' Social Skills and New Venture Performance: Mediating and Cultural Generality [J]. Journal of Management, 2009, 35 (2): 282 – 306.

[377] Le Roux I. , Pretorius M. & Millard S. M. The Influence of Risk Perception, Misconception, Llusion of Control and Selfefficacy on the Decision to Exploit a Venture Opportunity [J]. Sourhern Africa Business Review, 2006, 10 (1): 51 – 60.